国防科技基础加强计划资助

大飞机出版工程

总主编　顾诵芬

飞行器结构分析基础

Fundamentals of Aircraft Structural Analysis

于哲峰 蒋东杰 余 音 编著

杨智春 审校

扫描下方二维码
获取本书配套课程视频

上海交通大学出版社
SHANGHAI JIAO TONG UNIVERSITY PRESS

内容提要

本书主要以飞机结构为例，阐述了从结构设计准则、外载荷，到典型结构的静力学计算以及稳定性分析等飞行器结构分析的基本知识。全书分为 8 章：第 1 章介绍结构分析的概念和飞行器结构的组成；第 2 章简要阐述飞行器结构设计的要求；第 3 章阐述飞行载荷及其计算原理；第 4 章阐述薄壁梁在弯曲、剪切和扭转载荷下的应力和位移计算；第 5 章阐述飞行器结构简化方法，以及简化模型的几何组成分析方法；第 6 章阐述简化后薄壁结构的分析方法；第 7 章阐述薄板在面内、面外载荷下的应力和位移计算方法；第 8 章阐述柱、平板和加筋壁板在受压载荷下屈曲稳定性分析的基本方法。本书适合用作飞行器设计专业的本科生教材及研究生的参考书，并可供从事飞行器结构设计的工程技术人员参考。

图书在版编目(CIP)数据

飞行器结构分析基础／ 于哲峰，蒋东杰，余音编著.
—上海：上海交通大学出版社，2022.8
　(大飞机出版工程)
　ISBN 978 - 7 - 313 - 24136 - 8

　Ⅰ．①飞… Ⅱ．①于… ②蒋… ③余… Ⅲ．①飞行器
—结构分析 Ⅳ．①V214.1

　中国版本图书馆 CIP 数据核字(2022)第 177245 号

飞行器结构分析基础
FEIXINGQI JIEGOU FENXI JICHU

编　　著：于哲峰　蒋东杰　余　音
出版发行：上海交通大学出版社　　　　　　　　　地　　址：上海市番禺路 951 号
邮政编码：200030　　　　　　　　　　　　　　　　电　　话：021 - 64071208
印　　制：上海万卷印刷股份有限公司　　　　　　经　　销：全国新华书店
开　　本：710 mm×1000 mm　1/16　　　　　　　印　　张：19.5
字　　数：335 千字
版　　次：2022 年 8 月第 1 版　　　　　　　　　　印　　次：2022 年 8 月第 1 次印刷
书　　号：ISBN 978 - 7 - 313 - 24136 - 8　　　　　音像书号：ISBN 978 - 7 - 88941 - 573 - 6
定　　价：98.00 元

前　　言

　　由于飞行器结构是维持飞行器气动外形、装载发动机、机载设备、旅客和货物的平台,因此结构设计是飞行器研发流程中的重要环节,其目标是在满足安全性、可靠性和经济性的前提下,设计出尽量轻的结构方案。为了实现这个目标,需要进行飞行器结构的选型、强度分析、寿命评定等工作。在飞行器研发机构中,通常将确定结构形式、出具设计图纸的工作归类为结构设计,而将结构细节应力分析、失效判断、疲劳寿命预估等工作归类为强度计算。无论是从事结构设计、强度计算,还是飞行器总体布局设计,都应很好地了解结构的承载原理和变形、内力、稳定性、动态响应等的计算。这些都属于结构分析的范畴。

　　广义上讲,飞行器结构的分析涉及众多课程的知识,如材料力学、结构力学、复合材料力学、疲劳与断裂、结构动力学等,以及随着计算机科学发展起来的计算力学等方面的知识。如果只进行在静力作用下结构部件之间的传载、结构变形和内力等的分析,则主要用到结构力学的知识。尽管如此,结构静力分析也是内容涵盖十分广泛的一门学科,国外经典著作如铁摩辛柯(S. P. Timoshenko)等著的《结构理论》(*Theory of Structures*),国内如龙驭球等著的《结构力学》。一般土木工程领域的结构力学书籍内容多针对杆系结构,方法包括力法、能量方法、直接刚度法等,而飞行器结构的分析重点在于薄壁结构,国内也有飞行器结构力学的课程和教材,其中薄壁结构的分析是重点。

　　在国外,莫斯科航空学院设有"飞行器结构力学"(Aircraft Structural Mechanics)课程,而在西方国家的大学中,如麻省理工学院空天工程专业的对应课程叫做"结构力学"(Structural Mechanics),其他一些学校的同类课程名称为"飞行器结构"(Aircraft structures)"空间结构"(Aerospace Structures)等。在教材方面,英国的托马斯·亨利·麦格森(T. H. G. Megson)编写了两本包含飞行器结构力学知识的书籍:《工程专业学军用飞机结构》(*Aircraft Structures for Engineering Students*)和《飞机结构分析导论》(*Introduction to Aircraft Structural Analysis*);普渡大学的孙锦德(C. T. Sun)编写了《飞机结构力学》(*Mechanics in Aircraft Structures*);佐治亚理工大学的奥利弗·安德烈·波查(O. A. Bauchau)等编写了《结构分析及其在航空航天结构中的应用》(*Structural Analysis with Applications to Aerospace Structures*)。这些书的内容都包括了薄壁结构的计算,均可用于飞行器结构力学的教学。

在中国,民国时期的国立交通大学就开始设立航空专业,其中就有开设结构力学课程。1949年以后,西北工业大学的黄玉珊率先开设了"飞机结构力学"这一课程。1959年以黄玉珊、陈百屏为代表的一批力学专家编著了《飞机结构力学》教材,1980年西北工业大学的刘国春编写了《飞行器结构力学》讲义,1998年西北工业大学的王生楠等编写了《飞行器结构力学》;1983年南京航空学院的丁锡洪、周建功主编了《飞机结构力学》,2013年南京航空航天大学的史治宇、丁锡洪在此基础上主编了《飞行器结构力学》;2009年清华大学的薛明德和向志海编写了《飞行器结构力学基础》;梁立孚等具有航天工程背景的学者也出版过《飞行器结构力学》教材。

与这些教材类似,本书的内容形成也具有特定的背景。上海交通大学在2008年成立航空航天学院,编者开始承担"飞行器结构力学"课程的教学。由于在先修课程中已经有杆系结构分析的内容,因此本课重点讲授薄壁结构分析。然而,受限于课时数,能量法和直接刚度法等内容被舍去,重点以力平衡原理为主来阐述分析方法。此外,本课程还包含了飞行器结构设计知识的讲授,其中一部分课时用来讲授飞机结构设计准则、飞行载荷的计算、飞机结构组成等知识。

编者认为国内、国外教材各有其不可替代的优势:国外教材侧重于基础原理的阐述,如薄壁梁翘曲问题;国内教材在面向工程应用上做得很好,如对于简化后的杆板结构计算所给出的解题过程比较详细,这在结构传力分析能力的培养上非常有启发性。国内教材中还有一部分知识(如结构的几何组成分析)是国外教材普遍缺乏的,而这部分内容通过对几何不变性判断方法的阐述,能让读者深刻理解薄壁结构承载原理,从而避免不良结构设计,这种技能是难以用计算机辅助工程来弥补的。因此,上述内容也应该补充到飞行器结构方面课程的授课内容中。

2019年,在上海交通大学的资助下,编者制作了《飞行器结构力学》网络公开课,并发布在中国大学慕课在线课程平台(www. icourse163. org)上。该课程的内容与线下授课相近,同时绘制了很多新的插图,并增加了复杂结构的有限元仿真算例。在该课程的教学实施过程中,新冠疫情爆发,该课程被一些教学单位选用。然而,网络课程的内容取自多个教材以及编者在教学中积累的资料,并非一个相对完整的教材。因此,编者编写了本书,作为网络公开课和线下教学的配套教材。本书内容与国内常见的飞行器结构力学方面的教材有些差异,故命名为《飞行器结构分析基础》。

本书的第1～6章和第8章由于哲峰编写,第7章的主要内容由蒋东杰编写,余音参加了本书内容的规划。全书最后由于哲峰统稿,并请西北工业大学的杨智春教授审校。

编者在本教材编写和相应的网络课程制作中,得到了西北工业大学杨智春教授、王生楠教授、李毅副教授,上海交通大学李启夫老师的建议和帮助。编者也从教育部高等学校航空航天类教学指导委员会主办的课程交流活动和中国商飞上海飞机设计研究院的"民用飞机机体设计与验证"课程中受益。在教材的编写中,硕士研究生樊一达、丁钰、张洋洋、谢其武、许洊等承担了部分编辑、绘图和仿真工作。在此,向这些人员和团体表示衷心的感谢!

由于编者水平有限,书中的错误在所难免,敬请专家、读者批评指正。

目　　录

第1章 结构力学与飞行器结构简介

结构力学是固体力学的一个分支,是进行结构分析的基础理论。它是一门古老的学科,又是一门不断发展的学科。结构力学研究结构的组成原理,力在结构中的传递规律,以及结构在各种载荷作用下反应的计算。本章首先介绍飞行器结构力学的主要任务,然后以飞机结构为例介绍了飞行器的主要结构部件。

1.1 结构力学主要任务

1.1.1 什么是结构

结构力学的研究对象是结构,那么什么是结构呢? 由于人类建造最早、最多的结构就是能遮风挡雨的房子,所以"结构"一词最早与造房子有关,指建筑物承担重力或其他外载荷的部分及其构造形式。广义上,结构指由一个或多个零件在空间中组合在一起,能够承担和传递载荷的系统。常见的结构有由人建造的土木工程结构,由动物建造的土丘、水坝,以及自然形成的地质构造等。

以飞机为例,其结构主要指机体结构,包括机翼、尾翼、机身、发动机舱等(见图 1.1)。这些结构通常由数量众多的元件结合在一起所构成,相互之间没有相对的刚体(rigid body)运动(即在结构不产生弹性变形时发生的运动),能承受和传递指定的外载荷,满足一定的强度、刚度、寿命、可靠性等结构完整性要求。这些结构的元件通常用各种机械连接或者胶结方式结合在一起。而起落架、操纵杆等虽然由可以产生相对刚体运动的零部件组成,但是在传递载荷时,元件之间仍然是以各种方式固定的,所以也属于飞机结构的范畴。

1.1.2 结构的分类

几何构型决定了飞行器结构的承载特点和分析方法,从几何角度进行分类,飞行器的结构可分为如下三类:

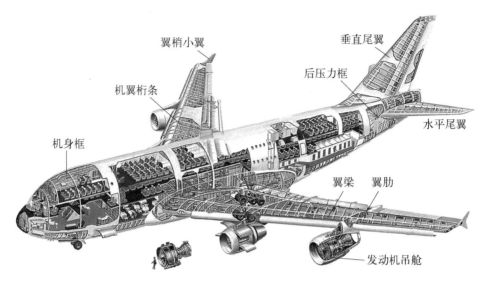

图 1.1   民用飞机结构示意图

（1）杆件结构（framed structure）。

这类结构由杆件所组成的。杆件的几何特征是横截面尺寸要比长度小得多，如梁、桁架、刚架是典型的杆件结构。很多早期轻型飞机机身的内部就是桁架结构，如图 1.2 所示。桁架结构的计算通常在材料力学和理论力学课中都有讲述，本书不再详细阐述。

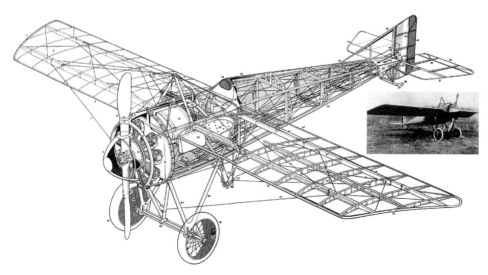

图 1.2   早期某轻型飞机杆件结构[3]

（2）板壳结构（plate and shell structure）。

这类结构也称为薄壁结构（thin-walled structure），它的厚度要比长度和宽度小得多。由于对重量的苛刻要求，因此飞机、火箭、导弹的构造大部分都采用薄壁结构，飞行器的薄壁结构一般由蒙皮（skin）和分散排布的加强筋（stiffener）组成（见图 1.3）。薄壁结构的分析是飞行器结构力学的重点内容，也是本书的关键内容。

图 1.3　长征 5 号火箭舱体

（3）实体结构（massive structure）。

这类结构也称为块体结构，这类结构在各个方向上的尺度相近。在工程结构中，实体结构应用很普遍，如飞机中的接头一般就视作实体结构（见图 1.4）。这类结构的应力分布较为复杂，不易用结构力学的方法得出，并且通常这类结构的刚度相对较大。在整体结构分析中通常将其简化为一个结点，结构力学分析一般只能给出其受到的总载荷，而若要分析其详细的应力分布，则通常需要借助计算力学的方法（如结构有限元法）或实验的方法。

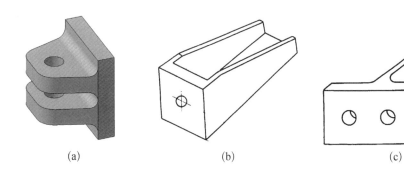

(a)　　　　　　　　(b)　　　　　　　　(c)

图 1.4　3 种接头形式

(a) 耳片接头；(b) 槽型角盒接头；(c) T 形角盒接头

1.1.3　结构力学的任务

结构力学的任务是根据力学原理计算结构在外力（在结构力学中通常称为"外载荷"）作用下的变形、内力、应力、稳定性等，以及分析结构各元件之间的组成是否合理。结构力学用于设计新结构或评估已有的结构，它是进行结构分析工作所需的基本理论。

　　结构力学分析手段包含理论分析、实验研究和数值计算。分析需要一定的输入条件，如结构的外载荷、几何参数、支撑条件及材料的属性；分析后的输出量包括边界处的支反力、结构元件的应力和位移等；深入的分析中还要需考虑结构的稳定性、非线性因素及结构所受动载荷的影响。本书内容只涉及线性结构的静力问题和稳定性问题，非线性和动载荷问题可在其他结构非线性分析的专著和结构动力学相关书籍中学习到。

　　实验研究和数值计算不属于本书的内容，但它们是非常重要的，特别是以结构分析有限元法为代表的结构数值计算方法，已经成为当今结构工程中不可或缺的计算机辅助分析手段。结构力学理论和分析方法的学习意义在于理解结构承载的基本原理，并通过计算训练加深这种认知，从而对于复杂结构分析问题能够"删繁就简"，快速对其关键受力部位、承载合理性等做出判断。在熟练掌握理论之后，对于任何一个承载问题，可以合理地做出结构设计方案，再用计算力学理论和方法进行详细的结构设计和分析。

1.2　飞机构件与功能

　　飞行器概念涵盖的内容非常广，如飞艇、飞机、火箭、太空飞船、卫星等，其中使用最广泛、结构最复杂、对安全性要求最高的就是有人飞机，而火箭、导弹的主要结构与飞机相似，所以本书以飞机为例阐述飞行器的主要构件和功能。

　　飞机构件的功能是承担和传递外载荷，并保持气动外形，容纳和保护乘员、货物、机载系统不受飞行环境的影响。早期轻型飞机多采用桁架结构（见图 1.2），而现代飞机的机体结构大部分是薄壁结构，且可分为半硬壳式（semi-monocoque）和硬壳式（monocoque）两种（见图 1.5）。在半硬壳式结构中，蒙皮由纵向的桁条（stringer）、横向的框架（frame）和隔框（bulkhead）支撑，一起承受各种外载荷，包括弯曲、拉压、扭转和剪切等载荷。在硬壳式结构中，没有纵向加强件，而用框架、隔框形成机体结构外形；蒙皮不仅承受主要的应力，而且还必须有足够的刚度来维持机体结构的刚性。硬壳式结构的缺点是重量较大；这种结构在现代飞机中应用较少，一般用在弯矩很小而又无大开口的结构部位。

　　下面以机翼为例说明飞机结构主要构件的功能。图 1.6 所示为一个单梁双墙式机翼结构，显然它属于半硬壳结构。这个机翼的纵向构件主要包括中间的梁、前墙和后墙，以及若干桁条（桁条也称长桁）。梁的一对接头可以产生一对力

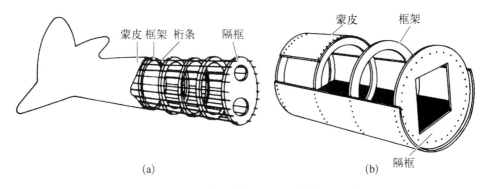

图 1.5 半硬壳式结构和硬壳式结构的区别

(a) 半硬壳式结构;(b) 硬壳式结构

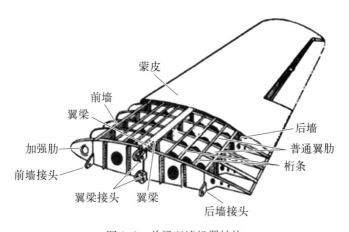

图 1.6 单梁双墙机翼结构

偶,因此,可以将翼梁(spar)受到的弯矩传递到机身结构;而墙的接头为铰接接头,只能传递剪切载荷。横向构件主要为翼肋(rib)。蒙皮主要与长桁、翼肋相连,并被它们分隔成若干小块。

1.2.1 蒙皮

蒙皮构成机翼表面,其功用为维持机翼外形和直接承受气动载荷。蒙皮的直接功能是形成流线型的翼面气动外形,气动载荷直接作用在蒙皮上,再由蒙皮传递给机翼内部的横向和纵向的构件。蒙皮受力示意图如图 1.7 所示。通常,蒙皮的质量约占机翼质量的 25%~40%。

蒙皮也会参与机翼的总体受力:一方面,它和翼梁或者墙的腹板(web)组合在一起,形成封闭的盒式薄壁结构,承受翼面的扭矩;另一方面,它与长桁组合在

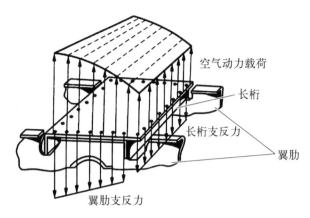

图 1.7　蒙皮受力示意图

一起形成壁板,承受机翼弯矩引起的面内拉压载荷。

　　在金属结构飞机的构造中,蒙皮有组合式蒙皮[见图 1.8(a)]和整体蒙皮两种[见图 1.8(b)]。在整体蒙皮中包含长桁,蒙皮也较厚,通常用于承载较大的区域。此外还有夹芯蒙皮结构,由两层薄面板和泡沫[见图 1.8(c)]或者蜂窝[见图 1.8(d)]芯材组成,在飞机结构上也有广泛的应用。面板的刚度较大,芯材增加了面板到中性面的距离,提高了截面的抗弯模量,所以这样结构的蒙皮刚度较大,在操纵面上应用较多。

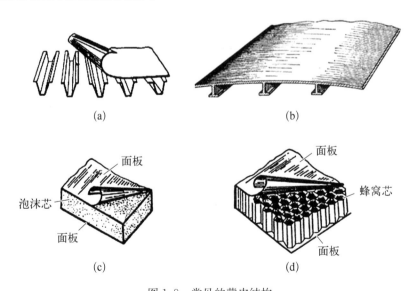

图 1.8　常见的蒙皮结构
(a) 组合蒙皮;(b) 整体蒙皮;(c) 泡沫夹芯蒙皮;(d) 蜂窝夹芯蒙皮

1.2.2　桁条

桁条是蒙皮的纵向支持构件。它直接承受局部空气动力引起的横向载荷，但这个载荷较小，一般不考虑。而机翼、机身所受的外载荷会产生总体的弯矩，该弯矩引起的桁条轴向力很大，是关键设计载荷。桁条轴向力的大小还取决于机翼的结构受力型式、自身横截面的形状等。桁条受压后可能会产生局部失稳或总体失稳现象，在考虑总体失稳问题时，蒙皮和翼肋分别在其各自平面内对桁条提供支持。

桁条质量占机翼质量的比例与机翼结构受力型式有关，梁式机翼为 $4\%\sim 8\%$，而单块式机翼为 $25\%\sim30\%$。

桁条按剖面形状可分为开口型和闭口型。金属桁条按制造方法可分为板弯型材（见图 1.9）和挤压型材（见图 1.10）。尾缘桁条型材典型的剖面形状如图 1.11 所示，这种结构形状可保证机翼后缘有足够的刚度。这里所列出的型材不仅可以用作桁条，而且也可以用作翼肋、框或翼梁的缘条，以及加强支柱。

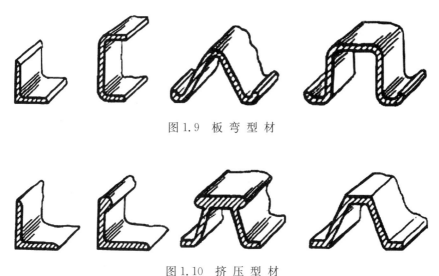

图 1.9　板 弯 型 材

图 1.10　挤 压 型 材

图 1.11　尾缘桁条型材典型的剖面形状

1.2.3 翼梁

翼梁的主要外载荷是各翼肋传来的剪力。翼梁质量与机翼质量之比取决于机翼的结构受力型式,单块式机翼为 $7\%\sim11\%$,梁式机翼为 $23\%\sim28\%$。

腹板式翼梁由腹板和上、下缘条组成,截面呈工字形或槽形,如图 1.12 所示。翼梁缘条承受弯矩引起的拉/压轴力、腹板承受剪力及由扭矩引起的剪流受力分析,如图 1.13 所示。腹板上通常有加强支柱,在很多机翼结构中,它是翼面的主要纵向受力构件,承受翼面的全部或大部分弯矩;翼梁通常在根部与机身或者中央翼固定连接。

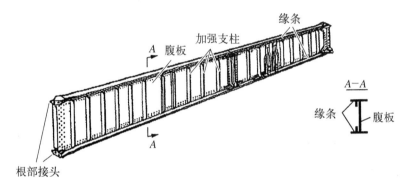

图 1.12　腹 板 式 翼 梁

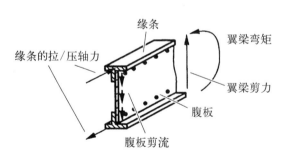

图 1.13　翼梁缘条受力分析

1.2.4 纵墙

纵墙(wall)(见图 1.14)的构造与翼梁相似,但其缘条强度比翼梁的缘条弱得多,一般与长桁相近。纵墙的根部与机身的连接为铰接,所以其根部不能分担机翼受到的总体弯矩,只能承受局部的弯矩。纵墙主要用来承受和传递剪力,并与蒙皮以及其他腹板形成闭室,共同承受翼面扭矩引起的剪流。纵墙对蒙皮起着支撑作用,提高蒙皮的抗屈曲能力。纵墙还把机翼翼盒与前后增升装置分开,起到封闭翼面内部空间的功能。

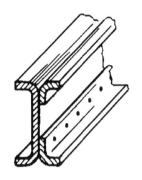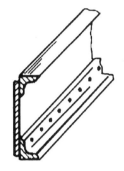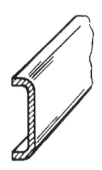

图 1.14 纵墙典型结构型式和剖面形状

1.2.5 翼肋

翼肋包括普通翼肋和加强翼肋,通常与蒙皮、长桁相连。翼肋质量占机翼质量的 8%～12%。

(1) 普通翼肋。

普通翼肋不参与机翼的总体受力。它的主要功用是维持机翼剖面形状和承受局部气动载荷,并将蒙皮上的局部气动载荷和桁条上的载荷传递给翼梁和蒙皮。翼肋为蒙皮和桁条提供支持,除了承受它们传来的局部气动载荷外,还提高了它们的抗失稳能力。

翼肋又受翼梁和蒙皮的支持。在气动载荷作用下,翼肋在自身平面内承受弯曲和剪切。从翼肋的受力特性上看,作用类似短梁,它的缘条和与缘条相连的蒙皮一起承受弯曲引起的轴向力,而腹板受剪切力。

普通翼肋通常有桁架式、腹板式和围框式。一般桁架式翼肋主要用于轻型低速飞机(见图 1.15),而经过拓扑优化的空客 A380 飞机的机翼前缘处的翼肋也可以看作桁架式翼肋(见图 1.16)。

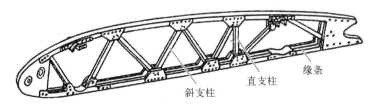

图 1.15 桁架式翼肋

图 1.16　空客 A380 飞机的机翼前缘翼肋

腹板式翼肋在现代飞机上被普遍采用,典型的腹板式翼肋由翼肋缘条、腹板和垂直加强筋条组成(见图 1.17)。为了减轻重量,在腹板上往往开有减重孔;为了提高腹板的稳定性,开孔处往往还压成卷边,有时腹板上还有加强支柱,或者压出凹槽。翼肋的腹板通常由板材冲压成形,而缘条可以直接由腹板弯边而成,也可以用型材与腹板进行铆接,以方便翼肋与蒙皮和桁条的连接,简化翼肋制造工艺。

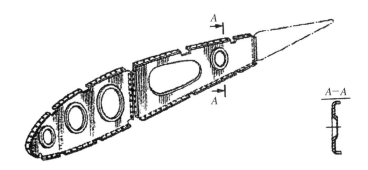

图 1.17　典型的腹板式翼肋

为满足机翼盒段的空间要求,少数飞机的个别翼肋采用围框式(见图 1.18),通常沿弦平面分成上、下两部分制造,此时每部分都有上下缘条,以保证各自都能受弯。相比腹板式翼肋,围框式翼肋的重量较重。

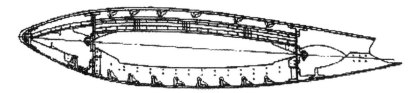

图 1.18　围框式翼肋

(2)加强翼肋。

加强翼肋除了起普通翼肋的作用外,还具有以下三个功能:一是可以用来承受与机翼相连的其他部件(如起落架支柱、发动机、挂架、襟翼、副翼及机翼上其他活动部分的悬挂接头等)传来的集中载荷(力和力矩),将它们扩散成分布载荷(即剪流),并传递到由翼梁(或墙)和蒙皮组成的翼盒上;二是可以将剪流转换成另一种形式的载荷,如机翼大开口处的端肋、梁式机翼的根肋等就能起到这种作用;三是可以布置在具有后掠角、上/下反角机翼的纵向构件转折处,起到重新分配载荷的作用。

加强翼肋通常采用腹板式或整体式,也可以采用两者的组合型式。腹板式加强翼肋的腹板和缘条强度较强,缘条一般采用挤压型材,腹板上不开孔,并用角材支柱加强。在与机翼桁条连接处,翼肋缘条一般不开口,而机翼桁条是断开的,在翼肋两侧的桁条通过接头对接起来。

有的加强翼肋是整体锻造的,机翼上用于连接控制面的整体式加强翼肋如图 1.19 所示。图中的集中载荷通过加强肋转换为分布剪流,右端承受控制面接头传来的集中力。这个集中载荷经过支架传递给翼肋的腹板,再由翼肋的腹板传递给上、下蒙皮和梁的前、后腹板,变成了沿长度分散的载荷,即剪流。薄壁结构适合承担分散的载荷,而不适合承担较大的集中载荷,飞行器结构设计中的很多工作内容就是将集中载荷转换为分散的载荷。

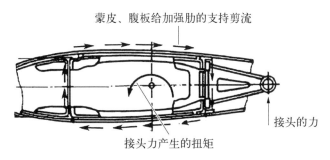

图 1.19 机翼操纵面支臂连接处加强翼肋

机翼侧边加强翼肋如图 1.20 所示,图中展示的是机翼根部与机身连接处的腹板式加强肋将剪流转换成集中载荷的例子。在靠机翼的一侧,它承受机翼蒙皮和前、后梁传递过来的剪流。在靠机身的一侧,没有蒙皮和腹板通过分布载荷的形式支撑这个加强翼肋,而是由 4 个接头支撑。因为该处接头传递的是集中载荷,所以要求这个翼肋较强,能够在单侧承受集中载荷,实现分布载荷向集中载荷的转换。

1.2.6 载荷在机翼上的传递过程

再总结一下机翼的外载荷在各个构件中的传递过程,如下所述:

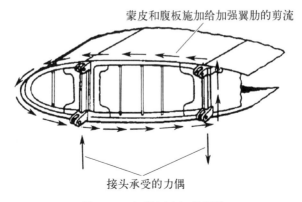

图 1.20　机翼侧边加强翼肋

（1）蒙皮受气动力的作用，将分布的气动力传递给长桁和翼肋。

（2）长桁上的气动力以集中载荷的形式，通过接头传递给翼肋。

（3）翼肋再将这种载荷以剪力的形式传递给梁和墙。

（4）翼肋的载荷作用在梁结构上，会产生弯矩，这个弯矩最终通过根部的接头传递给机身或者中央翼。

（5）在有些机翼中，蒙皮和长桁的承载能力较强，可以直接与机身相连，也可以承担和传递机翼整体的弯矩。

（6）机翼的扭转载荷主要由上、下蒙皮与墙或梁的腹板围成的闭合盒段来承担，最后通过根部的接头传递给机身或者中央翼。

1.2.7　机身构件的功用

前面介绍了机翼结构的主要受力构件，下面简单介绍机身构件的功用。

（1）机身蒙皮。

机身蒙皮作用和翼面蒙皮作用相同，但是除了承受空气动力外，对于载人飞机的，机身蒙皮还要承受客舱内、外压差载荷，这种载荷产生蒙皮的面内张力。

（2）长桁与桁梁。

机身中的纵向构件包括长桁与桁梁（见图 1.21）。长桁的作用与机翼中长桁的作用相似，与蒙皮一起承受机身整体弯曲产生的拉/压载荷。而桁梁除了是主要的轴向承力构件，还是机身大开口处的补强构件，其自身就具备较强的弯曲载荷承载能力。因为开口破坏了薄壁结构传载的连续性，使开口周围部件的受载变得严重，令本来只受轴向力的桁条和受剪切力的板同时会承受弯矩，所以要在开口处布置桁梁来承担局部弯曲载荷。

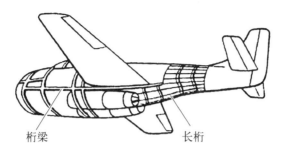

桁梁　　　　　　　　　　　长桁

图 1.21　机身的长桁和桁梁

（3）机身框。

机身框的功用与翼面中肋的功用相同，并且包括普通框和加强框（见图 1.22）。普通框用于维持机体的截面形状并固定蒙皮和桁条。加强框主要将机翼、尾翼、发动机等所传来集中载荷以剪流的形式扩散到蒙皮上。

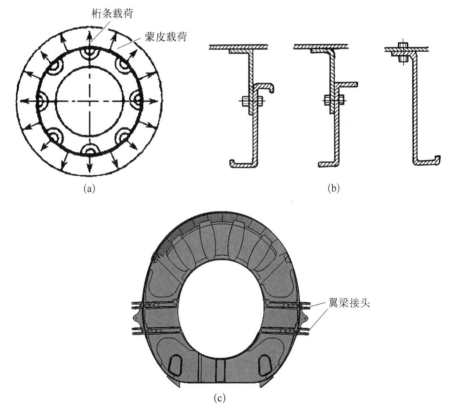

桁条载荷
蒙皮载荷

(a)　　　　　　　　　　　　　　　(b)

翼梁接头

(c)

图 1.22　机　身　框

（a）普通框的受载；（b）普通框的截面形式；（c）连接机翼的加强框

最后是各个构件的连接问题。对于金属结构,各个构件之间大多通过分散式的连接方式组合在一起,如铆接、螺接、点焊、胶接或其混合形式。连接缝之间离散的作用力在分析时可以简化为剪流。对于复合材料结构,除了用连接件外,还可以通过共固化的方法将长桁和蒙皮等构件通过胶结剂连接在一起(见图 1.23),常见的胶结剂是环氧树脂。

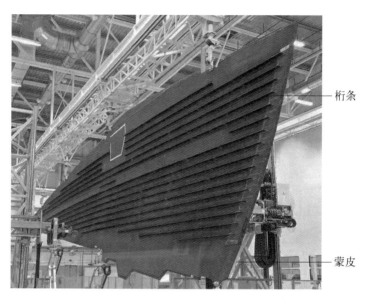

桁条

蒙皮

图 1.23 固化在一起的复合材料蒙皮和桁条

习题

P1-1 简述结构的类型并分别举例说明。

P1-2 简述飞行器结构的特征和种类。

P1-3 简述组成机翼结构的各个零部件的功能。

第 2 章　飞行器结构设计准则

飞行器结构是实现气动布局、机载设备、发动机等系统的安装以及承载旅客和货物的基础平台,所以结构设计是在飞行器研发过程中至关重要的环节。本章以飞机为例,首先介绍其研发的基本流程,了解结构设计在飞行器研发环节中所处位置;然后介绍飞机结构设计的基本要求,以及要满足这些要求所应遵循的设计准则。

2.1　飞机结构设计简介

2.1.1　飞机的研制过程

一款飞机的研发从开始立项到投入使用,一般经过如下六个阶段:

(1) 拟定技术要求阶段,即依据军事战略及战术要求、商务策略、工农业生产应用、赈灾救护等要求,制定主要性能指标、技术指标、使用条件,以及确定机载设备等。

(2) 设计阶段,一般包括总体设计、初步设计和详细设计。这三方面设计的主要内容在下面将进一步说明。

(3) 试制阶段,飞机制造工厂根据设计单位提供的图纸和技术资料进行零部件的加工,然后进行全机的装配,再装上全部设备、系统和发动机。由飞机工厂首批试制的飞机一般称为“0”批,会有 2~4 架,这批飞机用来进行地面试验和试飞。

(4) 地面试验阶段,包括动力试验、各系统地面试验和结构相关的试验等。其中结构相关的试验包括全机静强度(static strength)试验、地面振动试验(ground vibration test)、疲劳(fatigue)和损伤容限(damage tolerance)等。

(5) 试飞与定型阶段,包括地面滑跑试验、起降性能试验、飞行包线中各飞行科目试飞等众多试验。通过试飞全面检验飞机能否确保安全,性能是否满足技术要求,进而发现在设计和制造中出现的各种问题,通过更改设计或改进制造方法等进行排除。最后,在各种试验完成后,该款飞机才能定型,取得型号合格证进行批量生产。

(6) 交付与运营阶段,包括编制维护、操作、修理手册、培训飞行员和乘务员等。

此外,同一款飞机还可能进行后续型号的研发,如加强型、改进型等。

2.1.2　飞机设计阶段的主要工作

如上所述,飞机设计阶段的工作一般包括总体设计、初步设计和详细设计。

总体设计也称为方案设计,主要工作包括如下内容:

(1) 确定全机的主要参数,如重量、发动机推力、翼载等。

(2) 确定飞机气动布局和基本外形,如机翼、尾翼形状、尺寸等。

(3) 全面布置安排各种机载设备、系统和有效载荷,完成各主要结构和设备协调。

(4) 进行飞机结构布局,确定结构主要分离面,布置飞机结构的承力系统和主要的承力构件,并给出各部件的重量控制指标。

(5) 进行初步的重心和惯性矩计算。

(6) 进行比较精确的气动力性能计算,以及操纵性和稳定性计算。

(7) 给出详细的飞机总体布置图。

在总体设计之后,是初步设计,也称为打样设计。这一阶段的主要任务包括如下内容:

(1) 在给定的第一轮载荷情况下,对主要的结构参数进行分析,完成结构的参数初步确定。

(2) 完成与各专业的协调,共同完成系统与结构的协调图。

(3) 进行较为详细的重量、重心、惯性矩计算,进行气动弹性(aeroelasticity)初步分析,经反复修改和协调,形成可满足设计要求的结构设计。

初步设计之后就是详细设计,主要工作包括如下内容:

(1) 完成详细的重量计算,并利用修正载荷进行结构的强度、刚度(stiffness)计算,初步完成疲劳与耐久性(durability)分析。

(2) 完成零部件的详细设计,发出供试制的各个部件和系统的总图、理论图(运动图)、装配图、零件图。

(3) 完成研制阶段的零部件、系统的静强度试验、动强度试验、性能试验、寿命试验和各系统的台架试验,若发现问题则及时修正。

2.1.3　飞机结构设计的输入条件

如前文所述,结构设计主要集中在详细设计阶段。在开始结构设计时,首先要清楚结构设计需要的原始条件,具体包括如下内容:

(1) 结构的外载荷以及对结构受力特性的要求。

(2) 飞机结构的协调关系。在总体设计阶段,确定了各部件的外形、相对位置以及相互连接位置;在结构设计阶段,要保证各构件之间以及构件和内部装载在连接尺寸和形状上的协调,根据协调关系进行具体设计。

(3) 飞机的使用条件,包括环境条件、起飞着陆场所条件、维护与检修条件等。

(4) 飞机的生产条件,包括产量、工厂的加工能力、装配能力等。

由以上几点可知,外载荷是飞机结构设计最基本的输入条件。由于飞机结构必须保证在所受外载荷下有足够的强度、刚度、寿命和高可靠性,因此首先要确定结构的外载荷。对于飞机各部件所受的外载荷,要根据飞机的机种、总重、外形尺寸、使用要求等条件,选择相应飞机强度规范来确定。

外载荷可以对结构提出受力特性的要求,包括:结构要承担静载荷还是动载荷,是否要考虑疲劳寿命或经济寿命(economic life)以及热应力、热刚度和振动等问题。结构特性包括总体刚度和局部刚度,同时还必须考虑飞机的气动弹性稳定性问题。

为了使结构的力学性能能够满足如上要求,就需要对结构进行一系列的设计和分析,达到特定的指标,也就是所谓的飞机结构设计的准则。我们接下来将介绍飞机结构设计的总要求和主要的设计准则(design criteria)。

2.2　飞机结构设计总要求

飞机结构设计总要求指在规定的使用环境下,以最轻的飞机结构重量,在规定的使用寿命(service life)期限内,以最小的生产和维修费用安全完成飞机所要求的各种任务使命。军用飞机(军机)要完成规定的空战、空对地战斗、军事运输、电子对抗等,民用飞机(民机)要完成安全空运旅客或货物,通用飞机要完成护林、探矿、遥测、运动、救护等任务。对应这些飞机使用要求,首先要给出相应的载荷环境条件,然后就是对飞机的重量和寿命要求。

飞机的寿命包括使用寿命和日历寿命(calendar life)。使用寿命主要考虑的是结构疲劳,包括飞行时间和起落次数两项指标,以先到者为准。日历寿命也就是使用年限,主要考虑结构腐蚀和老化因素。

对于战斗机,陆基飞机的结构使用寿命是 3 000~8 000 飞行小时,舰载飞机的结构使用寿命是 2 000 飞行小时。如果按起落次数计算,根据飞机类型的不同,从 3 000 次到 7 000 次不等。就日历寿命而言,陆基飞机结构大约为 30 年,舰载飞机为 20 年。

对于现代客机,其寿命都比较长,大型客机使用寿命可达到 10 万飞行小时,起落次数可达 4 万次以上,日历寿命也都在 20 年以上。

结构设计综合考虑的指标包括强度、刚度、可靠性、重量、费用、工艺性、维护性、互换性、相容性、寿命、生存力等。那么,在实际中按什么样的标准进行设计,才能使飞机结构达到这些指标呢? 在飞机技术的发展过程中,人们不断地发现问题和解决问题,然后建立了各种飞机结构设计的规范。

表 2.1 以美国主要军用飞机强度规范为主展示了其发展过程和内容变迁,同时也列出了对应内容的我国军用飞机强度规范的编号。从时间顺序上看,其规定的内容是逐步丰富起来的,这也体现了飞机结构设计思想变化。归纳起来,可以分为如下阶段:

(1) 静强度设计阶段。

(2) 静强度和刚度设计阶段。

(3) 强度、刚度、损伤容限和耐久性设计阶段。

表 2.1 美国和中国主要军用飞机强度规范更新情况简表

时间	飞机强度规范编号	名 称	说 明
1938	X-1803-A	应力分析规范	规定了各类飞机的过载,规定了安全系数为 1.5
1957	MIL-S-5700	有人驾驶飞机的结构规范	
1960	MIL-A-8860(ASG)	空海军共用,飞机强度和刚度规范	
1971	MIL-A-008860A (GJB67-85 系列)	空军用,飞机强度和刚度规范	除刚度强度外,还规定了可靠性要求、重复载荷和疲劳
1971	MIL-A-008866A (GJB67.6-85)	飞机强度与刚度/重复载荷与疲劳	增加了破损安全和安全裂纹扩展的原则性要求
1971	MIL-A-008867A (GJB67.4-85)	地面试验	增加了破损容限试验和安全裂纹扩展的原则性要求

（续表）

时间	飞机强度规范编号	名　　称	说　　明
1972	MIL－STD－1530 (GJB775.1－89)	飞机结构完整性大纲	增加了裂纹分析和损伤容限分析,相应的疲劳试验和损伤容限试验等要求
1974	MIL－A－83444 (GJB776－89)	飞机损伤容限要求	同 MIL－A－008866B,MIL－A－008867B 和 MIL－STD－1530 结合使用
1975	MIL－A－008866B (GJB2754－96)	空军,飞机结构强度与刚度、可靠性要求、重复载荷与疲劳	经济寿命取代安全寿命
1975	MIL－A－008867B (GJB2758－96)	空军,飞机结构强度与刚度、地面试验	耐久性试验和损伤容限试验取代疲劳试验,分散系数由 4 降为 2
1975	MIL－STD－1530A (GJB775.1－89)	飞机结构完整性大纲	去掉疲劳分析和疲劳试验,突出损伤容限分析和耐久性分析,明确规定损伤容限试验和耐久性试验。明确部队管理内容
1985	MIL－A87221 (GJB2876－97)	飞机结构通用规范	
1985	MIL－A－8860B(AS)	海军,(舰载机)飞机强度与刚度规范	海、空军共用规范,取代 MIL－A－8860(ASG),经济寿命加损伤容限
1998	JSSG－2006		
2000	JSSG－2006 第二版 (GJB67A－2008)	美国国防联合使用规范指南　飞机结构	空、海军通用的飞机强度规范规定了新的结构、新材料和新工艺设计方法
2002	MIL－HDBK－1530B	飞机结构完整性大纲 B 版	

注：括号内以"GJB"开头的为对应内容的中国军用飞机强度规范编号。

　　军用飞机的结构要满足军用飞机强度规范,而民用飞机的设计要满足适航标准。适航标准是一类特殊的技术标准,它是为保证实现民用航空器的适航性而制定的最低安全标准。适航标准是通过长期工作经验的积累、吸取历次飞行事故的教训、经过必要的验证或论证不断修订完善而形成的,它具有法规性质和强制性要求。飞机只有满足适航标准所规定的各项要求后,才能被认为适合航行而被批准放飞、载客营业。

过去和现在，各国适航标准中较有影响的是美国联邦航空条例（Federal Aviation Regulations，FAR）、英国民航适航性要求（British Civil Airworthiness Requirements，BCAR）、欧洲联合航空局的欧洲联合航空条例（Joint Aviation Regulations，JAR），以及苏联民用飞机适航规范（Норм Летной Годности Гражданских Самолетов）。我国主要参考了国际上应用最广泛的美国适航标准，结合国情而制定，形成了《中国民用航空规章》（China Civil Aviation Regulations，CCAR）。

适航标准的内容涵盖了飞机的设计、制造、使用和维修等各个方面，在军用飞机的设计中也会参考适航标准中的一些要求。适航标准对飞机结构制定了严格的安全性要求，为了满足这些要求，所需要遵守的基本设计准则和上述军用飞机强度规范是基本一致的。下面就讲述这些设计准则。

2.3 静强度设计准则

在飞机设计的早期，飞机结构是按静强度来设计的。当时认为，只要通过计算和试验，证明飞机结构能够经受使用中最大载荷而不破坏，结构就有了足够的强度。在目前的静强度设计中，通常采用设计载荷（design load）法，其基本要求是，在使用载荷（operating load）作用下，结构不发生有害的变形，如影响气动特性的或使操纵系统卡滞的变形、结构的永久变形等；在设计载荷作用下，结构不发生总体破坏。这种破坏包括材料应力达到极限强度和由于失去稳定性（stability）导致承载能力下降后而产生的破坏，其中还应考虑热应力和热稳定性。

（1）使用载荷 P_e。

使用载荷又称限制载荷（design limit load，DLL），指飞机在整个寿命期间的使用中可能遇到的最大载荷。

（2）设计载荷 P_d。

设计载荷也称为极限载荷（design ultimate load，DUL），它等于使用载荷 P_e 乘以规定的安全系数（safety factor）f

$$P_d = fP_e \tag{2.1}$$

（3）安全系数 f。

飞机结构的安全系数不同于很多机械结构，后者通常将安全系数加在应力上，而飞机结构的安全系数加在载荷上。在很多设计规范中，一般飞机结构的安全系数都取 1.5。可以这样看待其中的原理,早期的飞机多采用金属结构,图 2.1 是金属材料在拉伸载荷下的应力-应变曲线,发生塑性变形意味着元件的应力达到屈服应力 σ_s,所以在设计时要求 P_e 作用下材料的应力 σ_e 不大于 σ_s;而为了达到设计载荷下结构不破坏的要求,则应使在 P_d 作用下元件的应力 σ_d 不大于材料抗拉极限应力 σ_b。对于很多金属材料,σ_b 为 σ_s 的 1.5 倍左右,同时考虑诸多因素,对于一般航空结构,其整体的安全系数 f 取为 1.5。

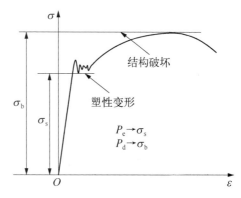

图 2.1　金属材料在拉伸载荷下的应力-应变曲线

在实际的结构工程中,安全系数也可按可靠性设计要求来确定,主要考虑载荷预估的可靠性、强度计算的可靠性、制造工艺的可靠性、材料性能可靠性等。在需要增大安全性和刚度、保证质量、考虑磨损或其他原因时,安全系数可适当增大,如在充压容器、发动机推力梁等结构中,一些规范要求安全系数 f 为 2.0。当然,安全系数也可以适当减小,如航天飞机设计时,为了严格控制结构重量,规定安全系数 f 为 1.4。此外,对于铸造部件、重要接头等,都要再乘以附加系数,各部件的系数如下所述:

(1) 铸造系数为 1.37~2.0。

(2) 支承系数为 1.5~6.67。

(3) 重要接头系数为 1.15~1.33。

为了鉴定飞机结构的静强度,并为验证强度、刚度的计算方法及结构设计、制造工艺的合理性提供必要的数据和资料,必须进行全尺寸飞机结构静强度试验。试验通过的基本要求是:飞机在限制载荷试验期间,结构不得发生有害变形;在极限载荷试验期间,结构至少要承受 3 s 极限载荷而不发生破坏。限制载荷是使用中出现的最大载荷,只在少数情况下才会出现,所以飞机在首飞前完成限制载荷试验即可,但最终都要进行极限载荷试验。

使用极限载荷的一个好处是,在施加的载荷高于极限载荷时,如果结构发生破坏,那么无论从外观还是声响的角度,都容易捕捉到破坏现象。如果只给结构施加限制载荷,是不容易观察出结构是否发生了永久变形的。

另外,极限载荷试验是验证结构是否有足够的安全裕度的,而不代表使用中会让飞机承受这样的载荷。例如,图 2.2 是波音 787 飞机在极限载荷试验时的状态,机翼变形非常大,在翼梢处超过 7.6 m,但这只是在地面试验中才有的状态。

图 2.2 波音 787 飞机在极限载荷试验时的状态

下面介绍一些结构的失稳(instability)破坏,如图 2.3 所示。上文提到,材料应力在达到拉伸极限应力时结构会发生破坏,而在结构中的元件也会受到压

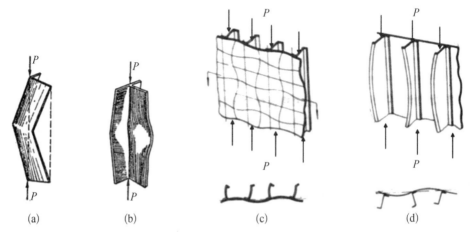

图 2.3 一些结构的失稳形态

(a) 杆件受压的总体弯曲失稳;(b) 薄壁杆件的局部失稳;
(c) 加筋壁板的局部屈曲失稳;(d) 长桁的扭转屈曲失稳

缩载荷,只不过在大部分情况下,构件受到压缩载荷时,不是由于其应力达到压缩极限而失效的,而是由于构件失去稳定性而失效的。

失稳破坏先是由于刚度不足引发的,发生失稳问题的构件一般为细长杆件和薄壁结构。在压缩载荷下,尽管构件材料的应力没有达到破坏应力,但结构受扰动后会在压缩载荷作用下产生弯曲,以致承载能力降低,最后由于弯曲导致的应力值过高而失效,这个过程也叫屈曲(buckling)。薄壁结构除了在压缩载荷下会失稳,在剪切、弯曲和扭转载荷下也可能会发生失稳。稳定性是在静强度设计中必须要考虑的问题。但是,需要注意的是,很多薄壁结构在失稳的状态下仍然能够承载,只要不影响结构的整体安全,一些飞机部件是允许在使用载荷下失稳的。本书的第 8 章,会针对性地讲解结构稳定性问题。

(4) 剩余强度(residual strength)和安全裕度(margin of safety)。

在军用飞机结构设计中,一般用剩余强度系数 η 来表示结构的安全程度。它等于材料的极限许用应力除以结构在极限载荷下的工作应力,设计要求剩余强度系数 η 大于等于 1.0,即

$$\eta = \frac{极限许用应力}{极限载荷下工作应力} \geqslant 1.0 \qquad (2.2)$$

在民用飞机结构设计中,则常用安全裕度系数 M. S 来表示安全程度。它等于剩余强度系数减 1.0,且设计要求它应该大于等于 0,即

$$M. S = \frac{极限许用应力}{极限载荷下工作应力} - 1.0 \geqslant 0 \qquad (2.3)$$

2.4　气动弹性设计准则

飞机结构的气动弹性问题包括两类:一类是静气动弹性问题,包括机翼扭转发散(wing torsional divergence)、副翼反效(aileron reversal)等;另一类是动气动弹性问题,包括机翼、尾翼的颤振(flutter),操纵面的嗡鸣,全机的气动伺服弹性问题等。

首先,介绍静气动弹性问题中的扭转发散。翼剖面上的三个特征点如图 2.4 所示。取机翼中的一段进行分析,只考虑其绕刚心的扭转运动,气动力合力作用在焦点上,在一般情况下,焦点在刚心的前方 d_a 处。在受到气动力 L 时,对刚心的气动力矩为 Ld_a。此外,绕焦点的气动力矩也对作用于刚心,机翼会产生一个扭转变形 θ(也是附加的攻角)。由于机翼具有扭转刚度,因此可使机

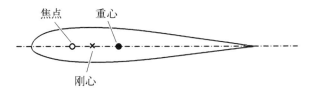

图 2.4　翼剖面上的三个特征点

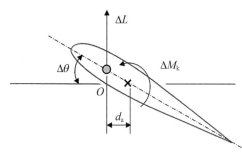

图 2.5　机翼攻角增大示意图

翼具有恢复力矩 M_k，与气动力矩相平衡。此时，如果机翼受到外界的扰动（见图 2.5），那么机翼扭转角（即攻角）产生一个增量 $\Delta\theta$，产生升力的增量 ΔL；如果机翼的抗扭刚度足够，其恢复力矩增量 ΔM_k 能够与气动力矩增量 $\Delta L d_a$ 平衡，则机翼能够维持平衡的状态。

但是，由于气动力矩与风速的平方成正比，而机翼的抗扭刚度不随风速发生明显变化，所以随着风速的增大，在产生攻角增量 $\Delta\theta$ 时，恢复力矩增量 ΔM_k 会小于气动力矩增量 $\Delta L d_a$。此时机翼攻角就会继续增大，进而导致气动力矩继续增大，而气动力矩增大又会继续使机翼攻角增大，如此发展，最终导致机翼变形过大，影响气动性能，甚至发生结构的破坏，这就是扭转发散。从机翼构型上讲，后掠机翼对防止扭转发散有利，前掠机翼则相反。

机翼刚度不足也会导致机翼的副翼反效，如图 2.6 所示。为了使某侧机翼产生附加升力而使副翼下偏转角 δ，此时，若机翼为绝对刚硬，则由于副翼下偏，机翼上将增加升力 ΔL_a。但实际上机翼刚度有限，机翼刚心又在增升合力作用点之前，故增加升力产生的力矩将使机翼产生前缘向下的扭转变形，这相当于减少了机翼的攻角，从而将使机翼的升力减少 ΔL_k。若 $\Delta L_a < \Delta L_k$，即

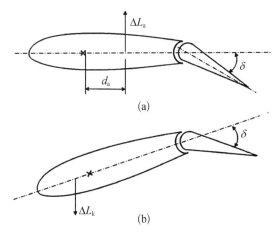

图 2.6　副翼反效示意图
（a）假设机翼绝对刚硬；（b）考虑机翼扭转变形

副翼向下偏(正偏转)时,反而引起向下的升力增量(负增升),这种现象就称为副翼反效。实际中,飞机为保持正常操纵的操纵效率应杜绝发生副翼反效。从机翼构型上讲,后掠翼的副翼操纵效率低,前掠翼的副翼操纵效率高。

与扭转发散问题类似,升力增量与风速的平方成正比,抵抗机翼扭转变形的刚度不随风速显著变化,所以根据机翼、副翼的升力特性与机翼抗扭刚度的关系,可以求得副翼反效的临界飞行速度。

在动气弹问题中,典型的是颤振现象。颤振是飞机结构在弹性力、惯性力和空气动力的相互作用下而形成的一种自激振动。当结构受到扰动而振动时,弹性力与惯性力作为保守系统的内力总是处于平衡状态,在一个振动周期内的势能和动能之和保持为常数,不会产生振动发生。但气流会产生外部能量的输入,由于结构的振动特性,会将气流的能量转换为系统的内能,如果输入的能量大于系统阻尼所消耗的能量,那么就会发生颤振。

以典型的弯扭耦合颤振为例来阐述颤振的基本原理,如图 2.7 所示。取机翼中的一段进行分析,将其简化为二自由度模型。机翼的刚心通过刚度为 K_h 的线弹簧和刚度为 K_α 的扭转弹簧与基础相连,可以进行上、下平动和转动。在气流中,机翼的运动还会引起空气动力的变化。

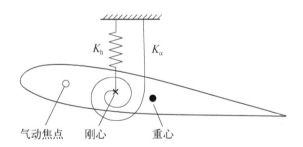

图 2.7　机翼弯扭耦合颤振的二自由度模型

用图 2.8 来阐述这个系统的运动规律。在气流中机翼处于平衡位置,保持一定的攻角,当其受到一个扰动时,平移到 0 号位置。撤去扰动后,机翼在弹性恢复力的作用下开始加速向平衡位置运动。此时,机翼受到向下的惯性力,而机翼的重心在刚心之后,惯性力产生抬头力矩,机翼攻角增加,产生向上附加的气动力,这个气动力产生的力矩也使攻角增加,因而升力也随之增大,促使向上平动的幅值增大。当摆动到达平衡位置(2 号位置)时,弹性力为 0。再继续向上运动,此时弹性恢复力向下,机翼开始减速,而惯性力开始向上,产生低头力矩,机翼攻角变小,附加气动力减小。

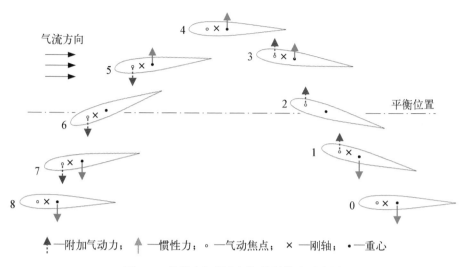

↑—附加气动力; ↑—惯性力;。—气动焦点; ×—刚轴;•—重心

图 2.8   机翼弯扭耦合颤振临界状态示意图

当机翼运动到最高位置(4 号位置)时,速度为零,弹性恢复力达到最大,机翼开始向下运动,惯性力向上,产生低头力矩,攻角也减小。附加气动力向下,进一步增加低头力矩,促使扭转运动幅值增大,向下的附加气动力也增大,也促使平动幅值增大。再次到达平衡位置(6 号位置)时,机翼的平动开始减速,惯性力向下,使攻角变小。到达最低点时(8 号位置)时,平动速度变为零,弹性恢复力最大,机翼开始下一个周期的运动。

上文提到,在这个振动中,弹性力与惯性力不会增加系统的能量,而由于机翼扭转产生的附加气动力可视作外激励,有使机翼运动逐渐扩大的趋势,当其做的功大于系统阻尼消耗的能量时就会发生颤振。在系统中除了有结构阻尼,还有气动力阻尼。气动力阻尼产生的原理如图 2.9 所示。

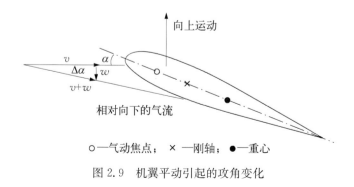

○—气动焦点; ×—刚轴;●—重心

图 2.9   机翼平动引起的攻角变化

　　以 3 号位置的状态为例,此时当机翼做向上的运动时,周围的空气具有一个相对向下的风速 w。它使机翼与空气相对速度的大小和方向都发生了改变,机翼的气动攻角减小了 $\Delta\alpha$,这使机翼受到向下的附加气动力。同理,在其他位置,这个附加气动力也总是和机翼运动方向相反的,因此它具有阻尼力的性质,起到阻碍振动的作用。如果空气和结构的阻尼力足够,那么这种振动是逐渐衰减的;若阻尼力不够,则这种振动将扩大,于是机翼发生颤振。

　　由于机翼扭转产生附加气动力与速度的二次方成正比,而平动产生的气动阻尼力一般与速度的一次方成正比,随着飞行速度的增大,二者会相等,因此可求得颤振临界速度(critical speed)。

　　从前面的阐述中可知,机翼平动运动会引起其扭转运动,原因是机翼重心位于刚心之后,引发弯扭耦合颤振,因此针对这个问题,在飞机操纵面的设计中,常采用加配重使剖面重心前移的办法来提高颤振临界速度,甚至完全排除颤振的发生。

　　机翼弯曲和副翼偏转也会发生耦合,产生颤振现象,其原理与机翼弯扭耦合颤振类似。如图 2.10 所示,当机翼上下振动时,副翼产生相反方向的惯性力,它作用于副翼重心,从而使副翼绕其铰链轴偏转,在机翼上产生附加气动力,且与机翼运动方向一致,有增大振动的作用。而惯性力在机翼运动中也会受到气动阻尼力。随着空气速度的增加,当系统中的阻尼力不足以平衡副翼偏转产生的附加气动力时,将发生颤振。

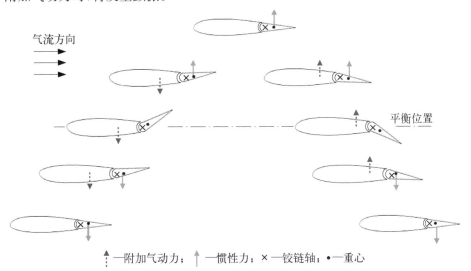

- - - 附加气动力; — 惯性力; × —铰链轴; • —重心

图 2.10　机翼弯曲和副翼偏转耦合颤振示意图

由以上分析可见,若副翼重心前移,与副翼偏转的铰链轴重合,则机翼弯曲振动将不会引起副翼的偏转,因而这种耦合型的颤振就不会发生。

气动弹性现象还包括很多方面,而气动弹性稳定性问题的发生都与飞行速度有关。在飞机设计中,把发生气动弹性稳定性问题的飞行速度,称为临界速度,如发散临界速度、副翼反效临界速度、颤振临界速度等。气动弹性的一般性设计原则是要求气动弹性失稳的临界速度达到最大飞行速度的一个倍数,在军用飞机强度刚度设计规范中,这个倍数规定为 1.15;在民用飞机适航规章中,这个倍数规定为 1.2。此外,在防颤振设计条款中,还有对阻尼等方面的要求。

2.5　刚度设计准则

虽然气动弹性特性与结构刚度有直接关系,但是在飞机结构设计中还有其他的结构刚度要求,如要求结构部件的变形小于某个值。这个值要根据具体情况而制定,如各类舱门、起落架舱门、炸弹舱门等均应按刚度要求设计;对于操纵面的悬挂支臂结构有一定刚度要求,以免操纵面卡死;为保证助力器的工作精确性,对操纵系统也有刚度要求,防止操纵滞后、行程不足等,从而保证操纵系统的跟随性。

飞机刚度设计要求为,在使用载荷下,结构变形小于或等于许用变形

$$\delta_i \leqslant [\delta_i] \tag{2.4}$$

式中:δ_i 为结构变形;$[\delta_i]$ 为许用变形。

此外,结构的动力学特性与刚度有很大关系。结构动力学设计也是结构工程重要的组成部分,涵盖内容十分广泛,除了上述的动气弹问题外,还包括振动、冲击等方面的问题。

2.6　安全寿命设计准则

早期的飞机结构采用静强度设计方法,只要在最大载荷下结构不被破坏,就认为结构是安全的。由于在当时结构的使用寿命较短,结构的应力水平也较低,强度储备较大,所用材料的韧性好,因此结构疲劳损伤问题没有明显暴露出来。后来,在实践中发现,只按静强度和刚度要求设计的飞机并不能很好地保证飞机的使用安全。在第二次世界大战后的 10 年中,世界各国的军用飞机和民用飞机,出现了多起疲劳破坏事故。典型的案例是 20 世纪 50 年代英国的"彗星号"

飞机系列的失事事件。"彗星号"是投入使用的第一种喷气式客机(见图 2.11),尽管其外观接近于当代客机,但是由于在结构设计中没有考虑金属的疲劳问题,因此在 1953—1954 年之间有 3 架飞机因为在空中解体而失事。同样的事情也在美国的一些飞机上发生。1948—1965 年期间,两国陆续发生 20 余次因为疲劳强度不够而造成的重大事故。于是,安全寿命(safe life)设计准则被提出,规定了结构抗疲劳性能。

图 2.11 "彗星号"客机

(图片来源:https://5b0988e595225.cdn.sohucs.com/q_70,c_zoom,w_640/images/20170916/4ef3a6b8344a4135bbdb4060c06419dc.jpg)

疲劳问题主要发生在金属结构中,金属材料在交变应力作用下(见图 2.12)会产生疲劳裂纹,典型的是滑移带开裂产生裂纹,如图 2.13 所示。表面光滑的金属试样在名义应力低于屈服应力时,局部区域也会发生滑移,在循环载荷下,

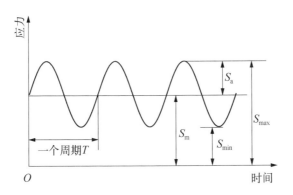

图 2.12 循环应力示意图

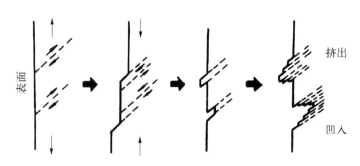

图 2.13 滑移带产生疲劳裂纹示意图

产生金属挤入/挤出的滑移带,进而形成微裂纹的核。在金属材料中裂纹产生的原因还包括相界面开裂和晶界开裂。

图 2.12 所示的疲劳应力中包括了若干特征:最大应力 S_{max}、最小应力 S_{min} 和应力幅值 S_a,以及循环的周期 T。在一定幅值的疲劳载荷下,材料从完好到出现裂纹所经历的循环数就是疲劳寿命。通常用应力和出现疲劳裂纹的循环数曲线(通常称为"S-N 曲线")来表示材料的疲劳性能,如图 2.14 所示。其中,S 代表应力,N 就是该应力下的疲劳寿命。显然,应力越小,疲劳寿命越大。当应力小于一定值,N 达到 10^7 以上的循环时,可认为结构不会发生疲劳损伤。

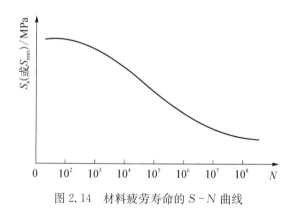

图 2.14 材料疲劳寿命的 S-N 曲线

安全寿命设计准则以结构无裂纹寿命为设计目标,即要求

$$N_e \leqslant N_{sa} = \frac{N_{ey}}{n_f} \tag{2.5}$$

式中: N_e 为使用寿命; N_{sa} 为安全寿命; N_{ey} 为试验寿命; n_f 为分散系数。

其中,分散系数一般为 4～6。在结构设计时,主要通过控制结构应力水平、改善结构细节设计、减少应力集中以保证结构有足够的寿命。结构的安全寿命主要通过全尺寸结构疲劳试验来确定,最后通过对飞行载荷谱的监控予以修订。

飞机会受到各种幅值的循环载荷,产生的应力对应 S-N 曲线上多个应力值,这时可以用累计损伤理论进行疲劳寿命的估算。例如,在一次飞行过程中飞机会发生 m 种幅值的循环载荷,每种载荷的循环次数为 n_i,通过结构分析,得到每种载荷下的某个元件在疲劳危险部位的应力,通过查 S-N 曲线,得到这些应力所对应的疲劳寿命分别为 N_i,那么在本次飞行中该元件的累计疲劳损伤量为 D,它等于各个 n_i 与 N_i 之比的和,即

$$D = \sum_{i=1}^{m} \frac{n_i}{N_i} \qquad (2.6)$$

再取其倒数,就得到使元件发生疲劳破坏的飞行次数 L,即

$$L = \frac{1}{\sum_{i=1}^{m} \dfrac{n_i}{N_i}} \qquad (2.7)$$

上面简单介绍了金属材料的疲劳寿命,对于复合材料,其疲劳损伤的机理更为复杂,但对于应力水平较低的复合材料结构,很多时候只要其满足静强度设计要求,就能满足疲劳强度要求(即所谓的"静力覆盖疲劳")。但在受严重载荷或受复杂载荷的情况下,如受弯曲载荷、材料含损伤等情况,要考虑疲劳寿命问题。

2.7　损伤容限设计准则

上文提到的安全寿命设计准则,美国空军一直沿用到 20 世纪 70 年代,俄罗斯和欧洲各国也不同程度地沿用。但实践证明,安全寿命设计不能确保飞机的安全,这是由于在安全寿命设计方法中,只考虑了结构从完好到产生裂纹的过程,却没有考虑结构中本来就有可能存在裂纹,这种裂纹可能是由制造中产生的,也有可能是使用过程中产生的。在交变载荷的作用下,裂纹会逐渐扩展,最终导致结构断裂。1974 年美国颁布了第一部飞机损伤容限需求(MIL-A-83444),提出了损伤容限的概念。损伤容限指结构在规定的检修周期内,抵抗由缺陷、裂纹或其他损伤而导致破坏的能力,即在结构中允许的初始缺陷及其发展程度。损伤容限设计概念的阐述如图 2.15 所示。

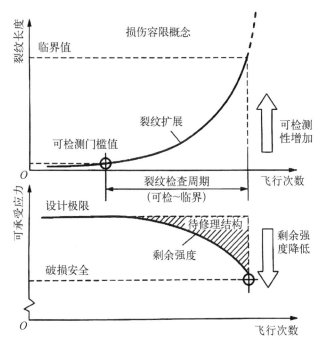

图 2.15　损伤容限设计概念图示

　　假设构件在投入使用的时候就存在没有检出的初始裂纹,随着结构的使用,这些裂纹会逐渐地扩展;同时,构件可承受的应力水平,也就是剩余强度不断降低。在破损安全线以上时,构件是可用的;而如果裂纹扩展到临界尺寸(即开始快速扩展的裂纹尺寸),构件的剩余强度落到安全线以下,那么就会在使用中发生断裂。为了保证飞机的安全,必须在裂纹尺寸由可检测尺寸发展到临界尺寸期间进行损伤的检查,并及时维修,使其恢复原有的强度。可见,损伤容限设计方法的几个基本要素包括初始裂纹的尺寸、裂纹的扩展速率、结构允许的临界裂纹尺寸。

　　损伤容限结构有两种结构类型:一种为破损安全结构(fail safe structures),另一种为缓慢裂纹扩展(slow crack propagation)结构。

　　(1) 破损安全结构。

　　破损安全结构适用于可检测结构,当结构中某个部件破坏后,剩余的结构仍能承受使用载荷,并在规定的检查间隔周期内,不会出现结构的破坏

$$H \leqslant \frac{N_{\text{ex,fa}}}{2} \tag{2.8}$$

式中：H 为规定的检查间隔周期；$N_{\text{ex,fa}}$ 为破损安全的试验寿命,通过使用含损伤的结构进行寿命试验获得。

破损安全结构的设计准则为

$$\eta_{\text{fa}} \geqslant \eta_{\text{e}} = \frac{\eta_{\text{d}}}{f} \tag{2.9}$$

式中：η_{fa} 为破损安全系数；η_{e} 为使用剩余强度系数；η_{d} 为设计剩余强度系数；f 为安全系数,此处取 $f = 1.5$。

破损安全结构一定是多传力路径结构,通常是超静定结构(超静定的概念将在后续章节中介绍)。如图 2.16 所示的桁架结构就是超静定结构,载荷 P 分摊到 3 根杆上,如果有 1 根杆损伤,那么剩下的 2 根杆仍能够承担这个载荷。

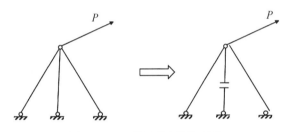

图 2.16　一种超静定桁架结构

再来看两个飞机上常见的多传力路径结构。图 2.17 所示为由三块整体壁板通过铆钉连接组成的下翼面,各自承担的载荷为 P_1、P_2 和 P。当其中任何一块壁板破损后,载荷可通过铆钉传到相邻的壁板上。

类似地,由多重元件组成的缘条也是多传力路径结构(见图 2.17),其中部分元件损坏后,整个结构仍然能够承担载荷。

(2) 缓慢裂纹扩展结构。

缓慢裂纹扩展结构适用于不可检测部位,要求在整个使用寿命期内,裂纹要缓慢地扩展,不会达到临界裂纹长度。这种结构的设计准则是使用寿命小于等于裂纹从初始长度扩展到临界长度的一半。

$$N_{\text{e}} \leqslant 0.5 N_{a_0 \to a_{\text{cr}}} \tag{2.10}$$

式中：N_{e} 为使用寿命；a_0 为初始裂纹长度；a_{cr} 为临界裂纹长度；$N_{a_0 \to a_{\text{cr}}}$ 为裂纹长度从初始长度扩展至临界长度的寿命。

目前,损伤容限设计准则在飞机结构设计中被广泛应用,但是对于单通道传

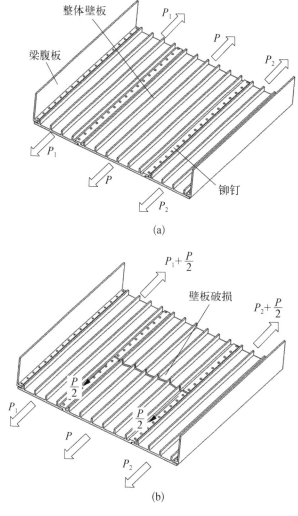

图 2.17　破损安全设计的壁板
（a）完好时的传力；（b）破损后的传力

力、裂纹快速增长结构，通常仍旧采用安全寿命方法设计，如起落架结构。

从航空飞行事故的调查中，人们认识到仅基于单裂纹扩展的损伤容限分析是不够的，还要考飞机结构可能出现的广布疲劳损伤。广布疲劳损伤指在疲劳载荷的作用下，结构与应力状态相似的部位同时发生疲劳破坏的现象。由于多部位损伤的裂纹扩展会造成这些裂纹的相互联通与合并，因此对结构完整性的危害非常大。1988 年美国发生的 Aloha 航空公司 243 航班事件就是由此而引起的，该飞机在爬升到巡航高度的过程中发生了减压破坏，客舱前门后面的地板和客舱支撑结构上方约 5.5 m 长的蒙皮脱落,由此引出了人们对广布疲劳的认识。美国联邦航空局在 1998 年 4 月发布了适航条例的修正案,更新了对损伤容限的设计要求,要求在设计服役目标内飞机的结构完整性不会由于广布疲劳问题而遭到破坏,以及对何种结构必须基于裂纹扩展制定检查门槛值。

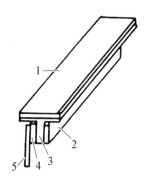

1—蒙皮;2—铝条带;3—缘条;
4—钢条带;5—腹板。

图 2.18　具有多重元件的缘条方案

2.8　耐久性设计准则

飞机结构耐久性设计是从安全寿命设计和损伤容限设计发展而来的。飞机结构的耐久性指飞机结构在规定的经济寿命期间内,抵抗疲劳开裂、腐蚀、热退化、磨损和外来物偶然损伤作用的一种固有能力。

经济寿命和耐久性的基本要求如图 2.19 所示。由于飞机结构在使用前就存在许多微小的初始缺陷,在载荷、环境的作用下会逐渐形成一定长度和一定数量的广布裂纹与损伤群,继续扩展下去将会影响结构功能,如产生渗漏、泄压、操纵效率下降等,但如果维修的话,那么费用会急剧增加,这时认为结构已经达到了经济寿命,因此在飞机结构出现功能性损伤之前必须对结构进行修理。这种修理可以持续若干次,直到满足 1 倍寿命要求,但同时修理的费用不能过高,所以也叫经济修理。总之,按耐久性设计飞机结构的基本要求就是使其经济寿命必须超过 1 倍的设计使用寿命。

耐久性设计与损伤容限设计在技术方法上有紧密联系,包含了大量的结构应力、损伤扩展的分析,以及耐久性试验。疲劳分析是耐久性分析的重要内容,其关键是在结构设计时要赋予结构高的抗疲劳品质,使结构具有对抗疲劳、腐蚀(包括应力腐蚀)和意外损伤的能力,从而确保飞机以低维修成本达到其经济寿命。

以上几种设计准则和方法是在飞机结构设计中最常用的。除此之外,还有可靠性设计方法等,但其应用还不是很普遍。

通过以上的学习,我们可以看到,在各种结构设计方法中,结构的受力分析是最重要的一个环节。结构力学是结构分析的一个分支,一方面可以让我们掌握结构中各个构件在外载荷下内力的计算方法,从而进行应力分析,评价结构是否满足设计要求;另一方面是让我们掌握结构承载原理,在设计中选用、开发合理的结构构型。因此结构力学分析方法是进行飞机结构设计的基础,接下来我们将逐步学习这些原理和方法。

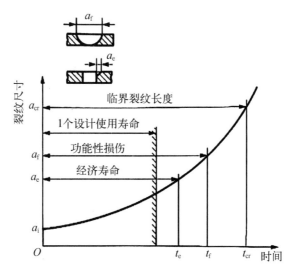

a_i—初始裂纹尺寸；a_e—可实现经济修理的裂纹尺寸；a_f—功能性损伤对应的裂纹尺寸；a_{cr}—临界裂纹尺寸；t_e—经济寿命；t_f—出现功能性损伤的时间；t_{cr}——裂纹扩展到临界尺寸的时间

图 2.19　经济寿命和耐久性的基本要求

习题

P2-1　简述飞行器结构设计内容和输入条件。

P2-2　简述飞行器结构设计的准则以及形成的原因。

P2-3　试举例说明在飞行器结构中哪些部件主要考虑刚度要求，哪些主要考虑强度要求。

P2-4　试阐述怎样提高机翼扭转发散临界速度。

P2-5　试阐述提高结构疲劳强度的措施。

第3章 飞行载荷计算

在第 2 章中提到,外载荷是飞行器结构设计的一个基本输入条件,它与飞行器的使用状态有直接关系。载荷计算将飞行器的状态与结构零部件的设计关联起来,具有承上启下的作用。根据飞行器的状态,可先求得飞行器的外载荷,再通过结构分析的方法,获得结构零部件上的载荷,用于零部件设计和强度计算。在飞机设计中要考虑众多情况下的载荷,筛选出零部件在哪种情况下受到严重载荷,而实际中飞行器的载荷计算方法也比较复杂,本章主要讲述与外载荷有关的基本概念和在飞行条件下的外载荷计算原理。

3.1 飞机的外载荷

飞机的外载荷指飞机在起飞、飞行、着陆和地面滑行等使用过程中,作用在飞机各部位上的空气动力、重力、惯性力、地面反力的总称。外载荷的大小取决于飞机的重量、飞行性能、外形的气动特性、起落架的缓冲和减摆特性,以及使用情况等诸多因素。

飞机的外载荷按载荷来源不同,分为两类:

(1) 地面载荷(ground load),如滑跑、降落、拖曳、起吊中产生的载荷。

(2) 空中载荷,如机动飞行、遭受阵风(也称突风)时的载荷等。

除此之外,还有很多其他情况的载荷,如舰载机的弹射起飞和阻拦着舰载荷、座舱的增压载荷、水面降落时的水冲击载荷、鸟类和冰雹的撞击载荷、低空高速飞行时受到的地面扰流载荷、高超声速飞行时的热载荷等。

飞机的外载荷从力学属性划分,可分为面载荷和体载荷。面载荷主要是气动力和静压力,体载荷为重力和惯性力。

飞机的外载荷确定比较复杂,可以通过风洞试验、理论计算和实测等方法决定。正确地确定飞机的外载荷是飞机设计的重要内容,是由总体、气动设计转向结构强度设计的桥梁,是结构设计、强度校核的依据。

前面已经提到,结构是承担和传递载荷的系统,外载荷是结构设计的原始输入条件,结构应满足能够在所有载荷条件下使用。如果设计时少考虑了某种载荷,则很可能会导致结构的缺陷。

举一个例子,假设在设计机身蒙皮时只考虑了空中的气动载荷,那么当飞机在水上迫降时,蒙皮很可能因为承受不了水产生的冲击力而破裂。而对于旅客飞机,要求飞机在水面能够漂浮足够的时间,从而实施救援。如果蒙皮发生破裂,则不易满足水上迫降的漂浮性要求。

再举一个例子(见图3.1),当飞机做正常定速直线飞行的时候,机身在水平面内受的力矩很小。但是如果一侧发动机停车,那么为了平衡发动机产生的偏转力矩,方向舵就要保持向一侧的偏转。此时,后机身会受到比正常状态下要大得多的水平面内力矩,这种载荷称为单发停车载荷。在设计中,这些在非正常状态下的外载荷也都必须要考虑到。

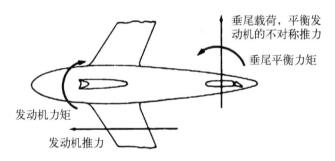

图3.1　单发停车载荷示意图

接下来定义飞机在空中各方向的运动,如果将飞机视作一个刚体,则它有6个自由度。我们定义一个固连于机体的坐标系来描述这些自由度,如图3.2所示,x轴为机体轴,从机头指向后方;y轴向上,代表升力方向;z轴沿机翼展向,并符合右手法则。以上定义的是3个平动自由度,此外还有3个转动自由度,在副翼、方向舵、升降舵的操纵作用下,飞机可以绕这3个轴进行滚转(rolling)、偏航(yawing)和俯仰(pitching)运动。

将飞机视作刚体的情况下,它在气动力、惯性力、推力、操纵力等载荷的作用下处于平衡状态,其运动可由6个方程来描述,也就是理论力学中空间刚体的运动平衡方程。

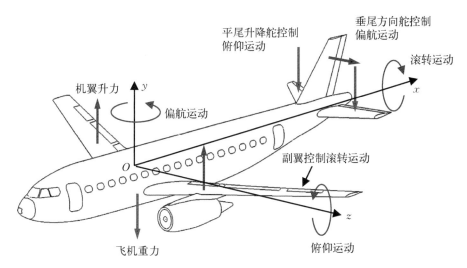

图 3.2　机体坐标系与运动自由度的定义

$$
\begin{cases}
m\left(\dfrac{\mathrm{d}v_x}{\mathrm{d}t} + \omega_y v_z - \omega_z v_y\right) = F_x \\[2mm]
m\left(\dfrac{\mathrm{d}v_y}{\mathrm{d}t} + \omega_z v_x - \omega_x v_z\right) = F_y \\[2mm]
m\left(\dfrac{\mathrm{d}v_z}{\mathrm{d}t} + \omega_x v_y - \omega_y v_x\right) = F_z \\[2mm]
I_x\,\dfrac{\mathrm{d}\omega_x}{\mathrm{d}t} + (I_z - I_y)\omega_y\omega_z = M_x \\[2mm]
I_y\,\dfrac{\mathrm{d}\omega_y}{\mathrm{d}t} + (I_x - I_z)\omega_z\omega_x = M_y \\[2mm]
I_z\,\dfrac{\mathrm{d}\omega_z}{\mathrm{d}t} + (I_y - I_x)\omega_x\omega_y = M_z
\end{cases}
\tag{3.1}
$$

式中：v_x、v_y、v_z 为飞机速度分量；I_x、I_y、I_z 为飞机惯性矩分量，这里认为机体坐标轴是飞机的惯性主轴，从而忽略了惯性积的影响；ω_x、ω_y、ω_z 为飞机角速度分量；m 为飞机质量。

无论是在地面还是在空中，飞机的刚体运动都符合方程(3.1)，本书仅阐述在飞行状态下的载荷计算。

如果只考虑飞机的对称机动飞行，那么它的运动将简化为在 Oxy 平面内的 3 个自由度的运动。本书只涉及与这 3 个自由度相关的基本飞行载荷。本节主要介绍外载荷的分布形式及其引起的内力的形式,关于载荷计算的细节将在下一节讲解。

尽管飞机处于运动状态,且存在加速度,但不考虑部件之间的相对振动,可以按静力学的方法分析其平衡状态。根据达朗贝尔原理,可将质量力视作静力,与其他外力平衡。

我们先来看机翼的内力。机翼 yz 平面内受载示意图如图3.3所示,机翼产生升力与质量力平衡。这个质量力可能等于重力 W,也可能由于 y 向加速度的存在而大于或小于重力,所以用 nW 表示质量力,其中包括重力和惯性力,n 为载荷系数(load factor),本章将专门讲述。

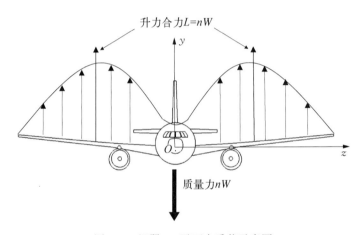

图3.3 机翼 yz 平面内受载示意图

如图3.4所示,当分析机翼的受载时,可以将机身视作不动的基础,那么一个机翼就可以看作是一个悬臂梁。这个悬臂梁可以承受各种方向的力和力矩,但在实际中机翼很少会直接受到外力矩的作用,只需考虑外力的作用。此外,机翼展向载荷通常也很小,一般不需要考虑。

确定外载荷后,分析机翼各个剖面的内力,采用分离体(freebody)的分析方法,分离体在剖面上受到的内力与外载荷平衡。如图3.5所示,在横剖面 n-n 以外的机翼上,外载荷产生的合力和合力矩包括:y 向和 x 向的总剪力 S_y^e 和 S_x^e,这两个剪切载荷分别产生弯矩 M_x^e 和 M_y^e,并且由于气动力沿弦向的分布,还会产生对机翼展向轴的扭转力矩 M_t^e。

但由于机翼受 x 向的载荷相对较小,而机翼剖面在 x 向的尺寸较大,抗弯刚度很大,因此 M_y^e 引起的应力远小于 M_x^e 引起的应力,通常可忽略 S_x^e 和 M_y^e。

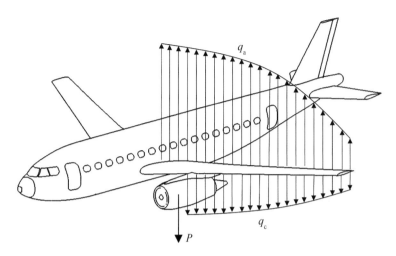

q_a—空气动力分布载荷；q_c—机翼质量分布载荷；P—发动机或其他部件传来的集中载荷

图 3.4　机翼外载荷示意图

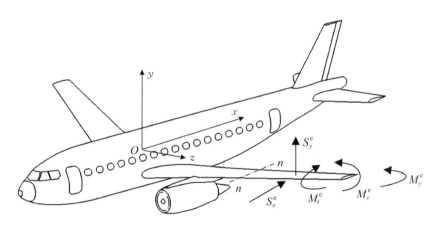

图 3.5　机翼上主要的剪切、弯矩和扭矩载荷

从分析可以看出，当设计机翼时只考虑 S_y^e、M_x^e 和 M_t^e 引起的剖面内力，对应地用 S_y、M_x 和 M_t 表示。

　　将机身中面视作固定基础，然后按梁结构的内力分析方法，在各个关键剖面处分割出分离体，得到 S_y、M_x 和 M_t，进而得到其在整个结构上的分布。各个内力的分析示意图如图 3.6 和图 3.7 所示，最后的内力分布如图 3.8 所示。

　　首先，通过 y 向的载荷计算剖面处的剪力 S_y（见图 3.6），剖面上的 S_y 有一

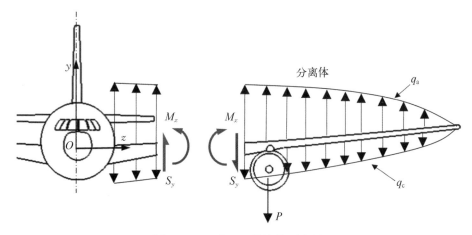

图 3.6 S_y 和 M_x 的计算 示意图

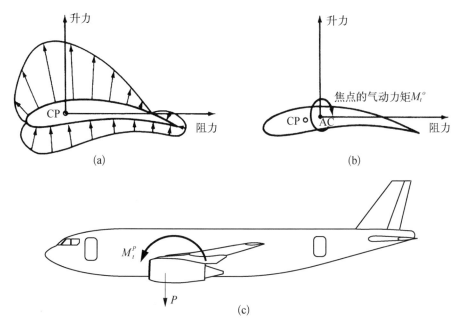

图 3.7 机翼剖面受扭矩示意图

(a) 机翼表面的压力分布;(b) 等效到气动中心的升力、阻力和气动力矩;(c) 外挂物引起的扭矩

对。分离体在 S_y 和外载荷的作用下,在竖直方向上处于平衡,因此计算分离体上外载荷在 y 向的合力就得到剪力 S_y。 在受分布载荷时,S_y 沿机翼轴向是渐进变化的,在有集中力作用的位置,S_y 的值会发生阶跃变化,如图 3.8 所示的

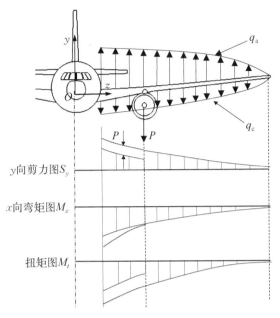

图 3.8 机翼 S_y、M_x 和 M_t 分布示意图

S_y。图 3.8 中的剪力和力矩符号与坐标系有关,符号的规定将在第 4 章中讲述。

其次,分析剖面上的弯矩 M_x。在分离体上,M_x 与外载荷产生的力矩是平衡的,因此可以通过求各个外载荷对剖面所在位置的力矩之和来得到 M_x。当有集中力存在时,M_x 曲线的斜率会发生明显变化,如图 3.8 中所示的 M_x。

最后,分析扭矩 M_t 是怎样产生的(见图 3.7)。在翼剖面上有分布的气动力,包括升力和阻力,它们的合力相交于压力中心(CP),但压力中心会随着攻角会发生变化,而在机翼的气动中心(也称"焦点")(AC)上,力矩系数(moment coefficient)是不随攻角发生变化的。也就是说,在空速一定的情况下,尽管攻角发生变化,但是气动力对该点的力矩也不变。因此,气动载荷可以等效为气动中心上的升力、阻力和气动力矩。分离体剖面处的扭矩与气动力矩及其他力矩平衡,对分离体各位置处的外力矩求和,可以得到剖面上的扭矩 M_t。当存在发动机等外挂物时,其质量力也会对剖面产生力矩,在扭矩分布曲线上会产生一个阶跃,如图 3.8 所示的 M_t。

这样,我们得到了机翼这个梁结构各个剖面上的剪切、弯曲和扭转载荷,这将是对机翼各个剖面进行结构力学分析的输入条件。

对于机身结构,也可以用类似的方法绘出载荷的分布图,如图 3.9 所示。机身可以看作是支撑在机翼上的单支点梁,在气动、惯性和舵面载荷下处于平衡状态。不过机身的质量力大于气动力,分布载荷是向下的,而在机身各个位置也存在很多集中载荷,如装载的设备、平尾、垂尾接头传来的载荷等。垂尾等还会产生 z 向的剪力 S_z,以及绕机身轴的扭矩 M_t。 用取分离体的方法,可以逐步地绘出 y 向的剪力 S_y 图、绕 z 轴的弯矩 M_z 图、z 向的剪力 S_z 图、绕 y 轴的弯矩 M_y 图和绕机身轴的扭矩 M_t 图。这些也将是对机身各个剖面进行结构分析的输入条件。

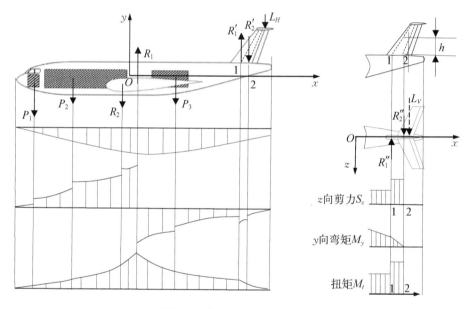

图 3.9　高平尾飞机机身载荷

3.2　载荷系数与飞行载荷包线

3.2.1　载荷系数的定义

飞机的载荷系数定义为:除重力外,作用在飞机某方向上的所有外力的合力与当时飞机重量的比值,也称为过载系数,经常用 n 来表示。在机体坐标系中可表示成矢量的形式

$$\boldsymbol{n} = n_x \boldsymbol{i} + n_y \boldsymbol{j} + n_z \boldsymbol{k} \tag{3.2}$$

式中：n_x 为纵向载荷系数；n_y 为法向载荷系数；n_z 为侧向载荷系数。

而总的载荷系数 n 可表示为

$$| n | = \sqrt{n_x^2 + n_y^2 + n_z^2} \qquad (3.3)$$

这个系数表示的是在机体坐标系下重心处的外力与飞机重力的比值关系，反映了飞机的加速度。下面介绍典型飞行姿态下的载荷系数。

3.2.2　典型飞行姿态和载荷系数

（1）水平匀速飞行。

在飞机处于正向水平匀速飞行状态下（见图 3.10），除了重力外，它的 y 向外载荷只有升力 L，大小等于重力 W 且沿 y 轴的正向，此时 y 轴载荷系数就是 1。如果飞机水平匀速倒着飞行，那么其机体坐标系的 y 轴向下，而外载荷向上，也就是 y 轴负向。这时，它的载荷系数是 -1。上述计算用公式表达为

$$n_y = \frac{Y}{W} = \pm 1 \qquad (3.4)$$

在水平匀速直线飞行的情况下，x 向的外载荷包括推力 T 和阻力 D，二者相等，所以 x 向的载荷系数为 0，用公式表达为

$$n_x = \frac{T - D}{W} = 0 \qquad (3.5)$$

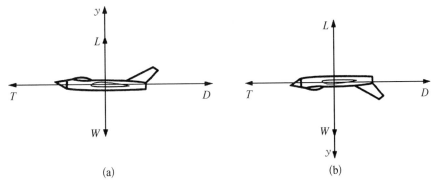

图 3.10　水平匀速直线飞行

(a) 匀速水平飞行；(b) 等速平直倒飞 $n_y = -1$

在一般情况下,飞机因在其展向较难产生加速运动,所以 z 向的载荷系数通常为 0,只在大机动飞行中才可能出现较小的 z 向过载。在机翼载荷学习中我们了解到,y 向载荷对机翼来讲通常是关键载荷,而 x 向载荷引起机翼结构的应力相对很小。大多数时候只关注 y 向的载荷系数,在很多情况下 n 就是指 n_y。

(2) 进入俯冲(dive)姿态。

在飞机进入俯冲状态时(见图 3.11),以某点为圆心进行曲率半径为 R 的曲线运动,速度为 V,其在 x 向和 y 向具有惯性力 N_x 和 N_y,指向和加速度方向相反。

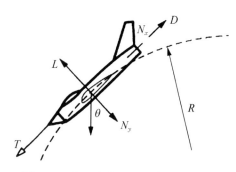

图 3.11　进入俯冲状态时飞机的受力图

首先求其 y 向升力 L,升力 L 与 N_y 和重力 W 的分量平衡,用公式表达为

$$L - N_y = W\cos\theta \qquad (3.6)$$

在这种状态下,N_y 为离心力,其实际方向与图 3.11 所示相反,等于 $-\dfrac{W}{g}\dfrac{V^2}{R}$,所以可求得 L

$$L = W\cos\theta + N_y = W\cos\theta - \frac{W}{g}\frac{V^2}{R} \qquad (3.7)$$

所以

$$n_y = \frac{L}{W} = \cos\theta - \frac{1}{g}\frac{V^2}{R} \qquad (3.8)$$

在机体坐标系的 x 向,外载荷为推力 T 和阻力 D,与惯性力 N_x 和重力 W 分量平衡

$$T - D = N_x - W\sin\theta \qquad (3.9)$$

得到飞机受到的 x 向总外力为

$$T - D = N_x - W\sin\theta = \frac{W}{g}\frac{\partial V}{\partial t} - W\sin\theta \qquad (3.10)$$

所以 x 向的载荷系数为

$$n_x = \frac{T - D}{W} = \frac{1}{g} \frac{\partial V}{\partial t} - \sin \theta \qquad (3.11)$$

（3）俯冲并拉起。

在飞机处于俯冲并拉起状态下（见图 3.12），飞机速度为 V，以某点为中心进行曲率半径为 R 的曲线运动。

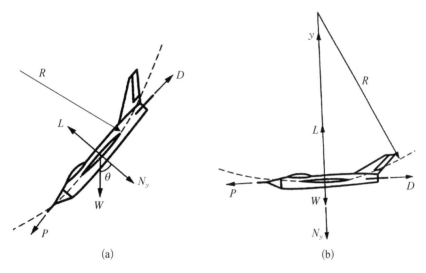

图 3.12　俯冲并拉起状态

（a）俯冲姿态；（b）开始拉起的姿态

在 y 轴方向，升力和向心力，以及重力在这个方向的分量平衡，所以升力为

$$Y = \frac{WV^2}{gR} + W\cos \theta \qquad (3.12)$$

y 向的载荷系数为

$$n_y = \cos \theta + \frac{V^2}{gR} \qquad (3.13)$$

再来看俯冲状态的最大载荷系数，根据式（3.13），当 θ 等于 0，也就是飞机飞到最低点开始拉向上爬升时，y 向载荷系数最大，为

$$n_{\max} = 1 + \frac{V^2}{gR} \qquad (3.14)$$

(4) 垂直俯冲。

当飞机处于垂直俯冲状态时(见图 3.13),飞机的升力为 0,因此 y 向载荷系数为 0。而 x 向的总载荷为推力减去阻力,方向同飞机的飞行方向,载荷系数为

$$n_x = \frac{T - D}{W} \tag{3.15}$$

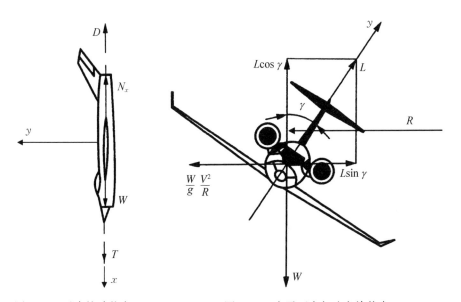

图 3.13 垂直俯冲状态   图 3.14 水平面内匀速盘旋状态

(5) 水平匀速盘旋(correctly banked turn)。

当飞机处于水平面内匀速盘旋状态时(见图 3.14),飞机 y 轴与竖直方向存在盘旋倾角 γ,盘旋半径为 R。

升力在水平面内的分量与离心力平衡,在重力方向的分量与重力平衡,即

$$L \sin \gamma = \frac{W}{g} \frac{V^2}{R} \tag{3.16}$$

$$L \cos \gamma = W \tag{3.17}$$

从而得到 y 向的载荷系数

$$n_y = \frac{L}{W} = \frac{1}{\cos \gamma} \tag{3.18}$$

3.2.3　载荷系数的实用意义

在飞机设计中,载荷系数的实际意义主要为:

(1) 它是飞机结构设计时重要原始载荷参数,结合载荷系数 n 和已知的气动力分布,可获得实际作用于结构上载荷的大小,从而进行设计与校验。

举例说明:如果得到了在载荷系数为 1 的情况下机翼的各种载荷分布,想计算载荷系数为 n 的机动飞行时机翼上的载荷分布,那么在这两种情况的气动力分布形式一样的前提下,可以直接在前者的载荷上乘以系数 n,即得到该机动飞行下的载荷,即图 3.3 所示的 nW。

(2) 载荷系数多与机动飞行有关,所以载荷系数反映了飞机的机动性能,n 越大,飞机机动性好。

(3) 实际的飞行载荷系数可通过在飞机重心处安装加速度计来获取。

3.2.4　最大载荷系数的选取

载荷系数的选择影响因素众多,要依据技术性能要求来综合权衡,并不是越大越好。

上文提到,载荷系数反映了飞机的机动性能和对结构的载荷作用,载荷系数越大,表明飞机结构的承载越大。为了要有足够的刚度、强度,结构重量必定增大。这就要求发动机的加力性能要好,即剩余推力要大。对于战斗机而言,机动性能越高越好;而大型运输机或客机没有必要做高机动动作,其经济性需求相对更为重要,所以其载荷系数没有必要很大。

载荷系数不仅取决于结构,也取决于机载设备及乘员。载荷系数的大小要视其承受能力而定。对于战斗机来说,对机动性的要求非常高,希望载荷系数尽可能大,但由于受到飞行员生理条件的限制,一般最大使用载荷系数取 $7\sim9$,最小使用载荷系数取 $-4\sim-3$。

对于轻型、中型轰炸机,最大使用载荷系数由战术技术指标来确定,一般最大使用载荷系数为 $4\sim6$,最小使用载荷系数为 -3。

对于大型轰炸机或运输机,其最大使用载荷系数通常由在飞行中可能遇到的最大阵风来确定,关于阵风载荷(gust load)我们会专门讲解。大型轰炸机或运输机的最大使用载荷系数一般取 $3\sim4$,最小使用载荷系数为 $-2\sim-1.5$。

3.2.5　飞行载荷包线的概念

飞行包线(flight envelope)指以飞行速度、高度、载荷系数、环境温度等参数为坐标,表示飞机飞行范围和飞机使用限制条件的封闭几何图形。根据飞机的飞行性能、操纵性、稳定性、战术技术指标和结构强度要求,一种飞机有多种飞行包线,在此飞行包线内,所设计的飞机应该是可操纵的,其结构应该也是安全的。

对于飞行载荷来讲,由于机动性和结构强度的限制,因此过载系数 n 有一定限制范围,发动机功率和结构强度的要求也使飞行速度有一定的限制;而飞机的升力系数(lift coefficient) C_L 随攻角 α 也只在一定范围内才是线性变化的(见图 3.15)。根据上述几个因素,可以制定出飞机的飞行速度和载荷系数的范围,称为"飞行载荷包线",并用它来表征飞机的各项指标范围。

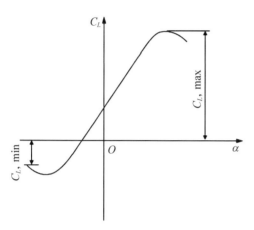

图 3.15　飞机升力系数随攻角变化曲线

由于作用在飞机上的载荷随飞行高度、速度、飞行姿态、过载系数和飞机质量等变化,因此在飞机设计时对所有情况都进行计算是不可能的。为此,根据理论分析和飞行试验,针对使飞机结构易遭到破坏、人员易受到损伤的载荷情况以及飞机有可能的飞行状态,选出有代表性的载荷工况进行结构分析。

3.2.6　对称机动飞行载荷包线

对称机动飞行指飞机在其对称面内的运动,并且不产生滚转和偏航的运动。对称机动飞行载荷包线包括飞机允许的和可能的全部对称飞行范围,通常以过载系数 n(多数情况为 y 向载荷系数 n_y)为纵坐标,飞行速度为横坐标,按载荷系数、飞行速度、升力系数的限制范围绘制包线,如图 3.16 所示。

上文所提到的飞行速度通常为当量空速(equivalent airspeed) v_{dl},飞机在不同高度以相同速度飞行时,由于空气密度不同,其动压就不同。而动压与飞机载荷有直接联系,为了方便衡量飞机在各个高度的载荷,所以将各个高度的飞行速度换算为在海平面飞行时产生同样动压的速度,这个速度就是当量空速。根据不同高度的动压相等,有

$$\frac{1}{2}\rho_H v_H^2 = \frac{1}{2}\rho_0 v_{dl}^2 \tag{3.19}$$

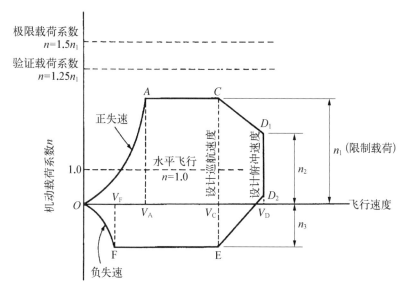

图 3.16　对称机动飞行载荷包线

式中：v_H 为高度 H 处的飞行速度；ρ_H 为高度 H 处的空气密度；ρ_0 为海平面空气密度。

所以得到当量空速

$$v_{dl} = v_H \sqrt{\frac{\rho_H}{\rho_0}} \qquad (3.20)$$

在图 3.16 中，n 的最大值 n_1 和最小值 n_3 限制了飞行中可产生的最大和最小载荷系数。最大载荷系数 n_1 也是限制载荷系数，飞行中最大载荷系数一般小于或等于结构的验证载荷系数，在图 3.16 中为 $1.25n_1$；极限载荷系数等于安全系数乘以限制载荷系数，也就是 $1.5n_1$。

再来看速度的限制包线 D_1D_2，尽管载荷系数很低，但是对飞行速度也要进行限制。这里除了有发动机功率的限制，也有对气动压力、蒙皮局部变形、气动弹性等方面的限制。

再来看 CD_1 和 D_2E 两处尖角缺失的含义。这是人们不希望在飞行速度最大时，飞机结构承担限制载荷，因而对飞行状态做出了这种限制。

当飞行速度较小时，飞行中也不能产生较大的载荷系数，也就是曲线 OA 和 OF 所做的限制。其原因是，在载荷系数为 n 时，所需的升力为

$$L = nW = \frac{1}{2}\rho V^2 S C_L \tag{3.21}$$

式中，ρ 为空气密度，V 为空速，S 为机翼面积，C_L 为升力系数。当速度较低时，若想获得较高的载荷系数则要求升力系数 C_L 很高，而升力系数受攻角的限制，攻角过大时由于失速现象，会使得升力系数不升反降（见图 3.15），严重威胁飞行安全。所以，为了防止失速的出现，要对攻角进行限制，升力系数也因此受到限制。也就是说，在升力系数最大的情况下，产生的载荷系数也不会超过 OA 和 OF 这两条曲线的范围。

当给出飞行载荷包线后，我们需要知道飞机结构能否承担飞行载荷包线内各个点处的载荷。实际上，在包线内有无数个飞行状态，然而对于结构来讲，只有载荷包线边界上的状态才是最严重的。而载荷包线各个角点对应严重载荷状态叠加的情况，所以在实际的飞机设计中更关注这些角点所对应的载荷。

3.3　对称机动飞行载荷的计算

如前面的图 3.2 所示，将空中的飞机视作一个刚体，共有 6 个自由度。在对称机动飞行时，其运动只有 Oxy 平面内的两方向的平动和绕 y 轴方向的俯仰运动。典型的对称机动飞行包括回环、直线拉起等。载荷计算涉及在相应的飞行速度和高度下的升力、阻力和平尾等载荷。

3.3.1　水平匀速飞行

先来通过水平匀速飞行的情况了解一下飞机上各个载荷的关系。飞机在水平匀速飞行状态下的外载荷如图 3.17 所示。

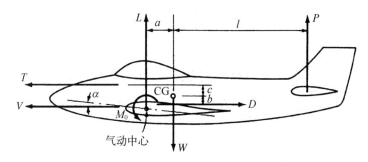

图 3.17　飞机在水平匀速飞行状态下的外载荷

图中：L 为机翼产生的气动升力，作用在机翼气动中心上；D 为受到的阻力；M_0 为不考虑水平尾翼载荷时的气动俯仰力矩；P 为作用在平尾气动中心的力，这个力是用来控制飞机的俯仰运动的，所以也可叫作"配平力"，可由升降舵来控制；W 为飞机重心处（CG）的重力；T 为发动机推力，此处假定与飞行方向一致，但在实际中一般是不一致的；a 为升力作动线到重心的距离；b 为阻力作用线到重心的距离；c 为推力作用线到重心的距离；l 为平尾气动力作用线到重心的距离。

由于飞机处于水平匀速飞行状态时，加速度为 0，没有惯性载荷产生，因此所有的载荷满足静平衡条件。在竖直方向的平衡方程为

$$L + P - W = 0 \tag{3.22}$$

在水平方向上的平衡方程为

$$T - D = 0 \tag{3.23}$$

另一个平衡方程是对重心点的力矩平衡方程，按图 3.17 中的几个力的关系，以顺时针方向为正，有

$$La - Db - Tc - M_0 - Pl = 0 \tag{3.24}$$

这 3 个方程中，重力 W 为已知量，升力、阻力、气动力矩与攻角有关，推力与阻力有关，平尾的载荷 P 也为待求量，各个载荷的位置参数也随攻角变化，因此无法通过 3 个方程直接得出各个参数。在实际中会采用一种迭代的方法确定方程中各个未知量。

3.3.2　迭代法求解载荷

该方法的流程如图 3.18 所示。首先假定升力近似等于重力，令 $L \approx W$，根据升力计算的公式 $L = \dfrac{1}{2}\rho V^2 S C_L$，可得出升力系数 C_L。那么对于一架飞机，在各种攻角下的升力系数、阻力系数（drag coefficient）和力矩系数是已知的气动参数，可用曲线来表示，如图 3.19 所示。有时阻力系数和升力系数的关系也可通过经验公式给出。

如图 3.18 所示，按照以下流程计算各个未知载荷：① 先根据飞机所需的升力系数确定攻角；② 进而得到该攻角下的阻力系数和力矩系数，即 C_D 和 $C_{M,CG}$，从而得到阻力 D 和力矩 M_0，而由阻力就能确定推力[见式（3.23）]；

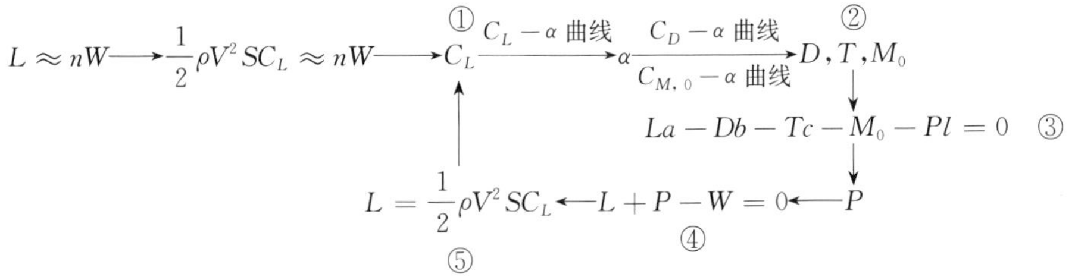

$$L \approx nW \longrightarrow \frac{1}{2}\rho V^2 SC_L \approx nW \longrightarrow C_L \xrightarrow[]{①\ C_L - \alpha\ \text{曲线}} \alpha \xrightarrow[C_{M,0} - \alpha\ \text{曲线}]{C_D - \alpha\ \text{曲线}} D, T, M_0 ②$$

$$La - Db - Tc - M_0 - Pl = 0 \quad ③$$

$$L = \frac{1}{2}\rho V^2 SC_L \longleftarrow L + P - W = 0 \longleftarrow P$$
$$⑤ \qquad\qquad\qquad ④$$

图 3.18 迭代法求解载荷参数流程

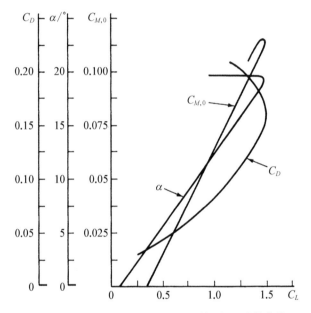

图 3.19 攻角与升力系数、阻力系数、力矩系数曲线

③ 攻角改变后,各个力到重心的水平距离也会改变,所以要重新计算 a、b、c 和 l,将这几个量代入力矩的平衡方程(3.24)中,可以得到平尾的配平力 P;④ 再将 P 代入竖直方向的力平衡方程(3.22)中,即可得到所需的升力;⑤ 然后用这个升力,重新计算升力系数,再由升力系数确定所需攻角,又进入新一轮的计算,获得更加准确的升力。

按此方法,一般在三轮计算之后,就可得到足够精确的解,从而确定实现该飞行状态所需参数,包括升力、阻力、俯仰力矩、飞机的攻角和平尾配平力。

有时,推力 T 和阻力 D 相对重力和升力很小,可忽略其产生的力矩,由式(3.24)可得力矩平衡的近似表达式

$$La - M_0 - Pl \approx 0 \tag{3.25}$$

因为平尾配平力相对升力较小,所以认为升力近似等于重力。将其代入到力矩平衡方程中,可以得到平尾配平力 P 的简化表达式

$$P = L\,\frac{a}{l} - \frac{M_0}{l} \approx W\,\frac{a}{l} - \frac{M_0}{l} \tag{3.26}$$

在式(3.26)中,如果 a 较大,则 P 是正值;如果 a 很小的话或者为负的话,那么 P 则是负值。如果平尾布置在重心前方,也就是鸭式布局,则 l 为负值,情况会相反,即 a 较大时 P 为负值, a 较小或为负时 P 为正值。

3.3.3　一般对称机动飞行

以俯冲拉起的机动为例(见图 3.20),此时飞机在最低点,在水平方向和竖直方向都有加速度,两个方向的载荷系数分别为 f 和 n,这两个数是已知的状态量。此外,飞机的推力方向和水平面不一致,存在一个夹角 γ。

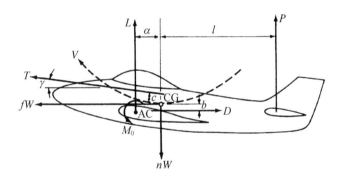

图 3.20　飞机在俯冲拉起状态下的外载荷

这个夹角和飞机攻角有确定的关系,当飞机攻角确定后,这个夹角即可确定。根据这些参数,可以建立竖直、水平和转动 3 个方向的平衡方程

$$L + P + T\sin\gamma - nW = 0 \tag{3.27}$$

$$T\cos\gamma + fW - D = 0 \tag{3.28}$$

$$La - Db - Tc - M_0 - Pl = 0 \tag{3.29}$$

这 3 个方程的求解方法与以上在水平匀速飞行时载荷的求解方法相同,最终得到该飞行状态下所需要的升力、推力和平尾载荷。下面用一个例子来阐述

这个计算过程。

例题 3 - 1

某轻型飞机的重心、尾翼压心等几何参数如图 3.21 所示,气动参数 C_D、α、$C_{M,CG}$ 和 C_L 的关系曲线如图 3.19 所示。已知飞机的重量是 8 000 N,其机翼面积 S 是 14.7 m²,平均翼弦 c 是 1.35 m,求在对称机动飞行下 $n = 4.5$,速度为 60 m/s 时的升力、阻力、尾翼载荷和向前的惯性力。假设发动机处于停车状况,空气密度是 1.223 kg/m³,且阻力作用线通过重心。

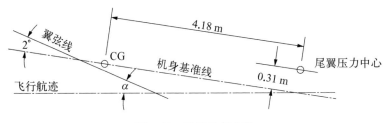

图 3.21　飞机几何参数

解: 按图 3.18 所示的流程,首先忽略尾翼载荷 P,发动机推力 $T = 0$,根据式(3.27),确定 L 的第一轮近似值

$$L \approx nW$$

因此

$$C_L = \frac{L}{\frac{1}{2}\rho V^2 S} \approx \frac{4.5 \times 8\,000}{\frac{1}{2} \times 1.223 \times 60^2 \times 14.7} = 1.113 \tag{3.30}$$

根据图 3.19,可查得该升力系数下 $\alpha = 13.75°$ 和 $C_{M,0} = 0.075$,根据图 3.21,平尾升力的力臂 l 为

$$l = 4.18\cos(\alpha - 2) + 0.31\sin(\alpha - 2) \tag{3.31}$$

代入 α 值得到 $l = 4.156$ m。 根据式(3.29)建立力矩平衡方程,由于发动机停车,且阻力到重心的距离为 0,所以可得

$$M_0 - Pl = 0$$

或

$$Pl = \frac{1}{2}\rho V^2 ScC_{M,0} \tag{3.32}$$

把式(3.32)中的 P 代入方程(3.27),得到

$$L + \frac{\frac{1}{2}\rho V^2 S c C_{M,0}}{l} = nW \tag{3.33}$$

根据式(3.33)可得到 L 的第二轮近似值。为了求 C_L,在式(3.33)两侧同除以 $\frac{1}{2}\rho V^2 S$,得

$$C_L + \frac{c}{l} C_{M,0} = \frac{nW}{\frac{1}{2}\rho V^2 S} \tag{3.34}$$

从式(3.34)中我们得到更为精确的 C_L 值

$$C_L = 1.113 - \frac{1.35}{4.156} \times 0.075 = 1.088\,6$$

根据这个 C_L 值查图 3.19 可得: $\alpha = 13.3°$ 和 $C_{M,0} = 0.073$,把 α 值代入式(3.31)得到 $l = 4.160$ m。

再根据等式(3.34)可得给出的 C_L 的第三轮近似值: $C_L = 1.089\,3$。此时的 C_L 与上一轮计算结果非常接近,所以最后取 $C_L = 1.089\,3$。根据图 3.19,可得 $C_D = 0.087\,5$。所以升力值 L、尾翼载荷值 P、阻力值 D 和向前惯性力 fW 分别为

$$L = \frac{1}{2}\rho V^2 S C_L = \frac{1}{2} \times 1.223 \times 60^2 \times 14.7 \times 1.089\,3 = 35\,250\ \text{N}$$

$$P = nW - L = 4.5 \times 8\,000 - 35\,000 = 750\ \text{N}$$

$$D = \frac{1}{2}\rho V^2 S C_D = \frac{1}{2} \times 1.223 \times 60^2 \times 14.7 \times 0.087\,5 = 2\,832\ \text{N}$$

$$fW = D = 2\,832\ \text{N}$$

在飞机结构设计过程中,要进行大量的载荷计算,涉及各种飞机重量、重心位置以及机动参数,从而筛选出严重的载荷工况进行结构设计。而有些时候飞机整体的载荷系数不大,但某些部件却承受着严重的载荷,因此各部件的设计载

荷对应的飞行状况有可能是不一样的。

3.4　阵风载荷的计算

　　除了机动飞行载荷外,还有一类重要的飞行载荷是由大气不稳定气流引起的,这种气流叫作阵风,也叫作突风。气流的变化会导致飞机的攻角或空速发生改变,从而使飞机升力突然或逐步地增加,抑或降低。这种升力变化导致的载荷就是阵风载荷。对于民用飞机和运输机,因为其机动载荷较小,所以阵风载荷可能超过机动载荷,从而成为结构设计所用的最大载荷,因此要考虑阵风载荷产生的载荷系数,这一节讲述典型情况下阵风载荷系数的计算和阵风载荷包线的概念。

　　在进行阵风载荷计算时,所用的阵风模型分为离散阵风(discrete gust)(见图 3.22)和连续阵风(见图 3.23)。离散阵风包括陡边阵风(sharp-edged gust)、斜坡阵风(graded gust),以及其他形式的阵风,如 $1-\cos$ 形式的阵风。陡边阵风假设飞机到达阵风区域后就受到速度为 u 的气流;而斜坡阵风假设飞机到达阵风区域后,在经过 H 长度后,气流速度才达到最大值 U,在民机适航规章中,一般这个长度 H 取 30.5 m。对于中、小型的飞机,采用陡边阵风模型即可;而对于结构弹性效应显著的大型飞机,应采用斜坡阵风模型。连续阵风也叫连续

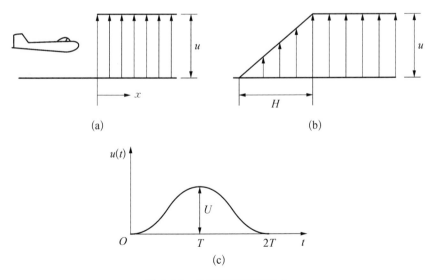

图 3.22　各种离散阵风形式
(a) 陡边阵风;(b) 斜坡阵风;(c) $1-\cos$ 阵风

紊流,即把阵风的速度变化视为一个
随机过程。

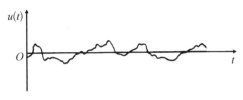

图 3.23　连续阵风模型

离散阵风下飞机结构的时域响应
可用结构动力学中的卷积(也叫"杜哈
密积分")进行计算。而连续阵风是持
续一段时间的阵风,阵风的量值是随
机的,可以用频谱分析的方法分析其统计意义上的载荷。

3.4.1　陡边阵风载荷计算方法

1) 水平阵风(horizontal gust)

飞机在大气中以速度 V_0 飞行,为了便于描述,将平尾的载荷也计入升力 L,则

$$L = W = \frac{1}{2}\rho V_0^2 S C_L \tag{3.35}$$

在某时刻,若气流产生一个水平方向的增量 ΔV(见图 3.24),即

$$V = V_0 + \Delta V \tag{3.36}$$

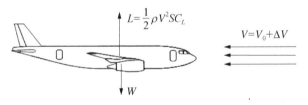

图 3.24　水 平 阵 风

则升力变为

$$L = \frac{1}{2}\rho(V_0 + \Delta V)^2 S C_L \tag{3.37}$$

将其展开,并略去其中含 ΔV^2 的项,得到升力的近似表达式,

$$L \approx \frac{1}{2}\rho V_0^2 S C_L \left(1 + \frac{2\Delta V}{V_0}\right) = W\left(1 + \frac{2\Delta V}{V_0}\right) \tag{3.38}$$

再除以重力,得到 y 向的载荷系数

$$n_y = \frac{L}{W} = 1 + \frac{2\Delta V}{V_0} \tag{3.39}$$

在通常情况下，$\Delta V/V_0 < 0.15$，所以总载荷系数不大于 1.3。一般情况下，这个值小于机动情况下的载荷系数，因而水平阵风载荷可以忽略。

2）竖直阵风（vertical gust）

竖直方向上遭受阵风是最为严重的阵风载荷情况，可能引起振动，特别是在重型飞机上引起周期性的载荷，甚至共振。下面看一下竖直阵风载荷产生的原理（见图 3.25）。

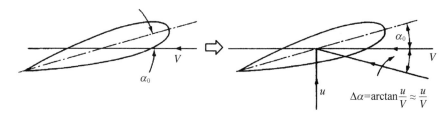

图 3.25　竖直阵风对机翼攻角影响

机翼的攻角为 α，相对空气的速度为 V，如果气流忽然有一个垂直向上的分量 u，那么机翼攻角会产生一个增量 $\Delta\alpha$。在 u 相对 V 为小量时可得

$$\Delta\alpha = \arctan\frac{u}{V} \approx \frac{u}{V} \tag{3.40}$$

攻角发生改变时，升力系数增量等于升力系数对攻角的偏导数乘以攻角的增量，因此，可以得到升力的增量

$$\Delta L = \frac{1}{2}\rho V^2 S\frac{\partial C_L}{\partial\alpha}\frac{u}{V} = \frac{1}{2}\rho V S\frac{\partial C_L}{\partial\alpha}u \tag{3.41}$$

用升力增量除以重力即得到阵风载荷系数，并考虑到平均翼载 $w = W/S$，可得载荷系数增量

$$\Delta n = \frac{\dfrac{1}{2}\rho V S\dfrac{\partial C_L}{\partial\alpha}u}{W} = \frac{\dfrac{1}{2}\rho V\dfrac{\partial C_L}{\partial\alpha}u}{w} \tag{3.42}$$

考虑到也可能存在向下阵风的情况，则总的载荷系数可表示为

$$n = 1 \pm \frac{\dfrac{1}{2}\rho V\dfrac{\partial C_L}{\partial\alpha}u}{w} \tag{3.43}$$

式中的减号就对应向下阵风的载荷系数。

以上介绍了阵风对机翼产生的载荷增量,实际上对平尾也要考虑阵风载荷,计算方法与机翼类似,但其中应考虑机翼对平尾所产生的下洗气流。阵风作用下尾翼载荷的增量表示为

$$\Delta P = \frac{1}{2}\rho V^2 S_T \Delta C_{L,T} \tag{3.44}$$

其中,S_T 是尾翼的面积;$\Delta C_{L,T}$ 是平尾升力系数的增量,可表示为

$$\Delta C_{L,T} = \frac{\partial C_{L,T}}{\partial \alpha}\frac{u}{V} \tag{3.45}$$

其中,$\dfrac{\partial C_{L,T}}{\partial \alpha}$ 是平尾的升力系数相对飞机攻角的变化率,可表示为

$$\frac{\partial C_{L,T}}{\partial \alpha} = \frac{\partial C_{L,T}}{\partial \alpha_T}\left(1 - \frac{\partial \varepsilon}{\partial \alpha}\right) \tag{3.46}$$

其中,$\dfrac{\partial C_{L,T}}{\partial \alpha_T}$ 是平尾升力系数相对自身攻角的变化率;而 $\dfrac{\partial \varepsilon}{\partial \alpha}$ 是机翼下洗气流角度变化量相对机翼攻角的变化率,机翼下洗气流会抵消一部分向上的阵风,所以要考虑这个影响。将式(3.45)代入式(3.44)可得平尾载荷的增量

$$\Delta P = \frac{1}{2}\rho_0 V S_T \frac{\partial C_{L,T}}{\partial \alpha}u \tag{3.47}$$

这样,由阵风产生的总载荷系数增量可表示为

$$\Delta n = \frac{\Delta L + \Delta P}{W} \tag{3.48}$$

3.4.2　斜坡阵风载荷计算方法

对于斜坡阵风[见图 3.22(b)],竖直方向的风速不是一下就达到 u 的,其载荷的增量比陡边阵风要小。在工程应用中可以在式(3.43)阵风增量的基础上乘以一个小于 1 的阵风缓和因子(gust alleviation factor)F,所以在这种情况下载荷系数为

$$n = 1 \pm \frac{\frac{1}{2}\rho V \frac{\partial C_L}{\partial \alpha}uF}{w} \tag{3.49}$$

3.4.3 阵风载荷包线

在一些设计规范中,要求在阵风与飞行速度的组合下计算阵风载荷。在竖直阵风下的载荷系数分别与阵风速度和飞机速度成正比,由此可以制定出如图3.26所示的阵风载荷系数的包线。

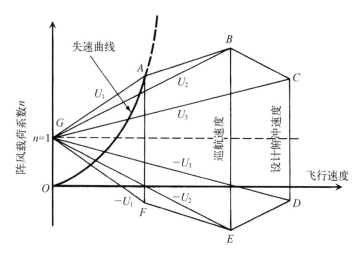

图 3.26   阵风载荷系数的包线

这里有高、中、低三种阵风速度,分别用 U_1、U_2 和 U_3 来表示。在水平匀速飞行时,载荷系数 $n=1$。在速度为 U_1 的阵风下,计算出随着飞行速度而变化的载荷系数曲线 GA,获得其与失速曲线(stalling curve)的交点,即 A 点;同时,计算出阵风向下时的载荷系数,即得到 F 点;然后再用 U_2 计算出在巡航速度下的载荷系数,即 B 点和 E 点;用 U_3 计算出在设计俯冲速度下的载荷系数,即 C 点和 D 点。这 6 个点和失速曲线一起,形成了阵风载荷包线。

U_1、U_2 和 U_3 的典型值是 20 m/s、15.25 m/s 和 7.5 m/s,根据这几个典型值和飞机的升力系数、机翼面积,就可以确定一架飞机的阵风载荷包线。不过,升力系数是受空气压缩系数影响的,因此在不同高度可画出许多阵风包线(gust envelope)。

例题 3-2

一个民用客机的翼载为 2 800 N/m^2, $\dfrac{\partial C_L}{\partial \alpha} = 5$ rad^{-1}。如果阵风缓和因子 $F = 0.7$,空气密度 $\rho = 1.223$ kg/m^2,计算使其阵风载荷系数达到 2.5 的巡航速度 V_C。

解: 由式(3.49)得

$$n = 1 + \frac{\dfrac{1}{2} \times 1.223V_{\mathrm{C}} \times 5 \times 0.7 \times 15.25}{2\,800}$$

$$= 1 + 0.011\,7V_{\mathrm{C}}$$

解得 $V_{\mathrm{C}} = 128.2\ \mathrm{m/s}$。

从阵风载荷包线上可以看到,在巡航速度上会出现最大的载荷系数。如果这个值超过了飞行载荷包线中的最大值,则阵风载荷将是巡航中最严重的载荷。对于很多大型民用客机,阵风载荷都是关键载荷(也称为"临界载荷")。有些时候会选用出现概率极低的阵风来确定验证载荷,或者用出现概率近乎为零的阵风来确定极限载荷。

习题

P3-1　一个梯形直机翼,外形尺寸如图 3.27 所示,其中 c 为弦长。机翼固定在机身上,飞机进行对称机动飞行,竖直方向的载荷系数 $n = 3$,此时机翼的翼载为 $1\,000\ \mathrm{N/m^2}$,且假定气动力在翼面上均匀分布,发动机重量 $W = 200\ \mathrm{N}$。忽略机翼本身结构重量,只考虑升力和发动机重心的质量力。请分别绘制沿机翼展向的剪力、弯矩和对刚心的扭矩分布图。

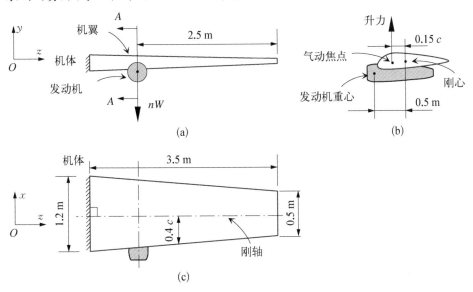

图 3.27　梯形直机翼的外形尺寸

(a) 前视图;(b) 发动机处剖面 A-A 视图;(c) 俯视图

P3-2 在海平面飞行的飞机做水平匀速盘旋机动,盘旋半径为 610 m,盘旋速度为 160 m/s,在 0°攻角情况下,飞机重心的相对位置、除平尾之外的气动中心(AC)位置和平尾压力中心位置如图 3.28 所示。其中,发动机推力作用线通过重心,设阻力作用在气动中心。试计算维持这种机动所需要的平尾载荷。

已知条件:飞机总重 $W = 135\ 000$ N,升力系数对攻角的导数 $\dfrac{\partial C_L}{\partial \alpha} = 4.5$ rad,机翼面积 $S = 46.5$ m^2,阻力系数与升力系数的关系 $C_D = 0.01 + 0.05C_L^2$,平均弦长 $\bar{c} = 3.0$ m,力矩系数 $C_{M,0} = -0.03$。

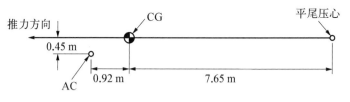

图 3.28 飞机各位置示意图

P3-3 一个鸭翼布局飞机的鸭翼压心、重心(CG)、除鸭翼外的压心(AC)相对位置如图 3.29 所示,假定推力和阻力的作用线都通过重心,飞行速度为 600 m/s,试计算飞机水平匀速直线飞行时所需的平尾升力。

已知条件:当地空气密度 $\rho = 0.156$ kg/m^3,飞机总重 $W = 1.6 \times 10^6$ N,机翼面积 $S = 280$ m^2,$\dfrac{\partial C_L}{\partial \alpha} = 1.5$ rad,平均弦长 $\bar{c} = 22.8$ m,$C_{M,0} = -0.01$。

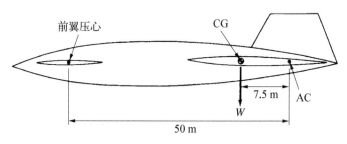

图 3.29 鸭翼布局飞机各位置示意图

P3-4 对于 P3-3 中的飞机,求其受到竖直向上速度为 18 m/s 的陡边阵风时的载荷系数。在计算阵风载荷时要考虑尾翼所受的阵风载荷,已知尾翼面积 $S_T = 25$ m^2,尾翼升力系数对攻角的变化率为 $\dfrac{\partial C_{L,T}}{\partial \alpha} = 2$ rad^{-1},且不考虑机翼下洗气流对尾翼升力系数的影响。

第4章　薄壁梁的弯曲、剪切和扭转

在第1章中我们了解到,薄壁结构在飞机结构中占有大量的比例,而普通飞机的机翼、机身的长度和横向尺寸相比都较大,从承载特性的角度,可以视作梁结构。在第3章中,正是先将机翼和机身视作梁结构,然后给出了其弯曲、剪切和扭转的内力。

机翼、机身是飞机结构中最典型的薄壁梁(thin-walled beam),其各个横截面大多数是封闭的,称为"闭口截面"(closed section)薄壁梁。在闭口截面中只有一个闭合区域的,称为"单闭室"(single cell),有多个的称为"多闭室"(multicellular)(见图 4.1)。在后续章节的学习中,我们会了解到,单闭室薄壁梁属于静定结构,而多闭室薄壁梁为超静定结构。而横截面不闭合时称为"开口截面"(open section)薄壁梁,在机翼、机身大开口处的截面就是这种情况。

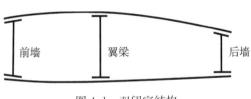

图 4.1　双闭室结构

在很多情况下,开口截面会简化成欠约束系统,只能承担特定情况下的载荷。除了这种比较大的薄壁梁外,还有一些小的部件也具有梁的特征,如长桁、地板梁等,这些结构的横截面通常是槽形、"T"字形、"Z"字形、"I"字形、帽形等。在这一章,我们来学习薄壁梁在弯曲、剪切和扭转载荷下的应力和位移的计算。

4.1　薄壁梁的外载荷

先对薄壁梁的外载荷符号进行约定。如图 4.2 所示,在坐标系 $Oxyz$ 下定义薄壁梁的力、力矩以及位移,其中 Oz 平行于梁的纵轴,Oxy 是描述横截面内位移的平面坐标系。用 M 表示弯矩,S 表示横向的剪力,P 为轴向力,T 为绕轴的扭矩,w_x 和 w_y 为单位长度上的横向分布载荷。用下标 x 或 y 表示力矩的指向或者力的方向。如 M_x 是绕与 x 轴平行的轴的弯矩,而 S_y 是沿 y 轴方向的剪力。

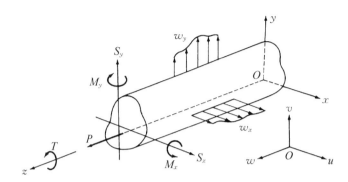

图 4.2 梁的外载荷和位移的表示法及符号规定

在图 4.2 中显示了一个梁受到的所有外载荷,且载荷的方向都是正向的。剪力指向坐标轴正方向时为正;弯矩使截面在 x 或 y 坐标为正的象限内受拉应力时为正。这里需要注意,M_x 为正时,按右手法则,其指向为 x 轴的正向;而 M_y 为正时,按右手法则其指向为 y 轴的负向。扭矩 T 在外法线为 z 轴正向的面上,按右手法则指向 z 轴正向时为正;在外法线为 z 轴负向的面上,按右手法则指向 z 轴负向时也为正。轴向载荷 P 在使梁受拉时为正。图 4.2 中还给出了位移的方向,沿 x、y、z 方向的位移分别用 u、v、w 来表示。

下面来看这个梁中内力的方向,如图 4.3 所示。在某横截面处将其切开,形成分离体。这个横截面有正反两个面,两个面上都存在弯矩、扭矩、剪力和轴向力这几个内力。如果沿着 zO 方向看,那么所见到面(阴影面)上的内力与外力

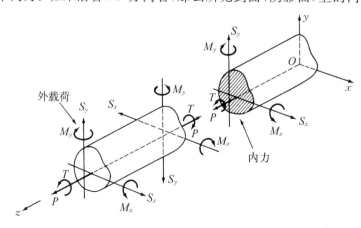

图 4.3 梁截面的内力

的方向是相同的,而与之相对面上的内力与外载荷方向是相反的。

在本书中,我们采用前一种面(即阴影面)上的内力来描述梁的内力。这个面上内力是外载荷通过分离体传递过来的,截面上应力的合力等于外载荷,方向与外载荷是一致的,这种描述方法是基于应力合力与外载荷等效的观点;而与阴影面相对面上应力的合力作用于分离体上,分离体在这个合力与外载荷的作用下处于平衡状态,这采用的是应力合力与外载荷平衡的观点。在以后分析梁截面上所受的内力时,采用应力合力与外载荷等效的观点,这样就约定了内力的方向,即与外载荷是一致的。明确这一点后,在分析多个外载荷作用下梁截面内力时,就不易混淆。

图 4.2 中所示的轴向力 P 产生轴向应力,分析方法同杆元件。横向分布载荷 w 最终产生的是截面上的剪力 S,剪力也会产生弯矩 M。 因此,最终的载荷就是弯曲、剪切和扭转。本章后续内容将依次介绍。

再讨论一下弯矩的分解。在一般情况下,弯矩方向不平行于坐标轴,所以来了解一下这种情况下沿坐标轴方向弯矩的计算(见图 4.4)。

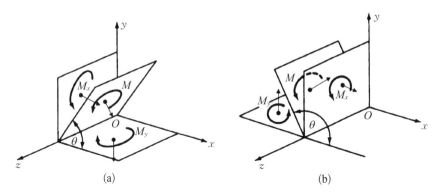

图 4.4　弯 矩 分 解

(a) $\theta < 90°$;(b) $\theta > 90°$

在一个经过于 z 轴的平面上作用有弯矩 M,按右手法则,其指向垂直于这个平面,也就是这个平面的法向量方向,用向量分解法将这个弯矩分解成 M_x 和 M_y:

$$M_x = M\sin\theta \tag{4.1a}$$

$$M_y = M\cos\theta \tag{4.1b}$$

其各自的指向分别平行于 x 轴和 y 轴,所在的平面分别为 Oyz 平面和 Oxz

平面。按之前的定义，当该平面与 Oxz 平面的夹角 $\theta < 90°$ 时，M_x 和 M_y 为正；而 $\theta > 90°$ 时，M_x 为正，而 M_y 为负。

4.2　薄壁梁的弯曲

薄壁梁在弯矩作用下的应力和挠度（deflection）计算与实心梁并无本质差别，计算方法也与横截面是否为开口或闭口的没有关系，对称截面梁的弯曲问题一般在材料力学书中都有给出，本书只讨论非对称截面梁的挠度、弯矩和位移。

4.2.1　弯曲引起的正应力分布

首先来分析任意形状横截面的梁受弯曲载荷时正应力的分布，如图 4.5 所示。这个截面受两个弯矩 M_x 和 M_y 的作用，截面上存在正应力为零的中性轴（neutral axis）NA，梁绕中性轴产生弯曲变形。

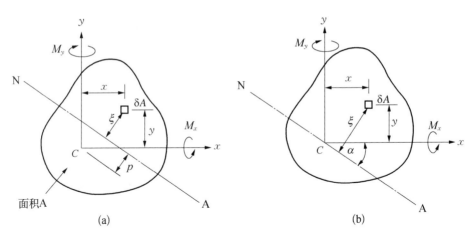

图 4.5　弯曲引起的中性轴位置和正应力的确定
（a）假定中性轴处于任意位置情况；（b）中性轴通过形心的实际情况

坐标系的原点与横截面的形心 C 重合，先假定中性轴处于任意位置，如图 4.5(a) 所示，中性轴到形心的距离为 p。面积微元 δA 的坐标为 (x, y)，其到中性轴的距离为 ξ，δA 上的 z 向正应力为

$$\sigma_z = E\varepsilon_z \tag{4.2}$$

令中性面的曲率半径（radius of curvature）为 ρ，并假设横截面在梁发生弯曲后仍然保持平面，根据几何关系，有

$$\varepsilon_z = \frac{\xi}{\rho} \tag{4.3}$$

从而应力为

$$\sigma_z = \frac{E\xi}{\rho} \tag{4.4}$$

由于该梁受纯弯矩作用,没有轴向力,截面在 z 向的合力为零,所以有

$$\int_A \sigma_z \mathrm{d}A = 0 \tag{4.5}$$

将 σ_z 的表达式代入式(4.5),消去常数项 E 和 ρ,得到

$$\int_A \xi \mathrm{d}A = 0 \tag{4.6}$$

这就是说,横截面关于中性轴的一次矩为 0。由此可见,中性轴经过该横截面的形心,这与对称截面梁弯曲的情况是一致的,从而图 4.5(a)就变为图 4.5(b)。

假设中性轴 NA 与 x 轴的夹角为 α,则有

$$\xi = x \sin \alpha + y \cos \alpha \tag{4.7}$$

并且根据式(4.4),将 ξ 代入,整理可得

$$\sigma_z = \frac{E}{\rho}(x \sin \alpha + y \cos \alpha) \tag{4.8}$$

截面上的正应力产生的合力矩与截面的弯矩 M_x 和 M_y 相平衡,应用式(4.8),可得

$$M_x = \int_A \sigma_z y \mathrm{d}A$$
$$= \frac{E}{\rho} \int_A (xy \sin \alpha + y^2 \cos \alpha) \mathrm{d}A \tag{4.9}$$

和
$$M_y = \int_A \sigma_z x \mathrm{d}A$$
$$= \frac{E}{\rho} \int_A (x^2 \sin \alpha + xy \cos \alpha) \mathrm{d}A \tag{4.10}$$

分别定义关于 x 轴和 y 轴的面积惯性矩(second moment of area) I_{xx}、I_{yy},

以及关于 x 和 y 轴的面积惯性积(product second moment of area) I_{xy}

$$I_{xx} = \int_A y^2 \, \mathrm{d}A \quad I_{yy} = \int_A x^2 \, \mathrm{d}A \quad I_{xy} = \int_A xy \, \mathrm{d}A \qquad (4.11)$$

惯性矩和惯性积统称为截面的几何特性参数。薄壁梁截面几何特性参数的简化计算方法将在 4.2.3 节中阐述。利用截面的几何特性参数,将截面弯矩表示为

$$M_x = \frac{E\sin\alpha}{\rho} I_{xy} + \frac{E\cos\alpha}{\rho} I_{xx} \qquad (4.12a)$$

$$M_y = \frac{E\sin\alpha}{\rho} I_{yy} + \frac{E\cos\alpha}{\rho} I_{xy} \qquad (4.12b)$$

用矩阵形式表示

$$\begin{Bmatrix} M_x \\ M_y \end{Bmatrix} = \frac{E}{\rho} \begin{bmatrix} I_{xy} & I_{xx} \\ I_{yy} & I_{xy} \end{bmatrix} \begin{Bmatrix} \sin\alpha \\ \cos\alpha \end{Bmatrix} \qquad (4.13)$$

得出

$$\frac{E}{\rho} \begin{Bmatrix} \sin\alpha \\ \cos\alpha \end{Bmatrix} = \begin{bmatrix} I_{xy} & I_{xx} \\ I_{yy} & I_{xy} \end{bmatrix}^{-1} \begin{Bmatrix} M_x \\ M_y \end{Bmatrix}$$

$$= \frac{1}{I_{xx}I_{yy} - I_{xy}^2} \begin{bmatrix} -I_{xy} & I_{xx} \\ I_{yy} & -I_{xy} \end{bmatrix} \begin{Bmatrix} M_x \\ M_y \end{Bmatrix} \qquad (4.14)$$

将式(4.14)代入式(4.8)可得

$$\sigma_z = \left(\frac{M_y I_{xx} - M_x I_{xy}}{I_{xx}I_{yy} - I_{xy}^2} \right) x + \left(\frac{M_x I_{yy} - M_y I_{xy}}{I_{xx}I_{yy} - I_{xy}^2} \right) y \qquad (4.15)$$

当截面存在对称轴时,且 x 轴或者 y 轴与对称轴重合时,I_{xy} 为 0。这时,正应力的表达式将简化为对称截面梁弯曲的形式,即

$$\sigma_z = \frac{M_x}{I_{xx}} y + \frac{M_y}{I_{yy}} x \qquad (4.16)$$

在任何非对称横截面上,存在使截面惯性积为零的形心坐标轴,这种坐标轴称为"主惯性轴"(principal axes)。在主惯性轴坐标系下,弯曲应力的表达式为式(4.16)的形式。

4.2.2　中性轴位置

中性轴始终通过横截面的形心,我们需要求解的是其与 x 轴形成的夹角 α。中性轴上所有点的正应力为零,根据正应力方程(4.15),令其左端为 0,得到

$$0 = \left(\frac{M_y I_{xx} - M_x I_{xy}}{I_{xx} I_{yy} - I_{xy}^2} \right) x_{\text{NA}} + \left(\frac{M_x I_{yy} - M_y I_{xy}}{I_{xx} I_{yy} - I_{xy}^2} \right) y_{\text{NA}} \qquad (4.17)$$

式中,x_{NA} 和 y_{NA} 为中性轴上任意点的坐标,因此

$$\frac{y_{\text{NA}}}{x_{\text{NA}}} = - \frac{M_y I_{xx} - M_x I_{xy}}{M_x I_{yy} - M_y I_{xy}} \qquad (4.18)$$

从而得到

$$\tan \alpha = \frac{M_y I_{xx} - M_x I_{xy}}{M_x I_{yy} - M_y I_{xy}} \qquad (4.19)$$

这里需要注意,根据前面的推导,这个夹角在如图 4.5(b)所示的情况下定义为正值,而此时 x_{NA} 和 y_{NA} 的符号相反,夹角的正切值为 $- \dfrac{y_{\text{NA}}}{x_{\text{NA}}}$。

4.2.3　薄壁截面属性的近似计算

以上面的(4.11)式给出了梁截面几何特性参数 I_{xx}、I_{yy} 和 I_{xy} 的积分计算公式,只要在梁截面的形心坐标系下用对应的公式就能计算出这些参数。如果参照坐标系不是形心坐标系,则可使用平行移轴定理使计算过程简化。例如,机翼可以看作是一个空心的薄壁梁,横截面的形心通常远离蒙皮,这种情况下,可使用平行移轴定理计算各桁条对横截面几何特性参数的贡献。而在采用计算机辅助设计软件设计结构时,软件通常也提供截面几何特性参数的计算功能,对于任意复杂截面都可迅速给出面积、形心、主惯性轴、惯性矩等参数。

对于薄壁梁截面,除了可以利用平行移轴定理计算桁条的惯性矩,还可以进一步对薄壁惯性矩的计算进行简化。如图 4.6(a)所示,槽形截面关于 x 轴对称,其截面惯性矩 I_{xx} 为

$$I_{xx} = 2 \left[\frac{(b+t/2)t^3}{12} + \left(b + \frac{t}{2} \right) t h^2 \right] + t \, \frac{\left[2(h-t/2) \right]^3}{12} \qquad (4.20)$$

展开得到

$$I_{xx} = 2\left[\frac{(b+t/2)t^3}{12} + \left(b+\frac{t}{2}\right)th^2\right] +$$
$$\frac{t}{12}\left[2^3\left(h^3 - 3h^2\frac{t}{2} + 3h\frac{t^2}{4} - \frac{t^3}{8}\right)\right] \tag{4.21}$$

忽略 t 的二次方和高次方项。公式变为

$$I_{xx} = 2bth^2 + t\frac{(2h)^3}{12} \tag{4.22}$$

式(4.22)的第一项为将上、下缘条视作高为 t、宽为 b 的矩形,然后忽略对自身的惯性矩,按平行轴定理得出的惯性矩,移轴的距离等于薄壁中线到中性轴的距离;第二项为将腹板视作高度为 $2h$、宽度为 t 的矩形截面后,得到的惯性矩。由此,可以用单线来表示截面,如图 4.6(b)所示。

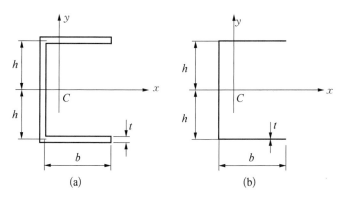

图 4.6　槽形薄壁梁截面的简化

(a) 实际截面尺寸;(b) 截面尺寸的近似表示

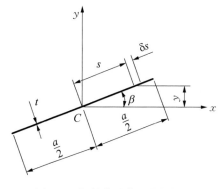

图 4.7　倾斜薄壁截面的惯性矩

薄壁截面通常有倾斜壁或曲壁,这使得计算截面属性复杂化,而如果采用上述简化方法,忽略薄壁厚度的影响,可以使计算大为简化。例如,如图 4.7 的倾斜薄截面,宽度为 a,以其形心 C 为原点建立 Cxy 坐标系,薄壁与 x 轴的夹角为 β,定义线坐标 s,关于 x 轴的截面惯性矩为

$$I_{xx} = 2\int_0^{\frac{a}{2}} ty^2 \mathrm{d}s$$

$$= 2\int_0^{\frac{a}{2}} t(s\sin\beta)^2 \mathrm{d}s \qquad (4.23)$$

$$= \frac{a^3 t\sin^2\beta}{12}$$

同理,关于 y 轴的惯性矩为

$$I_{yy} = \frac{a^3 t\cos^2\beta}{12} \qquad (4.24)$$

截面惯性积为

$$I_{xy} = 2\int_0^{\frac{a}{2}} txy \mathrm{d}s$$

$$= 2\int_0^{\frac{a}{2}} t(s\cos\beta)(s\sin\beta)\mathrm{d}s \qquad (4.25)$$

$$= \frac{a^3 t\sin 2\beta}{24}$$

在这里我们要注意的是,这些表达式是近似的,在推导中忽略了微元 δs 关于自身形心的惯性矩,以及其他含 t 的二次方及以上的高次项。

4.2.4　鞍形弯曲

在以上的阐述中,我们只考虑了梁的轴向应力和轴向应变,而由于泊松效应,轴向应力会引起横向的应变。如图 4.8 所示,一个矩形截面梁,当施加负方向的弯矩时,梁的上半部分受压缩,下半部分受拉伸。因为泊松效应,受压缩部分的材料产生横向的膨胀,受拉伸的部分产生横向的收缩,所以截面不再是矩形,而是产生了如图 4.8(c)所示的扭曲,上下表面沿着横向也产生了弧度,其上表面呈马鞍的形状,这就是鞍形弯曲(anticlastic bending)。

在分析长细比较大的实心梁时,通常不考虑这种效应,但是对于薄壁箱形梁,这种效应会对内部元件产生附加的应力。如果薄壁箱形梁的横截面形状是靠加翼肋维持的(见图 4.9),由于抵抗鞍形变形,因此在箱型梁的腹板、盖板和肋中都会产生局部应力分布的变化。

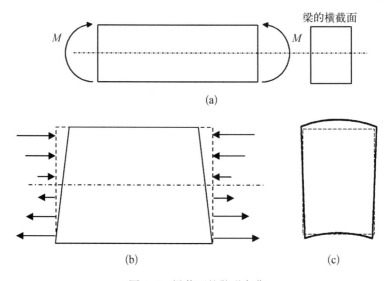

图 4.8 梁截面的鞍形弯曲

（a）梁的受弯示意图；（b）横截面上的应力分布；（c）横截面形状

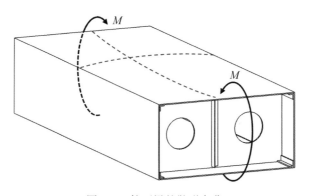

图 4.9 箱型梁的鞍形弯曲

4.2.5 梁的弯曲变形

　　无论是对称梁还是非对称梁，其弯曲方向是垂直于中性轴的，即梁相对于其中性轴产生弯曲，中性轴与质心坐标轴的夹角可以由式（4.19）求出，那么求出梁截面相对中性面的位移即可得出梁的挠度。图 4.10 所示为一个梁截面由于弯曲产生位移的情况，用形心 C 的位移来表示截面的位移，其初始位置为 C_1，初始状态下的中性轴 NA 通过 C_1。截面发生位移后，形心运动到位置 C_F，方向垂直于 NA，距离为 ζ。

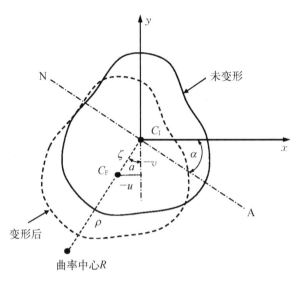

图 4.10　弯曲引起的梁挠度的确定

同时，假设该截面处梁弯曲的曲率中心为 R，在中性轴的另一侧，曲率半径是 ρ。根据曲率的近似表达式，有

$$\frac{1}{\rho} = \frac{\mathrm{d}^2 \zeta}{\mathrm{d}z^2} \tag{4.26}$$

ζ 在 x 和 y 方向的分量为 u 和 v

$$u = -\zeta \sin \alpha \qquad v = -\zeta \cos \alpha \tag{4.27}$$

在式(4.27)两端对 z 求两次导，再把式(4.26)的 $\dfrac{\mathrm{d}^2 \zeta}{\mathrm{d}z^2}$ 代入，得到

$$\frac{\sin \alpha}{\rho} = -\frac{\mathrm{d}^2 u}{\mathrm{d}z^2} \qquad \frac{\cos \alpha}{\rho} = -\frac{\mathrm{d}^2 v}{\mathrm{d}z^2} \tag{4.28}$$

把式(4.28)中的 $\dfrac{\sin \alpha}{\rho}$ 和 $\dfrac{\cos \alpha}{\rho}$ 代入式(4.13)，且令 $u'' = \dfrac{\mathrm{d}^2 u}{\mathrm{d}z^2}$，$v'' = \dfrac{\mathrm{d}^2 v}{\mathrm{d}z^2}$，得到

$$\begin{Bmatrix} M_x \\ M_y \end{Bmatrix} = -E \begin{bmatrix} I_{xy} & I_{xx} \\ I_{yy} & I_{xy} \end{bmatrix} \begin{Bmatrix} u'' \\ v'' \end{Bmatrix} \tag{4.29}$$

展开后，写成

$$\begin{cases} M_x = -EI_{xy}u'' - EI_{xx}v'' \\ M_y = -EI_{yy}u'' - EI_{xy}v'' \end{cases} \tag{4.30}$$

单独分析式(4.30)的第一式,它只表示 M_x 与挠度曲线 ζ 在两个坐标轴投影曲线曲率之间的关系,与 M_y 并没有关系,当 M_y 为零时,也存在这样的等式。也就是说,对于非对称梁,只在竖直平面上施加弯矩,也会在水平和竖直方向上产生挠度。同理,只在水平面内施加弯矩的话,也会在两个方向上产生挠度。

由式(4.29),通过矩阵的求逆,导出 u'' 和 v'' 二次导数的矩阵表达式

$$\begin{Bmatrix} u'' \\ v'' \end{Bmatrix} = -\frac{1}{E(I_{xx}I_{yy} - I_{xy}^2)} \begin{bmatrix} -I_{xy} & I_{xx} \\ I_{yy} & -I_{xy} \end{bmatrix} \begin{Bmatrix} M_x \\ M_y \end{Bmatrix} \tag{4.31}$$

如果是对称横截面梁,则 $I_{xy} = 0$,挠度微分方程简化为

$$u'' = -\frac{M_y}{EI_{yy}} \quad v'' = -\frac{M_x}{EI_{xx}} \tag{4.32}$$

若已知弯矩和梁的截面属性,则通过二次积分,并根据边界条件(boundary condition)确定积分常数,就可以求出挠度的表达式。

例题 4 - 1

如图 4.11 所示为一个具有非对称横截面的悬臂梁,端部受到竖直向下的剪力 S,材料的弹性模量为 E,截面的惯性矩和惯性积为 I_{xx}、I_{yy} 和 I_{xy},求其自由端水平和竖直方向的挠度。

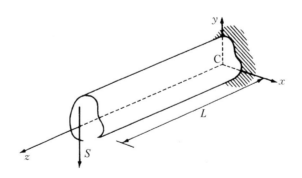

图 4.11 悬 臂 梁

解：根据式(4.31)导出 u 和 v 二次导数表达式进行计算,先看 u 的二次导数,将矩阵展开得到 u''

$$u'' = \frac{M_x I_{xy} - M_y I_{xx}}{E(I_{xx}I_{yy} - I_{xy}^2)} \qquad (4.33)$$

在这个问题中，$M_x = S(L - z)$，$M_y = 0$，从而 u'' 可以写为

$$u'' = \frac{SI_{xy}}{E(I_{xx}I_{yy} - I_{xy}^2)}(L - z) \qquad (4.34)$$

对其进行两次积分运算，得到 u' 和 u

$$u' = \frac{SI_{xy}}{E(I_{xx}I_{yy} - I_{xy}^2)}\left(Lz - \frac{z^2}{2} + A\right) \qquad (4.35)$$

$$u = \frac{SI_{xy}}{E(I_{xx}I_{yy} - I_{xy}^2)}\left(L\frac{z^2}{2} - \frac{z^3}{6} + Az + B\right) \qquad (4.36)$$

这两个式子中有两个待确定的常数 A 和 B，可利用边界条件求得其值。在悬臂梁的根部，也就是 $z = 0$ 的位置，转角为零，因此 $u' = 0$。同时此处位移也为零，即 $u = 0$，因此由式(4.35)得到 $A = 0$，由式(4.36)得到 $B = 0$。因此得到 x 向挠度的表达式为

$$u = \frac{SI_{xy}}{E(I_{xx}I_{yy} - I_{xy}^2)}\left(L\frac{z^2}{2} - \frac{z^3}{6}\right) \qquad (4.37)$$

在自由端(free end)，$z = L$，代入式(4.37)中，得到自由端的 x 向挠度值

$$u_{\text{f.e.}} = \frac{SI_{xy}L^3}{3E(I_{xx}I_{yy} - I_{xy}^2)} \qquad (4.38)$$

同理，得到自由端的 y 向挠度

$$v_{\text{f.e.}} = -\frac{SI_{yy}L^3}{3E(I_{xx}I_{yy} - I_{xy}^2)} \qquad (4.39)$$

则自由端的总挠度为

$$\delta_{\text{f.e.}} = \sqrt{u_{\text{f.e.}}^2 + v_{\text{f.e.}}^2} \qquad (4.40)$$

与垂直方向形成的角度是 $\arctan(u_{\text{f.e.}}/v_{\text{f.e.}})$。

如果是 Cx 或 Cy 为对称轴的情况，则 $I_{xy} = 0$，从而可得到

$$u_{\text{f.e.}} = 0 \quad v_{\text{f.e.}} = -\frac{SL^3}{3EI_{xx}} \qquad (4.41)$$

除了积分的方法外,还可以用基于能量原理的单位载荷法求解位移,这种方法只需求出真实力状态和虚单位力状态的弯矩即可,不需要用边界条件来确定积分常数。关于单位载荷法的应用,在第 6 章中将有详细的阐述。

4.3　梁结构中横向分布载荷、剪力和弯矩的关系

上文阐述了梁在弯曲载荷下的变形分析,而弯曲载荷通常是由横向的剪力(集中的或者分布力)产生的,所以弯矩和剪力存在一定关系,在后面学习剪切载荷下梁的变形分析时也要用到这种关系。在进行薄板结构分析时,这些结论也有借鉴作用。

考虑非对称横截面梁上长度为 δz 的微元,如图 4.12 所示,在 Oyz 平面上,受到剪力 S_y、弯矩 M_x 以及沿 z 轴分布的 y 向载荷 w_y 作用。根据前文所述的符号规定,这几个载荷方向都为正。在这个单元上,我们假设分布载荷 w_y 为常数,而剪力和弯矩沿着 z 向会发生变化。

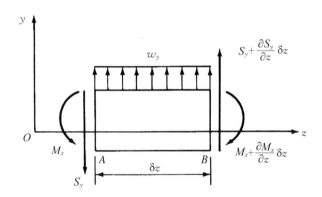

图 4.12　在 Oyz 平面上梁微元的平衡

由微元 y 向的力平衡方程

$$\left(S_y + \frac{\partial S_y}{\partial z}\delta z\right) + w_y\delta z - S_y = 0 \tag{4.42}$$

得到

$$w_y = -\frac{\partial S_y}{\partial z} \tag{4.43}$$

即 w_y 与 S_y 沿轴向的变化率有关。以 A 点为力矩中心建立力矩平衡方程

$$\left(M_x + \frac{\partial M_x}{\partial z}\delta z\right) - \left(S_y + \frac{\partial S_y}{\partial z}\delta z\right)\delta z - w_y\frac{(\delta z)^2}{2} - M_x = 0 \quad (4.44)$$

忽略式中包含 δz 平方的项，可得

$$S_y = \frac{\partial M_x}{\partial z} \quad (4.45)$$

即 S_y 与 M_x 沿 z 向的变化率有关，进一步，利用式(4.45)和式(4.43)可以得到横向分布载荷与弯矩的关系

$$-w_y = \frac{\partial S_y}{\partial z} = \frac{\partial^2 M_x}{\partial z^2} \quad (4.46)$$

同理，对于 xz 平面内的载荷，我们也可以得到类似的表达式。

$$-w_x = \frac{\partial S_x}{\partial z} = \frac{\partial^2 M_y}{\partial z^2} \quad (4.47)$$

4.4　受剪薄壁梁中应力、应变和位移关系

本章的第 2 节讲述薄壁梁在弯曲载荷下的应力和位移的计算方法，这些方法与实心梁或者厚壁梁的分析方法并没有差别，只是在计算截面属性时可采用简化的方法。而在分析薄壁梁的受剪问题时，所基于的假设与分析实心梁或者厚壁梁是不同的。所以，薄壁梁的受剪分析是飞行器结构力学中较为独特的一部分内容，也是重点问题。另外，在薄壁梁弯曲问题中，对于开口截面和闭口截面的分析也没有差别，而在受剪问题中二者的分析方法是有区别的。

在这一节，将建立薄壁微元的平衡方程以及应变表达式，它们适用于分析承受剪切载荷的开口截面梁和承受剪切载荷与扭转载荷的闭口截面，而分析受扭矩的开口截面梁需要不同的方法，将在 4.11 节中单独讨论。

在讲述相关公式之前，首先约定几点假设：

(1) 薄壁梁的轴向约束是可忽略的。也就是说，忽略支持边界和加载边界的影响，根据圣维南原理，在远离支持边界和加载点处，载荷的不均匀性才会消失，因此将要介绍的方法适用远离支持边界和加载点部位的受力分析。

(2) 垂直于薄壁梁表面的剪应力可以忽略（见图 4.13）。在正常情况下这个剪应力 τ_{zn} 和 τ_{sn} 主要是平衡气动压力的，尽管整个机翼的气动压力累积提供了

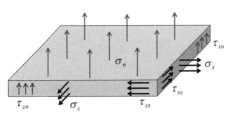

图 4.13　薄壁微元上应力

飞机的升力,也对机翼根部产生很大的弯矩,但是对于局部来讲,分布的气动压力直接产生的应力相对很小。同样,垂直于表面的正应力 σ_n 也主要是气动压力产生的,也可忽略。忽略垂直于表面的应力 τ_{zn}、τ_{sn} 和 σ_n 后,薄壁就处于平面应力状态。

(3) 忽略横截面上的正应力和剪应力沿着壁厚方向的变化。也就是说,在图 4.13 中,在薄壁边缘某处,认为沿厚度方向上各点的正应力(σ_z 和 σ_s)和剪应力(τ_{zs} 和 τ_{sz})为常数。

(4) 薄壁梁各个横截面沿着轴向是一致的。也就是说,各处横截面形状一样,薄壁的厚度沿轴向是不变的,而沿横截面的周向是可以变化的。

(5) 由于薄壁厚度较小,因此在公式推导中,包含厚度的平方及以上的高次项可以忽略。

这些假设将一个真实薄壁梁的边界条件、几何特征和应力进行了简化,从而在工程设计时使复杂结构易于分析。这种模型称为“薄壁工程梁”,相应的分析方法称为薄壁工程梁理论。

4.4.1　受剪薄壁梁中应力和应变

下面从开口截面薄壁梁开始阐述薄壁中微元的受力,开口截面薄壁梁模型如图 4.14 所示,令 z 轴沿其轴向,横截面与 Cxy 平面平行。由于假设应力沿厚度方向为常数,无须考虑厚度方向的坐标,因此可以用单线来表示截面。为了方便描述线上各个位置的应力变化,引入弧长坐标 s,它是沿着薄壁截面从原点到当前位置的曲线长度;而原点可以是任意选取的,对于开口截面,原点一般选在开口的边缘,这样在应用边界条件时比较方便。

在图 4.14 所示的薄壁梁中选取一个薄壁微元,分析其受力情况(见图 4.15)。它沿 z 向和 s 向的尺寸为 δz 和 δs,厚度为 t,这里认为厚度 t 在 δs 的长度上为常数。

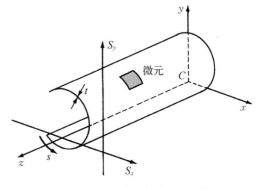

图 4.14　开口截面的薄壁工程梁

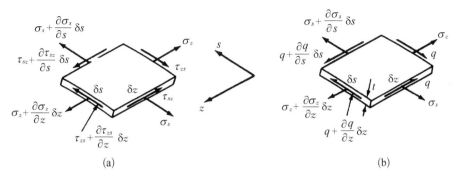

图 4.15　薄壁微元的受力

(a) 正应力和剪应力系统；(b) 正应力和剪流系统

经过上述简化，忽略垂直其表面的正应力和剪应力，其应力系统如图 4.15 (a) 所示。由于只考虑平面应力，因此我们引入坐标 z 和 s，在这个平面内进行受力分析。整个微元在 zs 所受的正应力为 σ_z 和 σ_s，剪应力为 τ_{zs} 和 τ_{sz}，根据剪应力互等定理，这两个剪应力大小相等，所以下文用 τ 来表示 τ_{zs} 和 τ_{sz}，约定 τ 沿 s 的正向时为正。同时，考虑到正应力和剪应力在两个坐标方向上的变化，使用一阶泰勒展开式来表示这种变化，这样就表示出了所有面上的应力。这个微元在这些应力的作用下处于平衡状态。

再来看这些应力是如何产生的，正应力 σ_z 由薄壁梁受到的绕 x 轴或者 y 轴的弯矩产生。而剪应力 τ 的产生分为两种情况：对于开口截面，是由沿 x 向或者 y 向的剪力产生的；对于闭口截面，可以由剪力，也可以由绕薄壁梁轴线方向的扭矩产生。对于开口截面，环向应力 σ_s 通常为 0，但对于闭口截面，内压力可产生环向应力，所以 σ_s 可能不为零。

由于不考虑剪应力 τ 在厚度方向上的变化，因此为了方便描述微元受到的剪切载荷，引入剪应力和厚度的乘积 q。它表示薄壁微元在单位长度上受到的力，也称为"剪流"（shear flow）

$$q = \tau t \tag{4.48}$$

然后用正应力和剪流组成的微元载荷系统替代正应力和剪应力组成的系统，如图 4.15(b) 所示，并约定在与横截面平行的边上，剪流的正方向与 s 相同，而根据剪力互等，得出垂直于横截面边上的剪流方向。

下面基于正应力和剪流系统建立微元的平衡方程，根据 z 向的平衡关系，可以得到

$$\left(\sigma_z + \frac{\partial \sigma_z}{\partial z}\delta z\right)t\delta s - \sigma_z t\delta s + \left(q + \frac{\partial q}{\partial s}\delta s\right)\delta z - q\delta z = 0 \qquad (4.49)$$

进一步化简,得到 z 向的力平衡方程

$$\frac{\partial q}{\partial s} + t\frac{\partial \sigma_z}{\partial z} = 0 \qquad (4.50)$$

式(4.50)表明,剪流和正应力在空间上的变化所引起的载荷之间是互相平衡的。如果正应力沿轴向不变化,则剪流也不变化。由4.3节可知,剪力会引起弯矩沿轴向的变化,有剪力的时候,就会产生剪流;而在纯弯曲问题中,弯矩不会沿轴向变化,因此纯弯曲问题中不会有剪流产生。

同理,可得到 s 方向的力平衡方程

$$\frac{\partial q}{\partial z} + t\frac{\partial \sigma_s}{\partial s} = 0 \qquad (4.51)$$

它表明剪流 q 在 z 向的变化和环向应力 σ_s 在 s 方向变化所引起的载荷是平衡的。

式(4.50)和式(4.51)就是薄壁工程梁受剪问题中的基本力平衡方程。

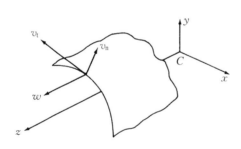

图4.16 梁壁上点的轴向、切向和法向位移分量

接下来分析应变的情况。这里考虑3个应变:正应力 σ_z 和 σ_s 分别产生 ε_z 和 ε_s,而剪应力 τ 引起剪应变 γ。再定义3个位移,如图4.16所示:在 xy 平面内,薄壁上一点的切向位移 v_t,沿 s 的正向为正;在 xy 平面内,薄壁上一点的法向位移 v_n,向外为正;z 向位移 w。

对于 ε_z,根据正应变的公式可表示为

$$\varepsilon_z = \frac{\partial w}{\partial z} \qquad (4.52)$$

对于 ε_s,包括两部分:一部分是 v_t 产生的应变 $\frac{\partial v_t}{\partial s}$;另一部分是薄壁结构在内压下膨胀后产生的应变。如图4.17所示,在 xy 平面内薄壁一段弧线上的曲率半径为 r,未变形时弧长为 $r\theta$;当薄壁产生位移 v_n 后,长度变为 $(r+v_n)\theta$,

根据应变的表达式，得到应变为 $\dfrac{v_n}{r}$。从而沿薄壁弧线方向总的应变为

$$\varepsilon_s = \frac{\partial v_t}{\partial s} + \frac{v_n}{r} \qquad (4.53)$$

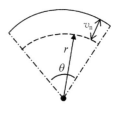

图 4.17　径向膨胀产生的位移

对于剪切应变，如图 4.18 所示，在 sz 平面内进行定义，剪切应变的含义为受剪切载荷后互相垂直线段之间角度的改变

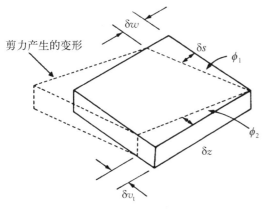

剪力产生的变形

图 4.18　剪切应变的计算

$$\gamma = \phi_1 + \phi_2 \qquad (4.54)$$

式(4.54)中 ϕ_1 和 ϕ_2 分别为剪切变形下两个边角度的变化，在小变形下，这两个角度近似等于斜率，将这两个角相加得到

$$\gamma = \frac{\partial w}{\partial s} + \frac{\partial v_t}{\partial z} \qquad (4.55)$$

这与直角坐标系下剪切应变的表达式形式是相同的，只是进行了符号的替换。

4.4.2　截面的扭转中心

下面阐述一个假设，并给出扭转中心(center of twist)的概念。在梁产生位移时，每个横截面的形状是保持不变的，可以把整个梁想象成很多个挨在一起的薄片组成(见图 4.19)。每个薄片在其平面内保持刚性，而在垂直于其平面的方

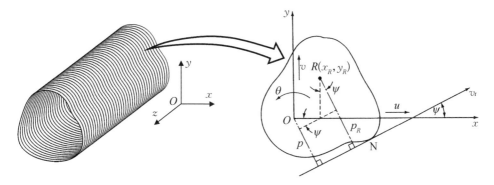

图 4.19　梁截面变形的假设和梁扭转中心

向(z 向)上的运动是不受约束的。每个薄片的运动可用 x 和 y 向的位移 u 和 v,以及绕 z 轴的转角 θ 来描述。

在实际中,机翼和机身的横向构件(翼肋和隔框)起到了维持截面形状的作用,其所在位置的截面在其自身平面内有很好的刚性。如果翼肋和隔框的间距布置得合适,则以上假设是很合理的。

根据理论力学中的达朗伯-欧拉定理,任何一个刚体的运动可等效为绕一个点的转动,对于图 4.19 所示的截面,这一点为 R,也就是"扭转中心",其坐标为 (x_R, y_R)。

截面上一点的切向位移为 v_t,该点的切线到原点的距离为 p,到 R 的距离为 p_R,p 和 p_R 与 y 轴的夹角为 ψ。从而,v_t 可用 u、v 在切向的分量以及 p_R 和 θ 来表示,即

$$v_t = p\theta + u\cos\psi + v\sin\psi \tag{4.56}$$

和

$$v_t = p_R\theta \tag{4.57}$$

根据几何关系,得到

$$p_R = p - x_R\sin\psi + y_R\cos\psi \tag{4.58}$$

代入式(4.57),得

$$v_t = p\theta - x_R\theta\sin\psi + y_R\theta\cos\psi \tag{4.59}$$

这样我们得到了两个 v_t 的表达式,将式(4.56)和式(4.59)分别对 z 求导数,得到:

$$\frac{\partial v_t}{\partial z} = p\,\frac{\mathrm{d}\theta}{\mathrm{d}z} - x_R\sin\psi\,\frac{\mathrm{d}\theta}{\mathrm{d}z} + y_R\cos\psi\,\frac{\mathrm{d}\theta}{\mathrm{d}z} \tag{4.60}$$

$$\frac{\partial v_t}{\partial z} = p\,\frac{\mathrm{d}\theta}{\mathrm{d}z} + \frac{\mathrm{d}u}{\mathrm{d}z}\cos\psi + \frac{\mathrm{d}v}{\mathrm{d}z}\sin\psi \tag{4.61}$$

比较式(4.60)和式(4.61)中 $\sin\psi$ 和 $\cos\psi$ 的系数,可得 x_R 和 y_R 的表达式

$$x_R = -\frac{\dfrac{\mathrm{d}v}{\mathrm{d}z}}{\dfrac{\mathrm{d}\theta}{\mathrm{d}z}} \quad y_R = \frac{\dfrac{\mathrm{d}u}{\mathrm{d}z}}{\dfrac{\mathrm{d}\theta}{\mathrm{d}z}} \tag{4.62}$$

式(4.62)建立起了扭转中心的位置和挠度 u、v 及转角 θ 的关系,在求解薄壁梁截面的翘曲(warping)位移时会用到。

4.5 开口截面梁剪流的计算

本节阐述开口截面梁剪流的计算。在飞行器结构中,存在更多的是闭口截面梁受剪的问题,开口截面薄壁梁剪流分析方法则是闭口截面薄壁梁分析的基础。

如图 4.14 所示,开口截面薄壁梁承受剪切载荷 S_x 和 S_y,梁的横截面上没有扭矩作用。这里还需要说明一点,在实际中的开口截面梁承受扭转载荷的能力很差,在工程中尽量避免用其来承担扭矩。在第 5 章中将了解到,简化后的开口薄壁工程梁不能承受任何扭转载荷。在本章的主要分析方法中,剪切载荷也不应对开口截面梁产生扭转载荷,这要求两个剪切载荷都经过截面上特殊一点,这一点称为"剪心"(shear center)。开口截面梁受扭问题要用单独的分析方法,将在 4.11 节中专门讲述。

在实际中的薄壁结构如果有较大的开口,则在开口处必须进行加强,而且开口不能沿轴向贯穿整个梁,也就是梁中存在开口和不开口的区域。这样的结构不再符合薄壁工程梁模型的截面一致性假设,所以不能用薄壁工程梁理论进行分析,而要用其他的方法,将在第 6 章中讲述。

由于梁横截面是开口的,没有 s 向的载荷,因此没有环向的应力 σ_s,那么根据式(4.51),得到

$$\frac{\partial q}{\partial z}=0 \tag{4.63}$$

即 q 沿 z 向是不变化的。图 4.15 所示的微元上只剩下剪流 q 和 z 向应力 σ_z,两者应构成平衡关系,即式(4.50),其中 σ_z 为梁受弯曲时的应力,即式(4.15)

$$\sigma_z=\left(\frac{M_y I_{xx}-M_x I_{xy}}{I_{xx}I_{yy}-I_{xy}^2}\right)x+\left(\frac{M_x I_{yy}-M_y I_{xy}}{I_{xx}I_{yy}-I_{xy}^2}\right)y \tag{4.15}$$

式(4.15)中:M_x 和 M_y 都是外加弯矩,在受剪切载荷的梁中是变量;I_{xx}、I_{yy}、I_{xy} 是截面惯性矩和惯性积,在薄壁工程梁理论中,梁的各个横截面是一致的,所以这几个截面属性是常数。在式(4.15)两端对 z 求偏导,得到

$$\frac{\partial \sigma_z}{\partial z} = \frac{\left(\dfrac{\partial M_y}{\partial z} I_{xx} - \dfrac{\partial M_x}{\partial z} I_{xy}\right)}{I_{xx} I_{yy} - I_{xy}^2} x + \frac{\left(\dfrac{\partial M_x}{\partial z} I_{yy} - \dfrac{\partial M_y}{\partial z} I_{xy}\right)}{I_{xx} I_{yy} - I_{xy}^2} y \quad (4.64)$$

根据 4.3 节中,有 $\dfrac{\partial M_y}{\partial z} = S_x$,$\dfrac{\partial M_x}{\partial z} = S_y$,将其代入式(4.64)得到

$$\frac{\partial \sigma_z}{\partial z} = \frac{(S_x I_{xx} - S_y I_{xy})}{I_{xx} I_{yy} - I_{xy}^2} x + \frac{(S_y I_{yy} - S_x I_{xy})}{I_{xx} I_{yy} - I_{xy}^2} y \quad (4.65)$$

将 $\dfrac{\partial \sigma_z}{\partial z}$ 代入到式(4.50)中,得到

$$\frac{\partial q}{\partial s} = -\frac{(S_x I_{xx} - S_y I_{xy})}{I_{xx} I_{yy} - I_{xy}^2} tx - \frac{(S_y I_{yy} - S_x I_{xy})}{I_{xx} I_{yy} - I_{xy}^2} ty \quad (4.66)$$

对式(4.66)两端进行积分,得到

$$\int_0^s \frac{\partial q}{\partial s} \mathrm{d}s = -\left(\frac{S_x I_{xx} - S_y I_{xy}}{I_{xx} I_{yy} - I_{xy}^2}\right) \int_0^s tx \, \mathrm{d}s - \left(\frac{S_y I_{yy} - S_x I_{xy}}{I_{xx} I_{yy} - I_{xy}^2}\right) \int_0^s ty \, \mathrm{d}s$$

$$(4.67)$$

方程(4.67)左端积分后表达式为 $q_s - q_{s,0}$,$q_{s,0}$ 为积分原点处的剪流值。如果将 s 的积分原点选取在开口边的位置,则根据剪应力互等原理,此处剪流等于开口边的剪流,而这个边没有其他载荷作用,所以此处的剪流应该为 0,也就是 $q_{s,0} = 0$,于是得到

$$q_s = -\left(\frac{S_x I_{xx} - S_y I_{xy}}{I_{xx} I_{yy} - I_{xy}^2}\right) \int_0^s tx \, \mathrm{d}s - \left(\frac{S_y I_{yy} - S_x I_{xy}}{I_{xx} I_{yy} - I_{xy}^2}\right) \int_0^s ty \, \mathrm{d}s \quad (4.68)$$

这就是开口截面梁剪流的一般表达式。如果截面关于坐标轴 Cx 或者 Cy 对称,则有 $I_{xy} = 0$,式(4.68)变为

$$q_s = -\frac{S_x}{I_{yy}} \int_0^s tx \, \mathrm{d}s - \frac{S_y}{I_{xx}} \int_0^s ty \, \mathrm{d}s \quad (4.69)$$

例题 4 - 2

如图 4.20 所示,一个具有矩形横截面的薄壁梁,自由端受 y 向的剪力 S_y,横截面 A-A 远离自由端和支持端,该截面高为 h,宽度为 t,取其形心 C 作为坐标原点,对称轴为坐标轴,建立坐标系 Cxy。试计算该截面上的剪流分布。

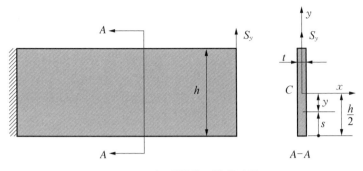

图 4.20　矩形横截面的薄壁梁

解：取截面的下边缘作为 s 坐标的原点。由于截面对称，因此剪流公式可直接用式(4.69)，x 向剪力 S_x 为 0，得

$$q_s = -\frac{S_y}{I_{xx}}\int_0^s ty\,\mathrm{d}s \tag{4.70}$$

其中

$$I_{xx} = \frac{th^3}{12}$$

为了进行积分运算，用 s 表示 y，即 $y = -\left(\dfrac{h}{2}-s\right)$，将其代入式(4.70)后得到

$$q_s = \frac{S_y}{I_{xx}}\int_0^s t\left(\frac{h}{2}-s\right)\mathrm{d}s = \frac{S_y t}{I_{xx}}\left(\frac{hs}{2}-\frac{s^2}{2}\right)\Big|_0^s = \frac{S_y t}{I_{xx}}\left(\frac{hs}{2}-\frac{s^2}{2}\right)$$

$$\tag{4.71}$$

进一步将 I_{xx} 代入式(4.71)中，化简后得到

$$q_s = \frac{6S_y}{h^3}(hs-s^2) \tag{4.72}$$

可见，q_s 是 s 的二次函数，在上、下表面，s 分别等于 0 和 h，在这两处 q_s 都为 0，这符合上、下表面不受 z 向剪切载荷的边界条件。在整个截面上符号为正，表明剪流方向与 s 相同——从下向上。

在强度分析时，需要知道在结构中最大的应力值，所以我们来求 q_s 的极值

点,将 q_s 对 s 求导数,得到

$$\frac{\mathrm{d}q_s}{\mathrm{d}s} = \frac{6S_y}{h^3}(h - 2s) \tag{4.73}$$

令式(4.73)左端等于 0,可解得 $s = \dfrac{h}{2}$,因此在此处,也就是在中面上,q_s 有最大值 $\dfrac{3S_y}{2h}$。此外,由于 $\dfrac{S_y}{h}$ 是整个截面上的平均剪流,因此对于这个薄壁梁,最大的剪流值等于平均剪流的 1.5 倍。这是一个很有用的基本性质,在梁、板受横向载荷的问题中经常遇到。

绘出整个横截面上的剪流分布,并标出剪流方向和关键点的值[见图 4.21 (a)],通常用半箭头表示剪流;也可给出 s 坐标的方向,用正负号表示剪流的方向[见图 4.21(b)]。

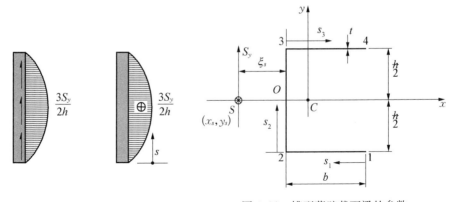

图 4.21　横截面上的剪流分布的　　　　　　图 4.22　槽型薄壁截面梁的参数
　　　　　两种表示方法

（a）用箭头表示；（b）用符号和坐标表示

例题 4-3

槽型薄壁截面梁的参数如图 4.22 所示,其形心为 C,以 C 为原点建立坐标系 Cxy,x 为截面对称轴。梁承受 y 向剪力 S_y,S_y 作用于剪心,剪心在对称轴 x 轴上,距离截面的 2-3 边的距离为 ξ_s。试分析截面上的剪流分布。

解: 首先,计算截面的几何属性,截面对 x 轴的惯性矩为

$$I_{xx} = 2bt\left(\frac{h}{2}\right)^2 + \frac{th^3}{12} = \frac{th^3}{12}\left(1 + \frac{6b}{h}\right) \tag{4.74}$$

由于截面对称，$I_{xy}=0$，因此用式(4.69)计算剪流，且 x 向剪力为 0，所以可得

$$q_s = -\frac{S_y}{I_{xx}}\int_0^s ty\,\mathrm{d}s = \frac{-12S_y}{h^3\left(1+\dfrac{6b}{h}\right)}\int_0^s y\,\mathrm{d}s \tag{4.75}$$

式(4.75)中 y 是 s 的分段函数，因此要进行分段的积分。从 1 点开始，分为 1-2 段、2-3 段和 3-4 段，三段的坐标分别为 s_1、s_2 和 s_3。

在 1-2 段，$y=-\dfrac{h}{2}$，所以 1-2 段剪流为 q_{12}

$$q_{12} = \frac{-12S_y}{h^3\left(1+\dfrac{6b}{h}\right)}\int_0^{s_1}-\frac{h}{2}\,\mathrm{d}s_1 = \frac{6S_y}{h^2\left(1+\dfrac{6b}{h}\right)}s_1 \tag{4.76}$$

可见 q_{12} 是 s_1 的线性函数。

其次，计算 2-3 段的剪流时，应从 1 点开始积分，由于是分段函数，因此这段的积分值等于 2 点的剪流 q_2 加上从 2 点开始的积分，从 2 点开始积分的表达式可参照例题 4-2。于是 q_{23} 为

$$
\begin{aligned}
q_{23} &= q_2 + \frac{-12S_y}{h^3\left(1+\dfrac{6b}{h}\right)}\int_0^{s_2}-\left(\frac{h}{2}-s_2\right)\mathrm{d}s_2 \\[2mm]
&= q_2 + \frac{12S_y}{h^3\left(1+\dfrac{6b}{h}\right)}\left(\frac{hs_2}{2}-\frac{s_2^2}{2}\right) \\[2mm]
&= \frac{6S_y hb + 6S_y(hs_2-s_2^2)}{h^3\left(1+\dfrac{6b}{h}\right)}
\end{aligned}
\tag{4.77}
$$

可见 2-3 段剪流是 s_2 的二次函数。这个剪流值在 $s_2=\dfrac{h}{2}$ 时最大，而在 2 点的剪流与 3 点是相同的。

再次，可以继续计算出 3-4 段的剪流。由于对称性，3-4 段的剪流与 1-2 段的形式相同。最后，绘出剪流图，如图 4.23 所示。

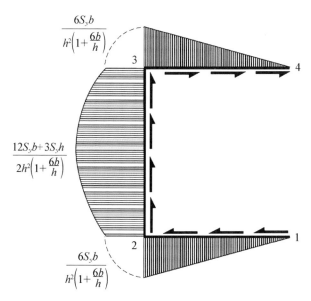

图 4.23　槽型薄壁截面梁的剪流分布

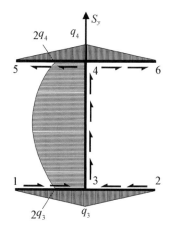

图 4.24　受 y 向载荷的"H"形截
面薄壁梁的剪流分布

由图 4.23 还可看出,尽管每段的剪流分布不同,但剪流值在每段相连接的部位是连续的。如果一个点上有多个边相交,则根据积分的原理,该点剪流的初值等于之前对所有边剪流积分式的积分结果之和,也就是所有各个边在该点剪流的和。做一个形象的比喻就是:"流入"该点的剪流与流出"该点"的剪流是相等的。例如受剪力 S_y 的"H"形截面梁,各边的剪流分布形式如图 4.24 所示。在数值上有如下特点:1-3 边和 2-3 边在 3 点的剪流为 q_3,而 3-4 边在 3 点的剪流为 $2q_3$。同样,在 4 点"流出"的剪流也有此特征。下面来看一个使用极坐标的例子。

例题 4-4

一个窄开口圆形截面薄壁梁的截面几何尺寸如图 4.25 所示,壁厚为 t,梁承受 y 向剪力 S_y,S_y 作用于剪心,剪心在对称轴 x 轴上,距离形心 C 的距离为 ξ_s。截面在与 x 轴相交处有一个很窄的开口,忽略该开口对梁几何属性的影响,试计算其剪流分布。

解：首先，计算截面的几何属性。由于忽略窄开口对截面惯性矩和惯性积的影响，因此截面对 x 轴的惯性矩为

$$I_{xx} = \pi r^3 t \qquad (4.78)$$

由于截面对称，惯性积为 $I_{xy} = 0$，剪流可用式(4.69)计算，x 向剪力 S_x 为 0，因此得

$$q_s = -\frac{S_y}{I_{xx}} \int_0^s ty \, ds = -\frac{S_y}{\pi r^3 t} \int_0^s ty \, ds \qquad (4.79)$$

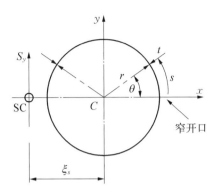

图 4.25　窄开口圆形截面薄壁梁的截面几何尺寸

采用极坐标替换积分变量，$y = r\sin\theta$，$ds = r\,d\theta$，代入式(4.79)得到

$$q_\theta = -\frac{S_y}{\pi r^3 t} \int_0^\theta tr\sin\theta r\,d\theta = \frac{S_y}{\pi r}\cos\theta\Big|_0^\theta = \frac{S_y}{\pi r}(\cos\theta - 1) \qquad (4.80)$$

按角度 θ 绘出剪流图，如图 4.26 所示。可见在开口处剪流为 0，最大值在 $\theta = \pi$ 处，这与图 4.21 和图 4.23 所示的剪流分布形态类似，都是在两个开口边界的中点之处剪流最大。

以上都是以对称截面为例进行剪流的计算，对于非对称截面剪流，计算时要考虑惯性积 I_{xy} 的影响，虽然公式稍显复杂，但计算过程是一样的。

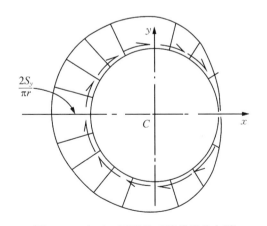

图 4.26　窄开口圆形截面梁剪流分布图

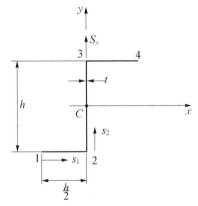

图 4.27　"Z"形截面

例题 4-5

如图 4.27 所示，"Z"形截面具有反对称形状，剪切载荷 S_y 经过其剪心，求截

面的剪流分布。

解：根据反对称性，剪心与形心所处相同的位置，以形心为原点建立如图 4.27 所示坐标系。由于 S_x 为 0，根据式(4.68)，剪流表达式为

$$q_s = \frac{S_y I_{xy}}{I_{xx}I_{yy} - I_{xy}^2} \int_0^s tx\,\mathrm{d}s - \frac{S_y I_{yy}}{I_{xx}I_{yy} - I_{xy}^2} \int_0^s ty\,\mathrm{d}s \tag{4.81a}$$

或

$$q_s = \frac{S_y}{I_{xx}I_{yy} - I_{xy}^2} \left(I_{xy}\int_0^s tx\,\mathrm{d}s - I_{yy}\int_0^s ty\,\mathrm{d}s \right) \tag{4.81b}$$

使用简化的方法计算薄壁截面的截面惯性矩和惯性积

$$I_{xx} = 2\frac{ht}{2}\left(\frac{h}{2}\right)^2 + \frac{th^3}{12} = \frac{h^3 t}{3}$$

$$I_{yy} = 2\frac{t}{3}\left(\frac{h}{2}\right)^3 = \frac{h^3 t}{12}$$

$$I_{xy} = \frac{ht}{2}\frac{h}{4}\frac{h}{2} + \frac{ht}{2}\left(-\frac{h}{4}\right)\left(-\frac{h}{2}\right) = \frac{h^3 t}{8} \tag{4.82}$$

把式(4.82)代入方程(4.81b)，得到

$$q_s = \frac{S_y}{h^3}\int_0^s (10.32x - 6.84y)\,\mathrm{d}s \tag{4.83}$$

在下缘条 1-2 上：$0 \leqslant s_1 \leqslant \dfrac{h}{2}$，$y = -\dfrac{h}{2}$，$x = -\dfrac{h}{2} + s_1$，所以

$$q_{12} = \frac{S_y}{h^3}\int_0^{s_1} (10.32s_1 - 1.74h)\,\mathrm{d}s_1 \tag{4.84}$$

积分后得

$$q_{12} = \frac{S_y}{h^3}(5.16s_1^2 - 1.74hs_1) \tag{4.85}$$

因此在位置 1 处 ($s_1 = 0$)，$q_1 = 0$；在位置 2 处 $\left(s_1 = \dfrac{h}{2}\right)$，$q_2 = 0.42S_y/h$。

进一步分析式(4.85)可以看出，在 $s_1 = 0.336h$ 处，q_{12} 改变符号，下缘的剪流分布形状是方向改变的抛物线。当 $s_1 < 0.336h$ 时，q_{12} 为负，与 s_1 的方向相

反。当 $s_1 = \dfrac{h}{2}$ 时，在 2 点的剪流 $q_2 = 0.42\dfrac{S_y}{h}$。

在腹板 2 - 3 中，$0 \leqslant s_2 \leqslant h$，$x = 0$，$y = -\dfrac{h}{2} + s_2$，所以

$$q_{23} = \frac{S_y}{h^3}\int_0^{s_2}(3.42h - 6.84s_2)\mathrm{d}s_2 + q_2 \tag{4.86}$$

积分后得

$$q_{23} = \frac{S_y}{h^3}(0.42h^2 + 3.42hs_2 - 3.42s_2^2)$$

$$\tag{4.87}$$

腹板 2 - 3 上的剪流分布关于 Cx 轴对称，在 $s_2 = \dfrac{h}{2}$ 处，剪流有最大值，且腹板上所有点的剪流是正值。上缘的剪流分布可以根据反对称性质得出，完整的剪流分布如图 4.28 所示。

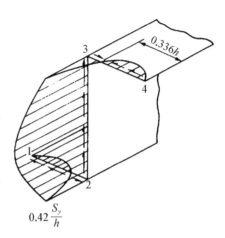

图 4.28　"Z"形截面剪流分布

4.6　闭口截面薄壁梁剪流的计算

闭口截面薄壁梁的剪流计算公式与开口截面梁相同，但需要注意两者不同之处。一是在承载特性上，当剪切载荷作用在薄壁梁横截面剪心以外的点上时，除了剪切作用外，对横截面还会产生扭转作用；在闭口截面梁上由扭矩产生的剪应力和由横向剪力产生的剪应力具有相同的形式，但是开口截面梁上扭矩产生的剪应力不同于剪力产生的剪应力，这将在 4.11 节中讲述。二是在剪流求解过程中，对于闭口截面，通常难以选择一个剪流已知点作为原点，所以需要额外确定原点处的剪流。

如图 4.29 所示的闭口截面薄壁梁，在横截面上有剪力 S_x 和 S_y。

假设没有环向力和体积力，那么其薄壁微元上的剪流 q 和剪应力之间的微分平衡方程与开口截面是一

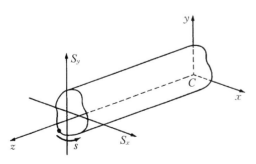

图 4.29　闭口截面薄壁梁

样的,即式(4.50)

$$\frac{\partial q}{\partial s} + t\,\frac{\partial \sigma_z}{\partial z} = 0$$

将 σ_z 用弯矩表示出来,对两侧进行积分,即式(4.67)

$$\int_0^s \frac{\partial q}{\partial s}\mathrm{d}s = -\left(\frac{S_x I_{xx} - S_y I_{xy}}{I_{xx} I_{yy} - I_{xy}^2}\right)\int_0^s tx\,\mathrm{d}s - \left(\frac{S_y I_{yy} - S_x I_{xy}}{I_{xx} I_{yy} - I_{xy}^2}\right)\int_0^s ty\,\mathrm{d}s$$

式(4.67)右端与开口截面的形式相同,而左端的积分与开口截面有所区别,因为在 $s=0$ 处,q 是未知量,令其为 $q_{s,0}$,所以左端积分结果为 $q_s - q_{s,0}$。 将式(4.67)整理后得到

$$q_s = -\left(\frac{S_x I_{xx} - S_y I_{xy}}{I_{xx} I_{yy} - I_{xy}^2}\right)\int_0^s tx\,\mathrm{d}s - \left(\frac{S_y I_{yy} - S_x I_{xy}}{I_{xx} I_{yy} - I_{xy}^2}\right)\int_0^s ty\,\mathrm{d}s + q_{s,0}$$

$$(4.88)$$

式(4.88)右端的前两项与开口截面的剪流表达式相同,定义一个"基本剪流" q_b 来表示开口截面剪流,于是有

$$q_s = q_b + q_{s,0} \tag{4.89}$$

q_b 在给定条件下都是可以直接求出的,现在需要解决的问题是 $q_{s,0}$ 的求法。先采用对闭口截面"切开"的方式来分析 $q_{s,0}$ 的含义,然后给出求解方法。如图4.30所示,闭口截面上的剪流为 q_s,沿着截面是变化的。在一个位置处将薄壁切开一个口,若要开口系统仍然保持平衡,且与原系统的等效,则切口上必定有一对相等的剪流,令这一对剪流的值为 $q_{s,0}$。 根据剪应力互等定理,在此处截面上的剪流值也为 $q_{s,0}$。 如果从这个剪流系统中移去 $q_{s,0}$,则切口上的一对剪流为0,切口处横截面上剪流值也为0,这就是个开口截面的问题,其剪流为 q_b,且

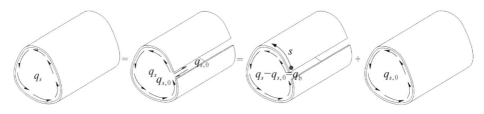

图 4.30　闭口截面剪流的分解

$q_b = q_s - q_{s,0}$。而减去的 $q_{s,0}$ 相当于作用在一个闭口截面上的常剪流。这样,就为式(4.89)找到了更为明确的物理意义,即原受力系统等于这两个受力系统的迭加。对于开口截面剪流 q_b,以切口处为坐标 s 的原点,即可按已经学习的公式计算得出。剩下的问题就是 $q_{s,0}$ 的计算

对于 $q_{s,0}$,需要进一步用力等效条件得出。$q_{s,0}$ 为常数,在闭口截面上产生的两个方向的剪力均为 0。q_b 在 x 和 y 方向上的合力分别与剪力 S_x 和 S_y 等效,这个条件已经隐含在开口截面剪流的计算公式中,属于已经使用的条件。剩下条件就是力矩的等效,剪力 S_x、S_y 对截面某点产生的力矩与总剪流 q_s 产生的力矩是等效的,即我们可以用这个条件来求解 $q_{s,0}$。

如图 4.31 所示,选取一点 O 作为力矩中心,建立剪流力矩和外力矩的力矩等效关系。S_x 和 S_y 到该点的距离分别为 η_0 和 ξ_0,以逆时针为正,则剪力产生的力矩为 $S_x\eta_0 - S_y\xi_0$,而剪流对该点的力矩为弧长微元 $\mathrm{d}s$ 上剪流产生力矩的积分,微元上的力为 $q_s\mathrm{d}s$,$\mathrm{d}s$ 到 O 点的距离为 p,则 $\mathrm{d}s$ 上剪流产生的力矩为 $pq_s\mathrm{d}s$。

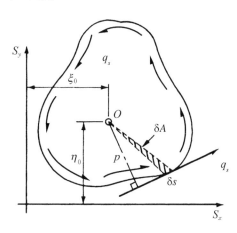

图 4.31 $q_{s,0}$ 的确定

在这个截面上进行积分,得到剪流产生的力矩,与 S_x 和 S_y 产生的力矩相等,即

$$S_x\eta_0 - S_y\xi_0 = \oint pq_s\mathrm{d}s \tag{4.90}$$

将 q_s 用 $q_b + q_{s,0}$ 替换,得到

$$S_x\eta_0 - S_y\xi_0 = \oint pq_b\mathrm{d}s + q_{s,0}\oint p\mathrm{d}s \tag{4.91}$$

对于式(4.91)右端第二项中的积分 $\oint p\mathrm{d}s$,介绍一个常用的计算公式。图 4.31 中所示的阴影三角形面积为 δA,δs 为三角形的底边,而 p 为三角形的高度,所以

$$\delta A = \frac{1}{2}\delta s p \tag{4.92}$$

因此,式(4.92)两端沿整个截面积分,得到

$$\oint p \, ds = 2 \oint dA \qquad (4.93)$$

即

$$\oint p \, ds = 2A \qquad (4.94)$$

因此

$$q_{s,0} \oint p \, ds = 2A q_{s,0} \qquad (4.95)$$

从而得到这样的结论：闭口薄壁截面上的常剪流产生的力矩大小为剪流值乘以截面面积的 2 倍。

因此式(4.91)可以写为

$$S_x \eta_0 - S_y \xi_0 = \oint p q_b \, ds + 2A q_{s,0} \qquad (4.96)$$

从而可以求得 $q_{s,0}$。

可以选取便于计算的点作为力矩中心,例如,当力矩中心在 S_x 和 S_y 的作用线上时,式(4.96)变为更简化的形式

$$0 = \oint p q_b \, ds + 2A q_{s,0} \qquad (4.97)$$

从而 $q_{s,0}$ 为

$$q_{s,0} = -\frac{1}{2A} \oint p q_b \, ds \qquad (4.98)$$

当薄壁截面具有直边时,也可将力矩中心选在直边上,原因是直边剪流对力矩中心的力矩为 0,这样免去积分运算的麻烦。

另外,还可以这样来分解闭口截面的剪切载荷。原闭口截面的剪力可作用在任意位置,其剪流可分解为一个开口截面剪流 q_b 和一个常剪流 $q_{s,0}$,如图 4.32 所示,q_b 可用剪力作用在剪心上的系统求出,而 $q_{s,0}$ 由扭矩产生,因此在这个系统上再加上一个扭矩 $T = 2A q_{s,0}$,即得到原剪流系统。所以,一个闭口截面上的剪切载荷系统可等效为作用在剪心的剪力和一个扭矩。

另外也要注意,"切口"的位置决定了开口截面剪心的位置,也决定了 q_b,因

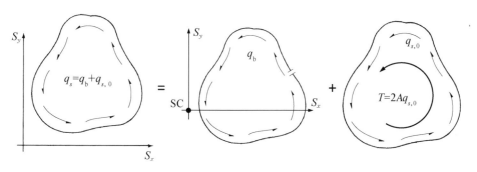

图 4.32　闭口截面剪切载荷的分解

此切口位置不同,求得的 $q_{s,0}$ 就可能不同,但不影响最终的剪流结果。

例题 **4 - 6**

如图 4.33 所示,单闭室薄壁结构的横截面由一个半圆部分和一个正方形部分组成。半圆部分的半径为 r,正方形的边长为 $2r$,具有均匀厚度 t。剪力 S_y 作用在圆心的位置,分析其剪流分布。

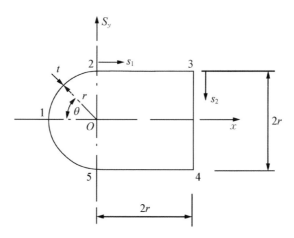

图 4.33　单闭室薄壁结构横截面

解:

(1) 建立坐标系,x 轴与其对称轴重合,y 轴经过半圆的圆心。由于截面对称,因此 $I_{xy}=0$。 截面只受 y 向的载荷,故只计算其对 x 轴的惯性矩

$$I_{xx}=\left(\frac{\pi tr^3}{2}\right)+2\times 2rt\times r^2+t\,\frac{(2r)^3}{12}=6.24tr^3 \qquad (4.99)$$

于是,剪流的表达式为

$$q_s = -\left(\frac{S_y}{I_{xx}}\right)\int_0^s ty\,\mathrm{d}s + q_{s,0} \tag{4.100}$$

（2）先计算开口截面剪流 q_b

$$q_\mathrm{b} = -\left(\frac{S_y}{I_{xx}}\right)\int_0^s ty\,\mathrm{d}s \tag{4.101}$$

选取选 1 点将闭口截面变为开口截面，然后分段计算剪流。

对于 1 - 2 段的开口截面剪流 $q_\mathrm{b,12}$，采用极坐标进行积分，得到

$$q_\mathrm{b,12} = -\left(\frac{S_y}{I_{xx}}\right)\int_0^\theta tr\sin\theta\,r\,\mathrm{d}\theta$$

$$= 0.16\left(\frac{S_y}{r}\right)(\cos\theta - 1) \tag{4.102}$$

在 2 点，即 $\theta = \dfrac{\pi}{2}$ 时，得到

$$q_\mathrm{b,2} = -0.16\left(\frac{S_y}{r}\right)$$

对于 2 - 3 段的开口截面剪流 $q_\mathrm{b,23}$

$$q_\mathrm{b,23} = -\left(\frac{S_y}{I_{xx}}\right)\int_0^{s_1} tr\,\mathrm{d}s_1 - 0.16\left(\frac{S_y}{r}\right)$$

$$= -0.16\left(\frac{S_y}{r^2}\right)(s_1 + r) \tag{4.103}$$

在 3 点，即 $s_1 = 2r$ 时，得到 $q_\mathrm{b,3} = -0.48\left(\dfrac{S_y}{r}\right)$。

再继续积分，得到 3 - 4 段的开口截面剪流 $q_\mathrm{b,34}$

$$q_\mathrm{b,34} = -0.16\left(\frac{S_y}{tr^3}\right)\int_0^{s_2} t(r - s_2)\,\mathrm{d}s_2 - 0.48\left(\frac{S_y}{r}\right)$$

$$= -0.16\left(\frac{S_y}{r^3}\right)(rs_2 - 0.5s_2^2 + 3r^2) \tag{4.104}$$

根据对称性，4 - 5 段和 5 - 1 段的剪流分别与 2 - 3 段和 1 - 2 段相同，q_b 的分布如图 4.34 所示。

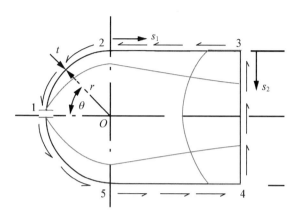

图 4.34　开口截面剪流的分布

（3）求常剪流 $q_{s,0}$。选取 O 点作为力矩中心，此时 S_y 通过 O 点，则其产生的力矩为 0，并且圆弧部分对 O 点的力矩更容易计算。根据剪力产生的力矩和外力矩等效，可得

$$\oint p q_b \, \mathrm{d}s + 2A q_{s,0} = 0 \tag{4.105}$$

其中，整个截面的面积 $A = 2\left[4r^2 + \left(\dfrac{\pi r^2}{2} \right) \right]$，将 q_b 和 A 代入式（4.104），并考虑剪流的对称性，进行积分

$$2\left(\int_0^{\pi/2} q_{b,12} r^2 \, \mathrm{d}\theta + \int_0^{2r} q_{b,23} r \, \mathrm{d}s_1 + \int_0^{r} q_{b,34} 2r \, \mathrm{d}s_2 \right) + 2\left[4r^2 + \left(\dfrac{\pi r^2}{2} \right) \right] q_{s,0} = 0$$

$$\tag{4.106}$$

最后求解得到

$$q_{s,0} = 0.32 S_y / r \tag{4.107}$$

将各段的 q_b 与 $q_{s,0}$ 叠加，得到上述各段剪流的表达式

$$\begin{cases} q_{12} = 0.16(S_y/r^3)(r^2 \cos\theta + r^2) \\ q_{23} = 0.16(S_y/r^3)(r^2 - rs_1) \\ q_{34} = 0.16(S_y/r^3)(0.5s_2^2 - rs_2 - r^2) \end{cases} \tag{4.108}$$

再根据对称性，绘出剪流分布图，如图 4.35 所示。

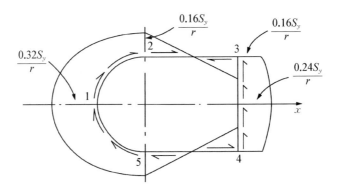

图 4.35　结构横截面的剪流分布

　　由图 4.35 可见,5 - 1 - 2 段剪流方向向上,最大值在中部;2 - 3 段先向右,逐渐减小变为 0,然后方向向左并逐渐增大,在代数值上是先正后负;3 - 4 段的剪流则向上,最大值也出现在中部。一般薄壁梁在受 y 向剪力时的剪流分布都与此类似,靠近 x 轴处剪流值最大,而上、下表面的剪流值较小。

　　以上的薄壁梁受剪问题是在飞行器结构分析中的重要内容。通过这部分学习,可以深入了解受剪切薄壁梁的剪流分布特点,深入理解其承载原理。从而,对于一个具体结构可以很容易地估算其载荷,判断载荷传递路径,从而实施结构设计和评估。

4.7　受剪闭口截面梁的扭转和翘曲位移计算

　　梁的横截面在其平面内的运动包括平动和转动。这个转动就是扭转,而在垂直于其横截面所在平面的方向上也会产生运动,这个就是翘曲,也就是横截面上产生的轴向位移,在常用的坐标系下就是 z 向的位移 w。无论是开口截面还是闭口截面薄壁梁,受剪切时在其平面内的平动位移可根据剪力所产生的弯矩计算,正如在 4.4.2 节中所述。对于闭口截面,当剪力不通过剪心时,就会对截面产生扭矩,扭矩一方面产生扭转运动,另一方面还会使薄壁梁产生垂直于横截面的翘曲位移。这一节来学习这两种位移的计算。

　　首先是扭转角 θ 的计算,引用图 4.19 中的右图,如图 4.36 所示,并利用相关的结果进行推导。

　　在计算得到薄壁梁的剪流后,薄壁上的剪应变可以用剪流表示出来

$$\gamma = \frac{\tau}{G} = \frac{q}{tG} \tag{4.109}$$

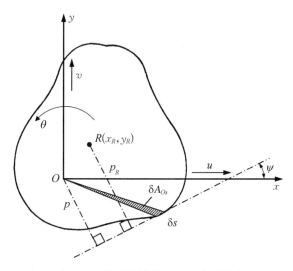

图 4.36　薄壁梁横截面的平动和转动

在 sz 平面内(见图 4.18)的剪应变由式(4.55)给出,即

$$\gamma = \frac{\partial w}{\partial s} + \frac{\partial v_{\mathrm{t}}}{\partial z}$$

其中,w 为 z 向的翘曲位移,v_{t} 为横截面上一点切向的位移。根据剪应变和剪流的关系,得到

$$q_s = Gt\left(\frac{\partial w}{\partial s} + \frac{\partial v_{\mathrm{t}}}{\partial z}\right) \tag{4.110}$$

将式(4.61)代入式(4.110),并将方程两端同除以 Gt,得到

$$\frac{q_s}{Gt} = \frac{\partial w}{\partial s} + p\frac{\mathrm{d}\theta}{\mathrm{d}z} + \frac{\mathrm{d}u}{\mathrm{d}z}\cos\psi + \frac{\mathrm{d}v}{\mathrm{d}z}\sin\psi \tag{4.111}$$

然后,将式(4.111)两端中各项对 s 积分

$$\int_0^s \frac{q_s}{Gt}\mathrm{d}s = \int_0^s \frac{\partial w}{\partial s}\mathrm{d}s + \frac{\mathrm{d}\theta}{\mathrm{d}z}\int_0^s p\,\mathrm{d}s + \frac{\mathrm{d}u}{\mathrm{d}z}\int_0^s \cos\psi\,\mathrm{d}s + \frac{\mathrm{d}v}{\mathrm{d}z}\int_0^s \sin\psi\,\mathrm{d}s$$

$$= \int_0^s \frac{\partial w}{\partial s}\mathrm{d}s + \frac{\mathrm{d}\theta}{\mathrm{d}z}\int_0^s p\,\mathrm{d}s + \frac{\mathrm{d}u}{\mathrm{d}z}\int_0^s \mathrm{d}x + \frac{\mathrm{d}v}{\mathrm{d}z}\int_0^s \mathrm{d}y \tag{4.112}$$

进一步整理后,写为

$$\int_0^s \frac{q_s}{Gt} \mathrm{d}s = (w_s - w_0) + 2A_{Os} \frac{\mathrm{d}\theta}{\mathrm{d}z} + \frac{\mathrm{d}u}{\mathrm{d}z}(x_s - x_0) + \frac{\mathrm{d}v}{\mathrm{d}z}(y_s - y_0)$$

$$(4.113)$$

其中，A_{Os} 是 p 与 $\mathrm{d}s$ 的连线从积分起点到当前点扫过的面积。

如果上述积分式都是沿整个闭口截面积分，则 $w_s = w_0$，$x_s = x_0$，$y_s = y_0$，所以这三项都为 0，而 p 扫过的面积为整个截面的面积，记为 A，引入闭曲线积分 $\oint \dfrac{q_s}{Gt}$，于是得到

$$\oint \frac{q_s}{Gt} \mathrm{d}s = 2A \frac{\mathrm{d}\theta}{\mathrm{d}z}$$

$$\frac{\mathrm{d}\theta}{\mathrm{d}z} = \frac{1}{2A} \oint \frac{q_s}{Gt} \mathrm{d}s \qquad (4.114)$$

$\dfrac{\mathrm{d}\theta}{\mathrm{d}z}$ 是扭转角沿 z 向的变化率，这里称为"扭转率"（rate of twist）。

对于一个薄壁工程梁，当其只有端部受载时，端部和支持端之间各个截面的剪流 q_s 都是一样的，而厚度 t 和材料剪切模量 G 都是常数，因此方程（4.114）右端经过积分后是个确定的值，即各个截面的扭转率是相同的。

下面来看 w_s 的表达式，根据式（4.113），将 $w_s - w_0$ 表示成如下形式

$$w_s - w_0 = \int_0^s \frac{q_s}{Gt} \mathrm{d}s - 2A_{Os} \frac{\mathrm{d}\theta}{\mathrm{d}z} - \frac{\mathrm{d}u}{\mathrm{d}z}(x_s - x_0) - \frac{\mathrm{d}v}{\mathrm{d}z}(y_s - y_0)$$

$$(4.115)$$

将式（4.62）和式（4.114）代入式（4.115），得到

$$w_s - w_0 = \int_0^s \frac{q_s}{Gt} \mathrm{d}s - \frac{A_{Os}}{A} \oint \frac{q_s}{Gt} \mathrm{d}s - y_R \frac{\mathrm{d}\theta}{\mathrm{d}z}(x_s - x_0) + x_R \frac{\mathrm{d}\theta}{\mathrm{d}z}(y_s - y_0)$$

$$(4.116)$$

后两项的值与 x_0 和 y_0 有关，代表了 s 点和原点相对位置对翘曲位移的影响。而当原点在扭心上时，x_R 和 y_R 等于 0，方程（4.116）简化为

$$w_s - w_0 = \int_0^s \frac{q_s}{Gt} \mathrm{d}s - \frac{A_{Os}}{A} \oint \frac{q_s}{Gt} \mathrm{d}s \qquad (4.117)$$

在式(4.117)中,右端第一项和第二项中的 A_{Os} 与坐标 s 的位置有关,选取不同的原点将得到不同的值。w_s 为翘曲位移的分布,相当于在式(4.117)右侧的表达式中叠加了 s 原点处的翘曲位移 w_0。而 w_0 为待求量,对于具有单对称轴或者双对称轴的截面,截面和对称轴交点处的翘曲位移为 0,因此原点可选在这类位置。

而对于非对称截面,通常难以选择翘曲位移为 0 的点作为原点,w_0 需要单独地计算出来。可先令式(4.117)中的 w_0 为 0,得到 w_s 的表达式,此时 w_s 的分布形式与真实情况是一样的,只是在真实的变形基础上偏移了 w_0。通过分析受扭闭口截面受轴向约束时的平衡关系,可以得出这个偏移值。当薄壁梁一端受轴向约束时,自由端的翘曲为 $w = w_s - w_0$,这个位移会产生应变,导致内部产生轴向正应力,可假设正应力与翘曲位移成正比,即

$$\sigma = 常数 \times w$$

在无轴向载荷的情况下,轴向应力的合力为零,因此有

$$轴向合力 = \oint \sigma t \, ds = 0$$

即

$$\oint wt \, ds = \oint (w_s - w_0) t \, ds = 0 \tag{4.118}$$

从而得到

$$w_0 = \frac{\oint w_s t \, ds}{\oint t \, ds} \tag{4.119}$$

然后用假定 $w_0 = 0$ 情况下得到的 w_s 减去偏移量 w_0,即可得到截面真实的翘曲分布。

4.8　薄壁梁剪心的确定

剪心位置是一个截面的固有几何特性参数,当剪切载荷通过截面剪心时,不会产生截面的扭转,根据互易原理,剪心也是截面发生扭转时的扭心。在前文的阐述中可以看出剪心的意义:用开口截面薄壁梁承受剪力时,剪力应该作用于剪心(见图4.14);对于闭口截面薄壁梁,任意一个剪力对截面的作用,可以等效

为作用在剪心上的力和扭矩的作用(见图 4.32),在应力计算上,也可用两种情况分别得到的应力进行迭加,获得总应力。本节就介绍各种截面上的剪心特点及其计算方法。

对于一些特例,可直接判断出剪心的位置:

(1) 横截面若具有对称轴,则剪心也必定位于该轴上。

(2) 对于由几个直边相交于一点而组成的截面(见图 4.37),例如"L"字形截面,如果每个边上剪流的合力都是沿着这个边的,那么两个合力相交于边的交点上;如果合力关于这个点的力矩为 0,那么这个点就是剪心。同样,对于"十"字形和"T"字形截面,其剪心都在各边的交叉点上。

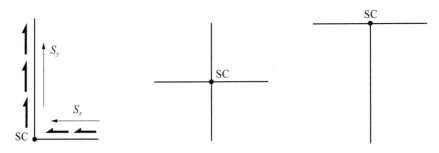

图 4.37　由相交于一点直边所组成的开口截面的剪心位置

对于一般情况,需要用剪流与外载荷的等效关系计算出剪心位置。如图 4.38 所示,在一个受剪切的薄壁梁中取出一个截面单元,分析受载情况。该截面一侧受到剪力 S 作用,另一侧受基础的支持剪流作用,剪力产生截面的剪流。因为在本书中约定,截面的剪流与外载荷(剪力)是等效系统(截面剪流的合力就是剪力),所以该剪流与支持剪流大小相等、方向相反。也就是说,可以将截

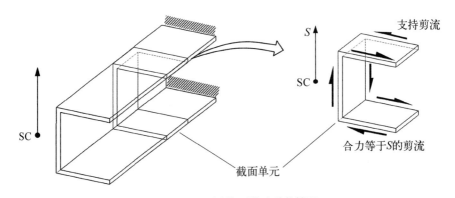

图 4.38　开口梁截面单元受载情况

面看作是在这两个剪流作用下保持平衡,也可以看作在剪力和支持剪流作用下
保持平衡状态。由于截面不扭转,所以截面上的总力矩为 0。由于所计算的剪
流和支持剪流方向相反,所以其产生的力矩和剪力产生的力矩大小相等,方向相
同(即,截面剪流合力的就是外加剪力的观点)。这样,可以用计算的剪流替代支
持剪流计算力矩,该力矩和剪力力矩是相等的关系,从而建立平衡方程,得到剪
心的位置。

例题 4 - 7

计算例题 4 - 3 中的槽型截面梁(见图 4.22)的剪心。

解:该截面关于 x 轴对称,剪心在 x 轴上,只要求其在 x 轴上截面的位置
即可,这里用 ξ_s 表示剪心与腹板的距离,求出 ξ_s 即得到剪心的位置。

选取 2 - 3 边的中点 O 为力矩中心,2 - 3 边对 O 点的力矩为 0,只求 1 - 2 边
和 3 - 4 边的力矩,这两条边上的剪流是对称的,因此只要求得一个边对 O 点产
生的力矩即可。已经得到 1 - 2 边的剪流表达式

$$q_{12} = \frac{6S_y}{h^2(1+6b/h)}s_1 \tag{4.120}$$

1 - 2 边和 3 - 4 边的力矩是顺时针方向的,和 S_y 产生的顺时针力矩 $S_y\xi_s$ 大
小是相等的,所以有

$$2\int_0^b \frac{6S_y}{h^2(1+6b/h)}\ \frac{h}{2}s_1\mathrm{d}s_1 = S_y\xi_s \tag{4.121}$$

解得

$$\xi_s = \frac{3b^2}{h(1+6b/h)} \tag{4.122}$$

这样就确定了剪心的位置。这里 ξ_s 是正值,表明剪心在截面的左侧。

例题 4 - 8

计算例题 4 - 4 中圆形开口截面梁的剪心(见图 4.25)。

解:已知截面的剪流 q_θ

$$q_\theta = S_y(\cos\theta - 1)/\pi r \tag{4.123}$$

以圆心为力矩中心,建立力矩平衡方程,剪力的力矩为 $S_y\xi_s$,方向为顺时
针,而描述剪流的坐标系中,θ 以逆时针方向为正,所以有

$$S_y \xi_s = -\int_0^{2\pi r} q_\theta r \,\mathrm{d}s = -\int_0^{2\pi} q_\theta r^2 \,\mathrm{d}\theta = -(S_y r/\pi)\int_0^{2\pi}(2\cos\theta-1)\mathrm{d}\theta \tag{4.124}$$

从而得出

$$\xi_s = -(r/\pi)(\sin\theta-\theta)\Big|_0^{2\pi} = 2r \tag{4.125}$$

可见 ξ_s 为正，剪心仍然在截面的外侧。

以上两个例子中的槽型截面和圆形截面都为对称截面，已经知道剪心在某个轴上，只需求剪心在该轴上的位置即可。而如果是非对称截面，则需要分别施加两个方向的载荷才能计算得到剪心的位置。

对于闭口截面，也可以用外力矩和剪流力矩等效来计算剪心位置，需要先在假设的剪心位置施加剪力，求解闭口截面剪流，然后以某点为力矩中心建立平衡方程。求解闭口截面剪流的过程较为复杂，需要求解常剪流 $q_{s,0}$，为了避免这一点，采用一种简便的计算 $q_{s,0}$ 的方法。假设剪切载荷作用于剪心，此时扭转角为 0，扭转率也为 0，于是有

$$\frac{\mathrm{d}\theta}{\mathrm{d}z} = \frac{1}{2A}\oint \frac{q_s}{Gt}\mathrm{d}s = 0 \tag{4.126}$$

即

$$\oint \frac{q_s}{Gt}\mathrm{d}s = 0 \tag{4.127}$$

将 $q_s = q_b + q_{s,0}$ 代入式(4.127)，得

$$\oint \frac{1}{Gt}(q_b+q_{s,0})\mathrm{d}s = 0$$

$q_{s,0}$ 为常数，整理后就得到 $q_{s,0}$ 的表达式

$$q_{s,0} = -\frac{\oint (q_b/Gt)\mathrm{d}s}{\oint \mathrm{d}s/Gt} \tag{4.128}$$

得到剪流 q_s 后，再以某点为力矩中心建立平衡方程。如果截面非对称，则需要分别施加 S_x 和 S_y（见图 4.39），通过两个平衡方程确定力矩中心距剪心的

距离 η_s 和 ξ_s，即

$$S_x \eta_s = \oint p q_s \mathrm{d}s \qquad (4.129\mathrm{a})$$

$$S_y \xi_s = \oint p q_s \mathrm{d}s \qquad (4.129\mathrm{b})$$

式中，p 为力矩中心到 $\mathrm{d}s$ 切线的距离。

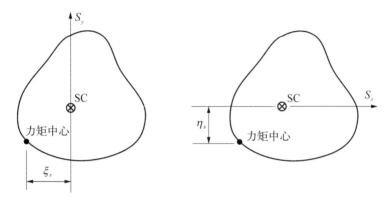

图 4.39　闭口截面剪心的求解

（a）求 ξ_s 的模型；（b）求 η_s 的模型

例题 4 - 9

如图 4.40 所示，闭口薄壁梁截面关于 x 轴对称，截面的每一段都是平面，材料相同，并且厚度一致。计算其剪心到 4 点的距离。

解：剪心在 x 轴上，所以只需要施加 y 向载荷 S_y 即可求其位置，为了便于计算，假定 S_y 作用于剪心位置。

剪流的表达式为

$$q_s = -\frac{S_y}{I_{xx}} \int_0^s t y \mathrm{d}s + q_{s,0} \qquad (4.130)$$

其中，

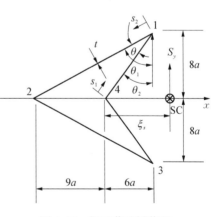

图 4.40　闭口薄壁梁截面

$$I_{xx} = 2\left[\int_0^{10a} t\left(\frac{8}{10}s_1\right)^2 \mathrm{d}s_1 + \int_0^{17a} t\left(\frac{8}{17}s_2\right)^2 \mathrm{d}s_2\right] = 1\,152a^3 t \qquad (4.131)$$

在 4 点将截面切开,求开口情况下的剪流。在 4 - 1 段

$$q_{b,41} = -\frac{S_y}{1\,152a^3t}\int_0^{s_1} t\left(\frac{8}{10}s_1\right)\mathrm{d}s_1 = -\frac{S_y}{1\,152a^3}\left(\frac{2}{5}s_1^2\right) \tag{4.132}$$

在 1 - 2 段

$$q_{b,12} = -\frac{S_y}{1\,152a^3t}\left[\int_0^{s_2}(17a-s_2)\frac{8}{17}\mathrm{d}s_2 + 40a^2\right]$$

$$= -\frac{S_y}{1\,152a^3}\left(-\frac{4}{17}s_2^2 + 8as_2 + 40a^2\right) \tag{4.133}$$

由于对称性,2 - 3 段和 3 - 4 段的剪流也自然得到。

根据式(4.128),$q_{s,0}$ 表示为

$$q_{s,0} = \frac{2S_y}{54a\times 1\,152a^3}\left[\int_0^{10a}\frac{2}{5}s_1^2\mathrm{d}s_1 + \int_0^{17a}\left(-\frac{4}{17}s_2^2 + 8as_2 + 40a^2\right)\mathrm{d}s_2\right] \tag{4.134}$$

得到

$$q_{s,0} = \frac{S_y}{1\,152a^3}58.7a^2 \tag{4.135}$$

以 2 点为中心建立力矩平衡方程

$$S_y(\xi_s + 9a) = 2\int_0^{10a}q_{14}(17a)\sin\theta\mathrm{d}s_1 \tag{4.136}$$

即

$$S_y(\xi_s + 9a) = \frac{S_y(34a)\sin\theta}{1\,152a^3}\int_0^{10a}\left(-\frac{2}{5}s_1^2 + 58.7a^2\right)\mathrm{d}s_1 \tag{4.137}$$

其中,$\theta = \theta_1 - \theta_2 = \arctan\left(\frac{15}{8}\right) - \arctan\left(\frac{6}{8}\right) = 0.437\,3\ \mathrm{rad}$。

将 θ 代入式(4.137),解得

$$\xi_s = -3.33a$$

所得 ξ_s 为负值,表明实际剪心位置在截面内部。

除了采用上面的方法确定剪心,对于实际结构还可以通过静力加载的方法,

来确定剪心,其原理如下。对如图 4.41 所示的机翼横截面,可以在其弦线上选取两个点: A 和 B。首先在 A 点施加竖直载荷 P,记录两点所在的 A_A 和 B_A 位置[见图 4.41(a)]。撤掉载荷 P,在 B 点施加同样大小的竖直载荷 P,两点的位置为 A_B 和 B_B[见图 4.41(b)]。在两种载荷情况下的弦线交点为 SC[见图 4.41(c)],是与施加载荷位置无关的点。这意味着,在 A 点或 B 点施加载荷 P 时,相当于在 SC 点施加一个 P 和一个对该点的扭矩。而我们知道,如果载荷施加在 SC 处,则其位移仍然与施加在其他点时相等,且扭矩的力臂为 0,即扭矩为 0,因此这个不对截面产生扭矩的剪力加载点就是剪心。

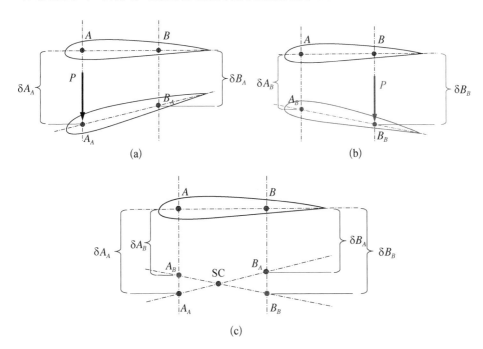

图 4.41　通过静力加载方法确定剪心的示意图
(a) A 点加载荷;(b) B 点加载荷;(c) 求 $A_A B_A$ 和 $A_B B_B$ 的交点

同样,对于数值模型,例如结构有限元模型,也可以通过计算的方式,模拟以上的加载过程,计算出剪心位置。

4.9　闭口截面梁扭转剪流的计算

在本章的第 2 节到第 8 节中,分别介绍了薄壁梁在弯曲和剪切载荷下的分析方法,本节我们来学习薄壁梁在扭转载荷下的分析。在飞机的飞行过程中,机翼和机身会受到扭矩的作用。对于机翼,扭矩由沿弦向分布的剪力和外挂物的集中力所产生。对于机身扭矩,通常是由垂尾上的侧向力产生的。机翼、机身结果通常都是闭口截面薄壁梁。对于开口截面梁,前文提到过,其承担扭矩的能力很差,其承载原理与闭口截面薄壁梁不同,将在 4.11 节中进行专门的阐述。

如图 4.42 所示,当一个闭口截面薄壁梁只受扭矩 T 作用时,在没有轴向约束的情况下,其中不会产生 z 向的正应力 σ_z,这与实心截面梁受扭的情况是一样的;不考虑内压力,则 $\sigma_s = 0$,所以根据剪流和正应力的平衡方程

$$\frac{\partial q}{\partial s} + t\,\frac{\partial \sigma_z}{\partial z} = 0$$

可知 $\dfrac{\partial q}{\partial s} = 0$ 和 $\dfrac{\partial q}{\partial z} = 0$,也就是说,剪流沿截面弧线和轴向都不变化。不过要注意,尽管在一个截面上 q 为常数,但厚度 t 是可以随 s 变化的,所以,剪应力 $\tau = q/t$ 在各个位置处可能是不同的。

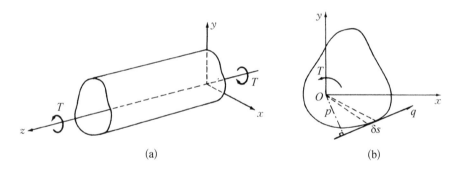

图 4.42 闭口截面梁的扭转

(a) 受载示意图;(b) 截面的剪流和力矩

根据图 4.42(b)利用载荷等效的关系来推导剪流的公式,即剪流的合力矩就是扭矩 T

$$T = \oint pq\,\mathrm{d}s \tag{4.138}$$

右端积分符号中 q 为常数,而 $\oint p\,\mathrm{d}s$ 沿整个截面圆周积分后等于该截面面积的 2 倍,所以

$$q = \frac{T}{2A} \tag{4.139}$$

式(4.139)被称为"布雷特-巴索"(Bredt - Batho)公式。这里需要注意,图 4.42(b)中的坐标原点未必在截面范围内。如果坐标原点在截面范围之外,直接用式(4.138)计算时,$\mathrm{d}s$ 和坐标原点之间连线扫过的面积就大于横截面的面积,因而所得结果将与式(4.139)所示不符。因此,要约定一下 p 的符号,在图 4.43 (a)中,当 $\mathrm{d}s$ 在 A 处时,随着 s 的增加,OA 顺时针旋转,定义此时的 p 为负,用 p_A 表示;当经过某个相切点 C 后,$\mathrm{d}s$ 到达 B 位置,随着 s 的增加,OB 旋转的方向为逆时针,定义此时 p 为正,用 p_B 表示;继续旋转,再次经过下一个相切点 D 后,p 又为负。于是,在顺时针旋转过程中积分面积都在截面外,而且为负[见图 4.43(b)];在逆时针旋转过程中积分的面积为正,等于整个截面面积加截面外的面积,所以两部分相加还是等于一个完整截面的面积。当截面周线上有 2 对以上与母线相切的点时,仍可得到同样的结果。所以,约定 p 的符号保证了积分结果不受原点选取的影响,式(4.139)始终是成立的。

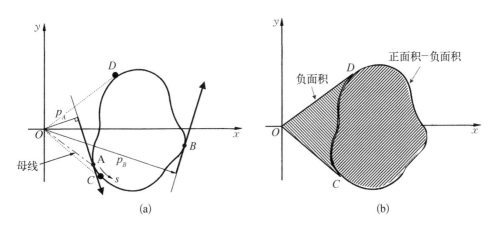

图 4.43　扫掠面积的符号规定

(a) 不同位置的母线旋转方向;(b) 扫掠面积的符号

4.10　闭口截面梁扭转和翘曲位移的计算

本节内容建立在 4.7 节的理论基础上。根据剪流与剪应力的关系,可以得到剪流与翘曲位移和薄壁切向位移之间的关系,即式(4.110)。由于闭口截面受扭时剪流为常数,因此将式(4.110)中左端 q_s 的下标 s 省去,于是式(4.110)可写为

$$q = Gt\left(\frac{\partial w}{\partial s} + \frac{\partial v_\mathrm{t}}{\partial z}\right) \tag{4.110b}$$

将式(4.110b)两端对 z 求偏导数,得到

$$\frac{\partial q}{\partial z} = Gt\left(\frac{\partial^2 w}{\partial z \partial s} + \frac{\partial^2 v_t}{\partial z^2}\right) \tag{4.140}$$

由于在扭转问题中,q 沿 z 向不变化,因此式(4.140)等于 0,所以

$$\frac{\partial}{\partial s}\left(\frac{\partial w}{\partial z}\right) + \frac{\partial^2 v_t}{\partial z^2} = 0 \tag{4.141}$$

由于没有轴向载荷,轴向应力为 0,所以第一项中的 $\frac{\partial w}{\partial z}$ 为 0,得到

$$\frac{\partial^2 v_t}{\partial z^2} = 0 \tag{4.142}$$

由式(4.56)可知 v_t 与平动位移 u、v 以及转角 θ 的关系

$$v_t = p\theta + u\cos\psi + v\sin\psi \tag{4.56}$$

将式(4.56)代入式(4.142),得到

$$\frac{\partial^2 v_t}{\partial z^2} = p\frac{\mathrm{d}^2\theta}{\mathrm{d}z^2} + \frac{\mathrm{d}^2 u}{\mathrm{d}z^2}\cos\psi + \frac{\mathrm{d}^2 v}{\mathrm{d}z^2}\sin\psi = 0 \tag{4.143}$$

式(4.143)适用于截面周线上的所有点(即所有 ψ 值均满足该式),因此必有

$$\frac{\mathrm{d}^2\theta}{\mathrm{d}z^2} = 0 \quad \frac{\mathrm{d}^2 u}{\mathrm{d}z^2} = 0 \quad \frac{\mathrm{d}^2 v}{\mathrm{d}z^2} = 0 \tag{4.144}$$

可以看出 u、v、θ 这几个变量都是关于 z 的线性函数。

在纯扭转状态下,u、v 都是由转动引起的,所以只要计算 θ 即可。式(4.114)给出了扭转率公式,即

$$\frac{\mathrm{d}\theta}{\mathrm{d}z} = \frac{1}{2A}\oint\frac{q}{Gt}\mathrm{d}s \tag{4.114}$$

将纯扭矩引起的剪流表达式 $q = \dfrac{T}{2A}$ 代入式(4.114),可以得到

$$\frac{\mathrm{d}\theta}{\mathrm{d}z} = \frac{T}{4A^2}\oint\frac{\mathrm{d}s}{Gt} \tag{4.145}$$

若求两个截面之间的相对转角,则用扭转率乘以两个截面之间的距离即可。

下面来看翘曲位移的计算,考虑截面坐标系的原点在扭心的情况,这时 s 相对原点的翘曲位移用式(4.117)计算,即

$$w_s - w_0 = \int_0^s \frac{q}{Gt} \mathrm{d}s - \frac{A_{Os}}{A} \oint \frac{q}{Gt} \mathrm{d}s \tag{4.117}$$

为了简化表达,令

$$\delta_{Os} = \int_0^s \frac{\mathrm{d}s}{Gt} \qquad \delta = \oint \frac{\mathrm{d}s}{Gt} \tag{4.146}$$

并将剪流用扭矩表示,从而得到

$$w_s - w_0 = \frac{T}{2A} \left(\delta_{Os} - \frac{A_{Os}}{A} \delta \right) = \frac{T\delta}{2A} \left(\frac{\delta_{Os}}{\delta} - \frac{A_{Os}}{A} \right) \tag{4.147}$$

对于一个给定的截面,δ 和 A 为常数,而 δ_{Os} 和 A_{Os} 随着坐标 s 变化。考虑到坐标原点可能在截面之外(见图 4.43),所以仍然要规定 δ_{Os} 和 A_{Os} 的符号。当 $\mathrm{d}s$ 在 CBD 之间时,随着 s 的增加,原点与 $\mathrm{d}s$ 连线逆时针方向旋转时,积分 δ_{Os} 和 A_{Os} 为正;反之在 DAC 之间时,母线顺时针方向旋转,δ_{Os} 和 A_{Os} 为负。

例题 4 - 10

一个矩形的闭口薄壁梁截面如图 4.44 所示,其截面具有双对称性,各条边的材料剪切模量 G 相同。受到逆时针方向的扭矩,求其翘曲位移的分布。

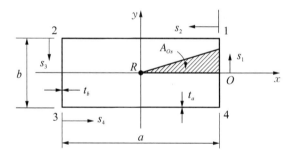

图 4.44　矩形截面梁

解: 选取 1-4 边与 x 轴的交点 O 作为 s 坐标的原点,由于截面关于坐标轴对称,而整个截面不受 z 向的载荷,所以截面在 z 向的平均位移为 0。于是,对称轴上的翘曲位移为 0,所以 O 点的翘曲位移为 0,所以由式(4.147)可得

$$w_s = \frac{T\delta}{2A} \left(\frac{\delta_{Os}}{\delta} - \frac{A_{Os}}{A} \right) \tag{4.148}$$

式中

$$\delta = \oint \frac{\mathrm{d}s}{Gt} = \frac{2}{G}\left(\frac{b}{t_b} + \frac{a}{t_a}\right)$$

$$A = ab$$

先计算从 O 到 1 点的翘曲位移，令这一段的坐标为 s_1，则

$$\delta_{Os} = \int_0^s \frac{\mathrm{d}s_1}{Gt_b} = \frac{s_1}{Gt_b} \tag{4.149}$$

$$A_{Os} = \frac{as_1}{4}$$

由 δ_{Os} 和 A_{Os} 的表达式可见，翘曲位移是 s_1 的线性函数，将其代入 w_s 的表达式，再令 s_1 为 $b/2$，我们得到了 1 点的翘曲位移

$$w_1 = \frac{T}{2ab}\frac{2}{G}\left(\frac{b}{t_b} + \frac{a}{t_a}\right)\left[\frac{b/2t_b}{2(b/t_b + a/t_a)} - \frac{ab/8}{ab}\right]$$

$$= \frac{T}{8abG}\left(\frac{b}{t_b} - \frac{a}{t_a}\right) \tag{4.150}$$

按此方法可以依次求得其他几个角点的翘曲位移。由于截面的对称性，可以直接得出各关键点的翘曲位移，各边中点的翘曲位移为 0，每边上的翘曲位移又是线性变化的，所以每边两个角点的翘曲位移大小相等，方向相反，即 $w_2 = -w_1 = -w_3 = w_4$。翘曲位移的示意图如图 4.45 所示。

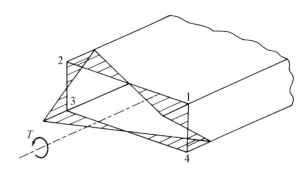

图 4.45　矩形截面梁的翘曲位移分布示意图

下面讨论一下例题 4-10 中 1 点翘曲位移的方向。当扭矩 T 为正时，w_1 的符号取决于括号内的参数：当 $b/t_b > a/t_a$ 时，w_1 为正，反之为负。

而当 $b/t_b = a/t_a$ 时,截面上的各点不发生翘曲,这就是各边材料相同的矩形截面翘曲为 0 的条件。下面讨论在一般条件下翘曲位移为 0 的条件,由式(4.147),当翘曲位移为零时,得

$$\frac{\delta_{Os}}{\delta} = \frac{A_{Os}}{A} \tag{4.151}$$

将 δ 和 δ_{Os} 用式(4.146)代换,得到

$$\frac{1}{\delta}\int_0^s \frac{\mathrm{d}s}{Gt} = \frac{1}{2A}\int_0^s p_R \mathrm{d}s \tag{4.152}$$

将式(4.152)两边对 s 求微分,得到

$$\frac{1}{\delta Gt} = \frac{p_R}{2A} \tag{4.153a}$$

再整理得到

$$p_R Gt = \frac{2A}{\delta} \tag{4.153b}$$

式(4.153b)右端的两个参数只与截面的几何特性参数有关,所以为常数,这就是闭口截面梁没有翘曲位移的条件,满足这个条件的梁称为"纽伯梁"(Neuber beam)。如果材料性质各处相同,则该条件变为

$$p_R t = 常数$$

对于等厚度的矩形截面、圆形截面和三角形截面都满足这个条件。在三角形截面中,扭转中心和内切圆中心重合,p_R 等于内切圆的半径。

再来分析 s 的原点处翘曲位移不为 0 的情况,如图 4.46 所示。

仍以矩形截面为例,按 4.7 节中的方法,只不过选 1 点为 s 的原点,先假定 1 点的位移为 0,在 1-2 段的坐标为 s_1,按上述方法计算 w_s,其位移表达式为

$$w'_{12} = \frac{T\delta}{2ab}\left(\frac{s_1}{\delta t_a} - \frac{s_1}{4a}\right)$$

$$\tag{4.154}$$

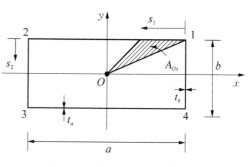

图 4.46 s 原点在角点 1 的情况

2-3 段坐标为 s_2，位移表达式为

$$w'_{23}=\frac{T\delta}{2ab}\left[\frac{1}{\delta}\left(\frac{a}{t_a}+\frac{s_2}{t_b}\right)-\frac{1}{4b}(b+s_2)\right] \tag{4.155}$$

可见在 3 点，当 $s_2=b$ 时，w'_3 为 0。3-4 段和 4-1 段的位移与上述两段的相同，得到翘曲位移的分布图，如图 4.47 所示。

按式（4.119）计算 w_0

$$w_0=\frac{2}{2(at_a+bt_b)}\left(\int_0^a w'_{12}t_a\,\mathrm{d}s_1+\int_0^b w'_{23}t_b\,\mathrm{d}s_2\right) \tag{4.156}$$

将式（4.154）和式（4.155）代入式（4.156），得到

$$w_0=-\frac{T}{8abG}\left(\frac{b}{t_b}-\frac{a}{t_a}\right) \tag{4.157}$$

可见，w_0 在幅值上等于上一种解法中的 1 点的翘曲位移 w_1，但代数值的符号为负，用图 4.47 所示的翘曲位移减去 w_0，即得实际的翘曲位移分布，与上一种解法是相同的。

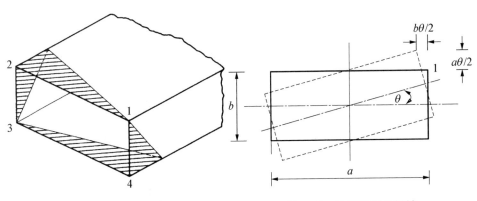

图 4.47　以角点 1 为 s 的原点　　　　　图 4.48　矩形截面的扭转
　　　　　计算的翘曲位移分布

下面从另外的角度来计算翘曲位移，这对理解翘曲的行为是很有意义的。用例题 4-10 来说明。假设这个梁的长度为 L，两个端面的相对转角为 2θ，则在参考坐标系下，每个端面的转角为 θ（见图 4.48）。在 θ 为小角度时，端面上 1 点的竖向和水平位移分别为 $a\theta/2$ 和 $b\theta/2$，同时考虑 1-4 边所在的腹板和 1-2 边所在的盖板的变形，如图 4.49 所示。

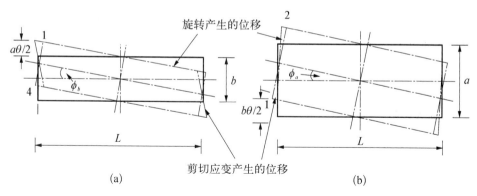

图 4.49　由于扭转和剪切应变产生的腹板与盖板位移

(a) 腹板；(b) 盖板

腹板和盖板的转角分别为

$$\phi_b = (a\theta/2)/(L/2) = a\theta/L \qquad (4.158\text{a})$$

$$\phi_a = (b\theta/2)/(L/2) = b\theta/L \qquad (4.158\text{b})$$

则 1 点在腹板和盖板上的位移分别为 $\dfrac{b}{2}\dfrac{a\theta}{L}$ 和 $\dfrac{a}{2}\dfrac{b\theta}{L}$。

其中，腹板的位移是负向的，而盖板的位移正向的。

除了由于扭转产生的翘曲位移外，整个薄壁的剪切应变也会产生位移。腹板和盖板的剪流相同，但厚度不同，所以剪应变不同，分别记为 γ_b 和 γ_a

$$\gamma_b = \frac{T}{2abGt_b} \quad \gamma_a = \frac{T}{2abGt_a} \qquad (4.159)$$

γ_b 使腹板上的 1 点产生 z 轴正向的位移 $\gamma_b b/2$；而 γ_a 使盖板上的 1 点产生 z 轴负向的位移 $\gamma_a a/2$。

由于腹板和盖板上 1 点总的轴向位移是相同的，所以

$$-\frac{b}{2}\frac{a\theta}{L} + \frac{\gamma_b b}{2} = \frac{a}{2}\frac{b\theta}{L} - \frac{\gamma_a a}{2} \qquad (4.160)$$

由此得出

$$\theta = \frac{L}{2ab}(\gamma_a a + \gamma_b b) = \frac{TL}{4a^2 b^2 G}\left(\frac{a}{t_a} + \frac{b}{t_b}\right) \qquad (4.161)$$

将式(4.161)代入式(4.160)的任一侧,都可得出 1 点的翘曲 w_1,例如代入式(4.160)右侧可得到

$$w_1 = \frac{a}{2} \frac{b}{L} \frac{TL}{4a^2b^2G} \left(\frac{a}{t_a} + \frac{b}{t_b}\right) - \frac{T}{2abGt_a} \frac{a}{2} = \frac{T}{8abG} \left(\frac{b}{t_b} - \frac{a}{t_a}\right)$$

(4.162)

这个结果和例题 4 - 10 所得的是一样的。

由这个例题的分析过程可见,横截面的翘曲是梁轴向扭转与剪切应变产生的两种位移的叠加。剪切应变是由静力分析所得的剪切应力决定的,在同一个角点上,腹板和盖板剪切应变导致的位移方向是相反的,而扭转角产生的刚体位移保证了这两个相反位移的相容性。

由这个例子还可以看出,梁受扭转时两端都会发生翘曲位移。而在实际中的薄壁梁很多都是悬臂梁,即其根部会受到轴向约束,如机翼在根部受到机身的约束,这样在靠近根部的区域,翘曲位移就会受到限制,因而会产生额外的轴向应力,使结构受载变得严重,这种现象叫作"限制扭转"。限制扭转的分析,不在本书的范围内,有兴趣的读者可参考相关资料。

4.11 开口截面梁的扭转

前面提到过,开口截面的薄壁工程梁承担扭转载荷的能力非常差,本节阐述其在扭转载荷下的受力特点,这会使我们明白在工程中为什么不使用开口截面梁来承担扭矩,以及对薄壁梁上的开口进行补强的重要性。

本节所用方法不属于薄壁工程梁理论,剪切应力在厚度方向不变化的条件不再适用,而是要基于实心截面梁受扭的理论来进行分析,相关理论在参考资料中可以查到,这里只给出必要的推导结果。实心截面梁受扭时的应力、应变与扭矩的关系可以通过普朗特应力函数(Prandtl stress function)得到,横截面的翘曲位移可以通过圣维南翘曲方程(St. Venant warping function)得到,具有均匀厚度的开口截面薄壁梁横截面可以视作一个矩形的窄条,基于薄膜比拟(membrane analogy)原理,可以导出其在受扭转载荷情况下的应力。

首先阐述在一般矩形截面梁受扭情况下的应力,如图 4.50 所示,建立坐标系,以矩形截面的中心为原点,以对称轴为 x 轴和 y 轴,以梁轴线为 z 轴。在绕 z 轴的扭矩作用下,矩形截面的翘曲位移形态如图 4.50 中虚线所示。与矩形截面薄壁梁类似,各个角点的位移大小相等,对称轴与截面交点处的位移为 0,在

xy 平面上，翘曲位移 w 的表达式为

$$w = xy \frac{\mathrm{d}\theta}{\mathrm{d}z} \tag{4.163}$$

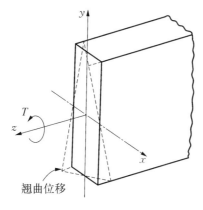

图 4.50　一般矩形截面梁

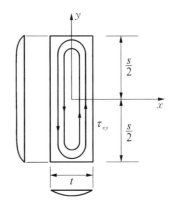
图 4.51　窄矩形截面

　　梁的两端不受约束，故不受其他拉压载荷，所以 $\sigma_x = \sigma_y = \sigma_z = 0$。每个截面只产生刚体平动和转动，但其面内形状（截面投影形状）不变，所以 $\tau_{xy} = 0$。由此看出，梁中不为 0 的应力只有 τ_{zy} 和 τ_{zx}。

　　而当这个矩形截面宽度变得很小，高度很大时，就成为如图 4.51 所示的窄条，t 是厚度，s 是高度。这可以看作是一个开口截面薄壁的特例，在前面关于开口截面梁受剪切的学习中，第一个例子（例题 4-2）就是这种窄的矩形截面梁。

　　这种截面的普朗特应力函数是基于"薄膜比拟"方法得出的，τ_{zx} 产生的作用很小，在推导过程中可将其忽略，只考虑剪切应力 τ_{zy}，其表达式为

$$\tau_{zy} = 2Gx \frac{\mathrm{d}\theta}{\mathrm{d}z} \tag{4.164}$$

当 $x = \pm \dfrac{t}{2}$ 时

$$\tau_{zy,\,\mathrm{max}} = \pm Gt \frac{\mathrm{d}\theta}{\mathrm{d}z} \tag{4.165}$$

两个表面的剪切应力的方向不一样，x 为正时向上，x 为负时向下。当 $x = 0$ 时，即在中面处，$\tau_{zy} = 0$。

　　矩形截面扭转角的变化率为

$$\frac{\mathrm{d}\theta}{\mathrm{d}z} = \frac{T}{GJ} \qquad (4.166)$$

其中，J 为截面的扭转常数，对于圆形、椭圆形截面，都有对应的解析表达式。对于矩形截面通常通过实验测得，而对于这种很窄的矩形截面，根据应力与扭矩的平衡关系可得

$$J = \frac{st^3}{3} \qquad (4.167)$$

可见，J 与厚度 t 的三次方成正比关系。因此可知，当 t 很小时，扭转常数很小。将 J 代入剪应力的表达式中，得到

$$\tau_{zy} = 2x\,\frac{3T}{st^3} \qquad \tau_{zy,\,\max} = \frac{3T}{st^2} \qquad (4.168)$$

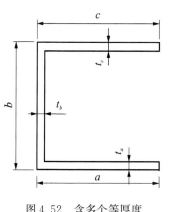

图 4.52　含多个等厚度
边的截面

可见，如果 t 很小，则剪切应力很大。这就是开口截面薄壁梁承扭能力很差的原因。当一个截面由多段等厚度窄条组成时，如图 4.52 所示，其扭转常数为各段扭转常数的和

$$J = \frac{at_a^3 + bt_b^3 + ct_c^3}{3} \qquad (4.169)$$

扭转常数与各个窄条的方向并无关系。如果厚度是随着 s 变化的，则扭转常数用积分的方式计算得出

$$J = \frac{1}{3}\int_{\text{截面}} t^3 \mathrm{d}s \qquad (4.170)$$

下面讨论一般开口截面薄壁梁在受扭时的翘曲位移，其薄壁的中线未必与 y 轴重合，x 轴也未必垂直于薄壁的壁面，为了方便描述力学参数，重新定义坐标系，如图 4.53 所示。

用 s 替代 y，用 n 替代 x 来表示剪应力，因此应力条件变为

$$\tau_{zs} = 2Gn\,\frac{\mathrm{d}\theta}{\mathrm{d}z} \qquad \tau_{zn} = 0 \qquad (4.171)$$

由式(4.166)得

$$\tau_{zs} = \frac{2nT}{J} \quad \tau_{zs,\,\mathrm{max}} = \pm \frac{tT}{J} \tag{4.172}$$

这种梁的 z 向翘曲位移有两类,其中一类沿厚度方向上有变化,与图 4.50 所示的相同,用 n 和 s 坐标表示为

$$w_{\mathrm{t}} = ns \frac{\mathrm{d}\theta}{\mathrm{d}z} \tag{4.173}$$

当截面边长较大时,这种形式的翘曲并不明显,因此称作"次翘曲",它远小于下面将要讲述的主翘曲。

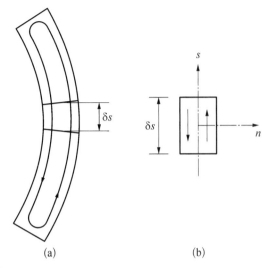

图 4.53　承受扭矩的开口截面梁的剪应力线
(a) 总体分布;(b) 局部近似值

开口截面的主翘曲与闭口截面的翘曲类似,都是由剪应变 γ_{zs} 引起的,根据式(4.55), γ_{zs} 表示为

$$\gamma_{zs} = \frac{\partial w}{\partial s} + \frac{\partial v_{\mathrm{t}}}{\partial z} \tag{4.174}$$

其中, $v_{\mathrm{t}} = p_R \theta$ (见图 4.54)。

$$\gamma_{zs} = \frac{\partial w}{\partial s} + p_R \frac{\mathrm{d}\theta}{\mathrm{d}z} \tag{4.175}$$

对应的剪应力为

$$\tau_{zs} = G \left(\frac{\partial w}{\partial s} + p_R \frac{\mathrm{d}\theta}{\mathrm{d}z} \right) \tag{4.176}$$

由薄壁中面上的剪应力为 0 的条件得

$$\frac{\partial w}{\partial s} = -p_R \frac{\mathrm{d}\theta}{\mathrm{d}z} \tag{4.177}$$

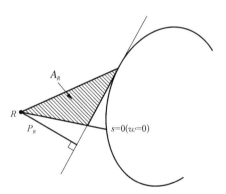

图 4.54　开口截面扭转翘曲的计算

取翘曲位移为 0 的位置作为 s 的原点,对式(4.177)两端积分,得到

$$w_s = -\frac{\mathrm{d}\theta}{\mathrm{d}z} \int_0^s p_R \,\mathrm{d}s = -2A_R \frac{\mathrm{d}\theta}{\mathrm{d}z} = -2A_R \frac{T}{GJ} \tag{4.178}$$

在积分中要注意 p_R 的符号,当 p_R 逆时针旋转时为正,反之为负。这样就得到了薄壁中线上的翘曲位移,这就是主翘曲位移,是开口截面薄壁梁受扭的主要位移。

例题 4-11

如图 4.55 所示,一个槽形截面梁的上、下缘条对称,壁厚为 1.5 mm,腹板厚为 2.5 mm,受到 10 N·m 的扭矩,剪切模量 $G=25\,000\ \text{N/mm}^2$。求其扭转应力和主翘曲位移。

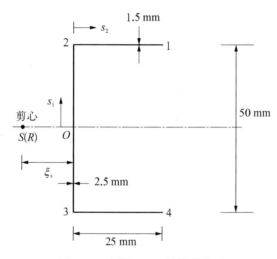

图 4.55 例题 4-11 的槽形截面

解:(1) 计算剪切应力。

截面的扭转常数 J 为

$$J = \frac{1}{3}(2 \times 25 \times 1.5^3 + 50 \times 2.5^3) = 316.7\ \text{mm}^4$$

扭转下最大剪切应力为

$$\tau_{\max} = \pm \frac{2.5 \times 10 \times 10^3}{316.7} = \pm 78.9\ \text{N/mm}^2$$

此处讨论一下这个结果和闭口截面的差别,如果将 1-4 边封闭起来,则闭口截面的剪流为

$$q = \frac{10\,000}{2 \times 25 \times 50} = 4\ \text{N/mm}$$

此时剪应力为

$$\tau_{1\text{-}2} = \frac{q}{t} = 2.67 \text{ N/mm}^2$$

$$\tau_{2\text{-}3} = \frac{q}{t} = 1.6 \text{ N/mm}^2$$

　可见,在扭矩相同的情况下,开口截面剪应力远大于闭口截面剪应力。

（2）计算翘曲位移。

根据开口截面梁的剪心计算方法,可以得到剪心到 2-3 边的距离

$$\xi_s = 8.04 \text{ mm}$$

再确定 s 的原点,对称轴与薄壁的交点 O 处翘曲位移为 0,故以此为原点。计算从 O 点到 2 点,以及从 2 点到 1 点的翘曲位移,弧长坐标分别为 s_1 和 s_2。从 O 点到 2 点,P_R 为逆时针旋转,扫过的面积 A_R 为正值

$$A_R = \frac{1}{2} \times 8.04 s_1$$

从而得到

$$w_{O2} = -2A_R \frac{T}{GJ} = -2 \times \frac{1}{2} \times 8.04 s_1 \times \frac{10 \times 10^3}{25\,000 \times 316.7} = -0.01 s_1$$

当 $s_1 = 25$ mm 时

$$w_2 = -0.01 \times 25 = -0.25 \text{ mm}$$

在 2-1 段 P_R 顺时针旋转,其扫过的面积为负值,三角形的高度为 25 mm,因此

$$A_R = \frac{1}{2} \times 8.04 \times 25 - \frac{1}{2} \times 25 s_2$$

因此得到 2-1 段的翘曲位移表达式

$$w_{21} = -25(8.04 - s_2) \frac{10 \times 10^3}{25\,000 \times 316.7} = -0.03(8.04 - s_2)$$

根据对称性,得出 3-4 段的翘曲位移,如图 4.56 所示。

对于例题 4-11,由于对称性,可知翘曲位移为 0 的位置,进而确定 s 的原

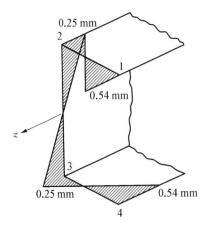

图 4.56 例题 4-11 的翘曲位移分布

点。而对于非对称截面,则需要用 4.10 节中的方法求解原点的翘曲位移。

从这个例子我们看到,开口截面的薄壁梁承担扭矩的能力很差,所以应该尽量避免使其受扭。如果受扭,则需要采取加强措施。实际中的大型受扭开口结构与这里的模型是有本质区别的,其横截面不是处处一致的,并在两端由固定基础或者其他加强结构来封闭,约束其轴向位移,再通过对开口区的加强,使其能够承担大的扭矩。在第 6 章开口翼盒的学习中将了解到

这样的例子。

习题

P4-1 一个薄壁梁一端固支,一端自由,外形及其横截面尺寸如图 4.57 所示,其端部受到水平和竖直载荷,分别为 800 N 和 500 N,并且两个载荷都作用于剪心,因此梁不会扭转。计算梁中部截面上 A 点位置的应力,以及自由端截面上 A 点处的总挠度。

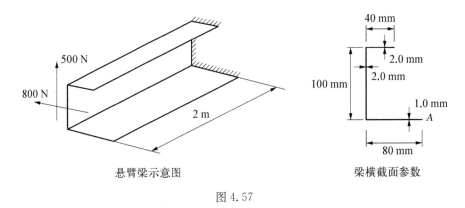

悬臂梁示意图   梁横截面参数

图 4.57

P4-2 一个具有单对称轴的薄壁梁开口截面如图 4.58 所示,x 轴为对称轴,受到 x 向剪力 S_x 作用。求截面上的剪流分布。

P4-3 一个具有对称形状的均匀厚度薄壁梁横截面如图 4.59 所示,x 为对称轴,在剪心处受到 y 向载荷 S_y,求截面上的剪流分布和其剪心位置。

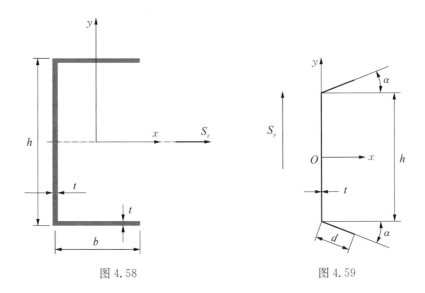

图 4.58　　　　　　　　　　　图 4.59

P4-4　一个厚度均匀的圆形薄壁梁横截面如图 4.60 所示,受到 y 向载荷 S_y,求其剪流分布。

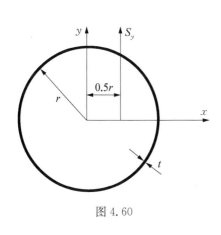

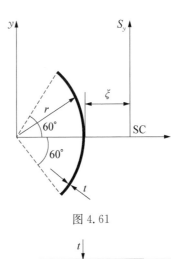

图 4.60　　　　　　　　　　图 4.61

P4-5　一个厚度均匀的圆弧形薄壁梁横截面如图 4.61 所示,求剪心位置。

P4-6　如图 4.62 所示,一个开口薄壁梁横截面由半圆部分和矩形部分组成,窄开口在其对称轴上,求剪心位置。

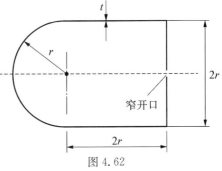

图 4.62

P4-7　假定图 4.62 所示的横截面是闭合的，求其剪心位置。

P4-8　一个双对称的矩形翼盒横截面尺寸如图 4.63 所示，受到竖直方向的剪力。其上、下蒙皮厚度为 t_1，前、后壁板厚度为 t_2。

（1）求载荷作用位置 d 从在 $0\sim$ 200 mm 之间变化时，前后壁板最大剪流的变化。

（2）求在 $d=0$ 的情况下，t_1/t_2 在 $1\sim5$ 之间变化时，壁板上最大剪流的变化规律。

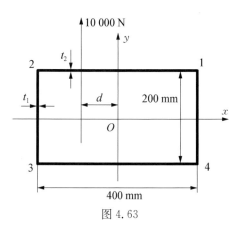

图 4.63

P4-9　一个具有矩形横截面的直翼盒如图 4.64 所示，各面厚度一致，z 轴为形心轴。翼盒两端自由，受到一对绕 z 轴相反的 100 N·m 的扭矩。材料的剪切模量为 25 000 N/mm，求两端面的相对扭转角和点 A 沿 z 轴的翘曲位移。

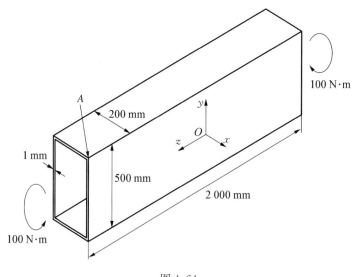

图 4.64

P4-10　如图 4.65 所示，一个开口薄壁梁具有矩形横截面，各处壁厚相同，在右边中点具有窄开口，其对截面惯性矩的影响可以忽略。梁受到绕剪心 R 的扭矩，材料的剪切模量为 25 000 N/mm，求截面中最大的剪应力和各角点的翘曲位移。

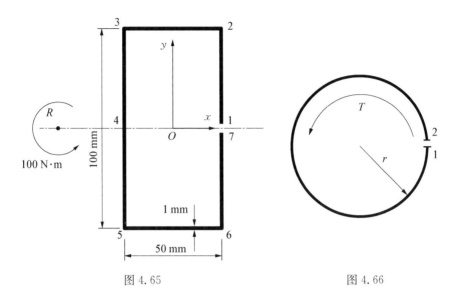

图 4.65   图 4.66

P4-11 如图 4.66 所示,一个有窄开口的圆形截面均匀薄壁梁,受绕其圆心的扭矩 T 作用, $T = 10 \, \mathrm{N \cdot m}$。已知半径 $r = 0.1 \, \mathrm{m}$,壁厚 $t = 0.002 \, \mathrm{m}$,材料的剪切模量 $G = 25 \, \mathrm{GPa}$,试计算开口处 1 点和 2 点之间相对的翘曲位移。

第 5 章 结构简化及几何组成分析

　　本书一开始就给出了结构的定义——结构是用来承担和传递载荷的系统，通常由多个元件组成，它们之间没有相对的刚体运动，具备足够的刚度和强度。在第 4 章我们已经介绍了结构分析的问题，但针对的是连续的薄壁结构，没有考虑在薄壁结构中的蒙皮、桁条等组成元件。实际上，这种薄壁结构的组成非常复杂，无论是用人工还是用计算机进行分析，若不进行简化则分析起来十分困难。本章的第一个问题是怎样进行结构的简化；第二个问题是系统的几何组成（geometric construction）分析，即关于判断系统中各构件之间是否有相对的刚体运动的。在实际中，让系统各构件之间不发生刚体运动很容易做到，但是系统未必处于良好的承载状态，此时略去次要的承力因素，得到系统的简化模型，在模型不受力的情况下，各构件之间也可能发生相对运动，这种现象称为"几何可变"。要判断系统的几何可变性，就要进行几何组成的分析。

5.1　杆板薄壁结构的简化

　　在第 4 章薄壁梁分析方法的学习中，我们针对的都是复杂度较低且具有连续截面的结构，这种截面的构件在实际中对应着由薄板或者由挤压工艺制成的薄壁构件。很多机身、机翼、尾翼等都是由蒙皮与长桁、翼梁和翼肋组成的半硬壳结构，这是一种薄板与加强件结合而成的复杂结构，直接应用弹性力学的方法来求解是比较困难的。

　　例如图 5.1(a)所示双梁机翼的截面，用很多"Z"字形截面的长桁来加强薄蒙皮，而在翼梁处，角型材组成了梁的缘条。根据前面学到的方法，在分析截面正应力或者剪流时，需要考虑这些"Z"字形薄壁上的正应力或者剪流的变化[见图 5.1(b)]，这是非常烦琐的。所以无论是建立解析模型还是有限元分析的数值模型，都要提出合理的假设，来对这种截面进行简化。将复杂的结构截面简化为易于求解的模型，要求在相同的载荷条件下，模型的内力和变形情况与实际结构一样或非常接近。通常,所做假设的数目和性质决定了分析的准确度和复杂度,简化程度越低,分析过程越复杂,而分析精度越高。所以说,简化程度取决于所分析问题的精度要求,对于初步的结构分析,分析速度通常比精度更重要,因此简化程度就可以较高一些。

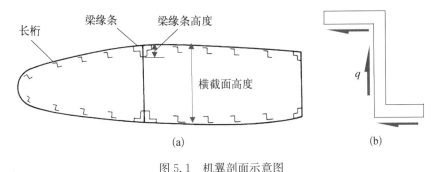

图 5.1　机翼剖面示意图

(a) 机翼剖面组成示意图;(b) 桁条截面上剪流示意图

此外,应该针对所关注的问题进行相应的简化,如对于全机结构,需要预测其在极限载荷下的力学行为,而极限载荷下很多部分的蒙皮可能都发生了失稳,局部承载能力大幅下降。因此为了使模型能反映实际情况,在建模时就要根据极限载荷状态进行结构参数的等效,将蒙皮失稳后的刚度降低因素考虑在内。用这样的模型分析其他载荷下的结果可能是不准确的,但分析极限载荷下的结果是与实际情况相符的。

下面针对图 5.1(a)所示的机翼剖面阐述简化原理。长桁和梁缘条的横截面尺寸与整个翼剖面尺寸相比很小,因此由机翼弯曲引起的长桁应力在其横截面上变化很小,所以,假设在长桁横截面上应力是常数,并用集中面积,也称为"实心桁条",来代替长桁和梁缘条。而长桁截面形心和蒙皮到机翼剖面中性轴的距离相差很小,所以假设各个长桁截面的集中面积位于蒙皮中面上,这样形成的简化模型如图 5.2 所示。

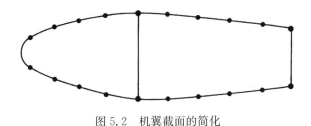

图 5.2　机翼截面的简化

在这种半硬壳机翼中,长桁和翼梁缘条承担了大部分正应力,虽然蒙皮也承担正应力,但其主要作用是承担剪应力的,所以可以进一步简化,让实心桁条承担所有的正应力,而让蒙皮只承受剪应力。对于这种假设,可以通过增大实心桁条截面积的方法来实现,所增大的面积由相邻蒙皮对正应力的承载能力等效换算得到。等效的方法取决于这种长桁/蒙皮组合壁板的应力分布形式。同时,这也与外载荷形式有关,对于不同的外载荷形式,同一结构会有不同形式的简化模型。这样,复杂的结构截面被简化成简单的力学模型,在给定的载荷条件下,模型中的内力分布和实际结构非常接近。

下面来看将一块壁板简化为承受正应力的集中面积和只承受剪应力的蒙皮的方法。如图 5.3(a)(b)所示,壁板中的蒙皮,实际中是可以承担正应力的,其厚度为 t_D,在面内载荷弯矩 M 和轴向力 N 的作用下,两端截面上的正应力分别为 σ_1 和 σ_2,假定应力沿着宽度方向线性变化,要令其等效为由两个实心桁条和不承担正应力的蒙皮组成结构[见图 5.3(c)],实心桁条的截面积分别为 B_1 和 B_2,而蒙皮不承担正应力意味着在计算惯性矩时不应该考虑其横截面积。等效原则是最大和最小应力不变的情况下,截面总的内力相等。

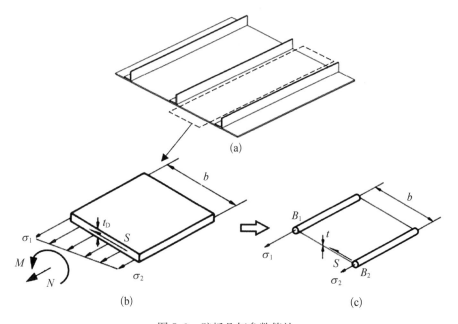

图 5.3　壁板几何参数等效

(a) 壁板结构;(b) 蒙皮的应力;(c) 简化后的蒙皮模型

前文提到,等效方法与外载荷也有关,下面来看仅考虑这个壁板承受其面内弯曲载荷情况下的简化。简化结构所承担的力矩要和原结构的一样,因此我们分别对两根实心桁条截面形心点求力矩,令两种情况下力矩等效,来确定两根桁条的截面积 B_1 和 B_2。

对于原始结构,将应力分布写成 σ_1 和 σ_2 的函数

$$\sigma_s = \sigma_2 + \frac{(\sigma_1 - \sigma_2)}{b}s \tag{5.1}$$

这个应力对桁条 2 的截面形心的力矩为

$$\int_0^b \sigma_s t_D s \mathrm{d}s = \sigma_2 t_D \frac{b^2}{2} + (\sigma_1 - \sigma_2) t_D \frac{b^2}{3} \tag{5.2}$$

在简化模型中,桁条 1 的内力对 2 点的力矩为 $\sigma_1 B_1 b$,从而

$$\sigma_2 t_D \frac{b^2}{2} + (\sigma_1 - \sigma_2) t_D \frac{b^2}{3} = \sigma_1 B_1 b \tag{5.3}$$

可得面积 B_1

$$B_1 = \frac{t_D b}{6}\left(2 + \frac{\sigma_2}{\sigma_1}\right) \tag{5.4}$$

同理,对 1 点(桁条 1 的截面形心点)求力矩,可得面积 B_2

$$B_2 = \frac{t_D b}{6}\left(2 + \frac{\sigma_1}{\sigma_2}\right) \tag{5.5}$$

读者可以验证一下,简化模型截面的面内合力也是等效的。同时,由式(5.4)、式(5.5)可见,等效面积与壁板厚度、宽度以及 1 点、2 点之间的应力比值有关,通常可根据结构的特点确定应力比。如:当壁板只受轴向应力的情况时,$\sigma_1/\sigma_2 = 1$,可得 $B_1 = B_2 = t_D b/2$;当壁板受纯弯曲,且 1 点、2 点关于中性轴对称时,$\sigma_1/\sigma_2 = -1$,可得 $B_1 = B_2 = t_D b/6$。

例题 5-1

如图 5.4(a)所示,一个双闭室翼盒截面上下对称,梁与蒙皮之间通过截面积为 300 mm² 的角型材连接,所受载荷为竖直平面内的弯矩。在这种受载情况下将截面简化为如图 5.4(b)所示的模型,其中正应力全部由实心桁条承担,而蒙皮只承受剪应力。

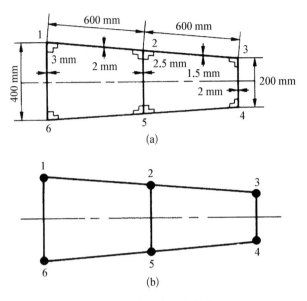

图 5.4　翼盒截面的简化

(a) 截面参数；(b) 简化后的模型

解： 首先计算 1 点桁条的截面积 B_1，其等于原有角型材的横截面积和 $1-6$ 边、$1-2$ 边蒙皮的等效面积的和。由于受到竖直平面的弯矩，截面的对称轴是中性轴，所以 $\dfrac{\sigma_6}{\sigma_1}=-1$；对于 $1-2$ 边蒙皮，σ_1 和 σ_2 的应力可由其到中性轴的距离的比计算出来。根据式(5.4)可得

$$B_1 = 300 + \frac{3 \times 400}{6}\left(2 + \frac{\sigma_6}{\sigma_1}\right) + \frac{2 \times 600}{6}\left(2 + \frac{\sigma_2}{\sigma_1}\right)$$

$$= 300 + \frac{3 \times 400}{6}(2-1) + \frac{2 \times 600}{6}\left(2 + \frac{150}{200}\right)$$

$$= 1\,050 \text{ mm}^2$$

对于 2 点桁条的截面积 B_2，包括了两个角型材截面积和 $1-2$、$2-3$、$2-5$ 三个边的蒙皮所提供的等效面积

$$B_2 = 2 \times 300 + \frac{2 \times 600}{6}\left(2 + \frac{\sigma_1}{\sigma_2}\right) + \frac{1.5 \times 600}{6}\left(2 + \frac{\sigma_3}{\sigma_2}\right) +$$

$$\frac{2.5 \times 300}{6}\left(2 + \frac{\sigma_5}{\sigma_2}\right)$$

$$= 2 \times 300 + \frac{2 \times 600}{6}\left(2 + \frac{200}{150}\right) + \frac{1.5 \times 600}{6}\left(2 + \frac{100}{150}\right) +$$

$$\frac{2.5 \times 300}{6}(2-1)$$

$$= 1\,791.7\ \mathrm{mm}^2$$

$$B_3 = 300 + \frac{1.5 \times 600}{6}\left(2 + \frac{\sigma_2}{\sigma_3}\right) + \frac{2 \times 200}{6}\left(2 + \frac{\sigma_4}{\sigma_3}\right)$$

$$= 300 + \frac{1.5 \times 600}{6}\left(2 + \frac{150}{100}\right) + \frac{2 \times 200}{6}(2-1)$$

$$= 891.7\ \mathrm{mm}^2$$

而根据对称性,知 $B_6 = B_1$,$B_5 = B_2$,$B_4 = B_3$。

如果例题 5-1 所给的载荷条件是受水平面内的弯矩,则要求解竖直方向的中性轴,以该轴为参照进行等效面积的计算。

以上是几何尺寸的等效换算,为了便于分析结构的内力,还要进行其他方面的简化:

(1) 连接关系的简化。上面将实心桁条简化为只承受轴力的杆结构,因此各段实心桁条之间是铰接的,不传递弯矩。实际上,严格来讲长桁是能够承受弯矩的,与梁结构承载特性类似,只不过其抗弯刚度较小,而将其简化为杆结构后,就等于忽略了其承担弯矩的能力,这样就使得模型的承载能力小于实际结构的承载能力,基于这种模型计算结果设计出的结构是偏于安全的,也就是说这种分析方法保守的。

(2) 几何形状的简化。飞行器的外表多是由曲面组成的,为了计算方便,可以用若干平面来代替实际外形,并忽略次要承载的结构。例如图 5.5(a)所示的机翼结构,在略去受力不大的前、后缘后,可以简化为如图 5.5(b)所示的由若干个盒式结构组成的简化模型。

经过这些简化后,原本含有很多加强件的薄壁结构变为由杆和板组成的杆板薄壁结构模型,如图 5.6 所示。杆承担轴向力,各个杆组成的骨架结构承担主要载荷,而板被杆包围,且只承受剪切载荷。各杆之间通过铰接点连接,传递轴向集中力,而杆板之间连接简化为分布的连接,以剪流的形式互相传递载荷。

(3) 外载荷的简化。将蒙皮上的分布气动力简化为作用于杆结点上的等效

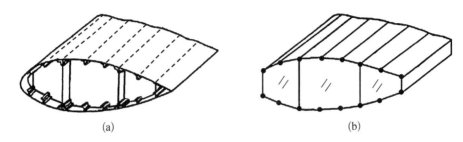

(a)　　　　　　　　　　　　　　　　(b)

图 5.5　几何关系的简化

（a）机翼结构示意图；（b）机翼简化模型示意图

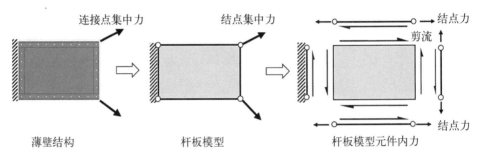

连接点集中力　　　　　结点集中力　　　　　　　　　结点力

剪流

薄壁结构　　　　　　　杆板模型　　　　　　杆板模型元件内力　结点力

图 5.6　杆板薄壁结构模型中杆和板的载荷传递关系

力,保证总力和总力矩等效。对于结构上的惯性力等也进行同样的简化。这样,模型中的板不直接承受外载荷,在进行分析时只有内部的剪切力。

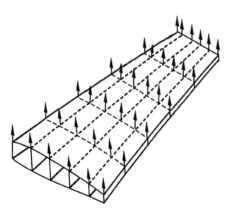

图 5.7　外载荷的简化

将长桁简化为杆,相当于忽略了其横向剪力和弯矩;将蒙皮简化为受剪切板,相当于忽略了其面外载荷和弯曲行为,这些简化使分析中所需的自由度（degree of freedom）大为降低。对于加筋薄蒙皮结构,杆板模型的保真度很好。现代飞行器翼面由于其强度和刚度要求较高,常采用由机械铣削或化学加工而成的整体结构,蒙皮相对较厚,在模型中应将其简化为能同时承受正应力和剪应力的板。

在考虑薄壁结构的稳定性和承受面外载荷的行为时,则不能将蒙皮简化为只承受剪力的板,本书的第 7 章讲薄板弯曲理论,第 8 章讲薄板的稳定性,其中都考虑了板承受弯曲载荷和具有面外位移的特性。

以上的简化思路在飞行器结构的有限元分析中也经常采用,例如将具有一定截面形状的长桁、加强筋等简化为面积等效的杆单元。由于采用计算机辅助分析,可以求解自由度和静不定次数很高的模型,因此长桁还可以简化为梁单元,蒙皮可以简化为能够承担拉压载荷和弯矩的壳单元。为了更好地反映真实情况,梁单元的形心轴线还可以从蒙皮中面偏移一定的距离(见图 5.8)。

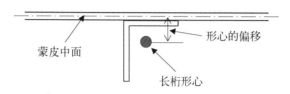

图 5.8　长桁形心与蒙皮中面的偏移

除了杆板薄壁结构外,飞行器中一些结构还可简化为桁架模型或刚架模型,而加筋的薄壁结构是现代飞行器中广泛采用的形式,相关分析方法是本书学习的重点。

5.2　受剪板的平衡

杆板薄壁模型中,板可简化成只承担剪流的元件,杆只承受轴向载荷,杆和板之间通过剪流相互作用。为了进行杆板薄壁结构内力计算,需要了解板内力的形式,这样就可以根据力平衡方程进行求解。在下一节的结构组成分析中,还要用到板的内力特征,即板在结构中起到的支撑作用。

由于在这种模型中,板只承受剪流,所以板的平衡分析主要就是其剪流的计算。一方面,飞行器薄壁结构中的板元件,按其平面形状,一般有三角形板、矩形板、平行四边形板和梯形板(见图 5.9)。任意四边形板和其他形状的板实际中

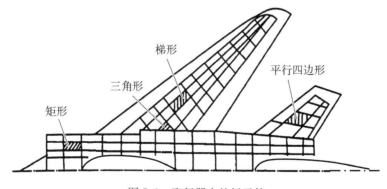

图 5.9　飞行器中的板元件

比较少见,其平衡情况也较为复杂,本书不做介绍。另一方面,如果按板的曲度,又可分为平板和曲板。当蒙皮的曲度较小时,也可作平板处理。

(1) 三角形受剪板。

如图 5.10 所示,将三角形板从薄壁结构中取出作为分离体,各边受到三个杆产生的剪流,且各边的剪流都为常值。由于杆和板之间的剪流大小相等,方向相反,为了便于以后进行杆的平衡分析,一般采用杆所受到的剪流来代表这一对剪流,其指向由下标来表示,如 q_{12} 表示作用在杆上,由 1 点指向 2 点的剪流,而对于板,受到剪流的方向实际上是从 2 指向 1 的。

三角形板在这三个剪流作用下保持平衡,根据力矩的平衡,以 1 点为力矩中心,各个边剪流产生的力矩和应为 0。其中,1 - 2 边和 1 - 3 边的剪流产生的合力通过 1 点,所以其产生的力矩为 0;2 - 3 边不通过 1 点,力臂不为零,但其产生的力矩应该为 0,所以 $q_{23}=0$,同理可知: $q_{31}=0$ 和 $q_{12}=0$。因此,只承受剪应力的板在三角形杆板模型中是不受力的。在实际结构中,如果板的厚度较大,或者板周围没有框架加强,则要考虑板的正应力。一般情况,三角形板起着传递气动力和增强刚性的作用。

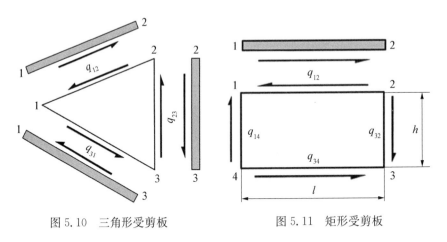

图 5.10　三角形受剪板　　　　　　　　图 5.11　矩形受剪板

(2) 矩形板。

如图 5.11 所示,矩形板四个边的未知剪流分别为 q_{12}、q_{32}、q_{14} 和 q_{34},根据剪应力互等定律,相邻边的剪流方向是相对或者相背的。

板在这四个剪流作用下处于平衡,根据板在横向的力平衡,得到

$$q_{12}=q_{34}$$

根据竖向的力平衡,得到

$$q_{32} = q_{14}$$

再对 1 点建立力矩平衡方程,得到

$$q_{32}hl - q_{34}lh = 0$$

因此

$$q_{32} = q_{34}$$

因此矩形板内只有 1 个剪流,可用 q 表示

$$q_{12} = q_{14} = q_{32} = q_{34} = q$$

（3）平行四边形板。

如图 5.12 所示,平行四边形板四个边的剪流仍然为 q_{12}、q_{32}、q_{14} 和 q_{34},相邻边剪流方向也是相对或者相背的。

假设其一对内角为 θ,对 4 点建立力矩平衡方程,

$$q_{12}l_{12}h_{34} = q_{32}l_{32}h_{14}$$

$$q_{12}l_{12}l_{32}\sin\theta = q_{32}l_{32}l_{34}\sin\theta$$

对平行四边形,$l_{12} = l_{34}$,所以 $q_{12}l_{12}l_{32}\sin\theta = q_{32}l_{32}l_{12}\sin\theta$

从而可得

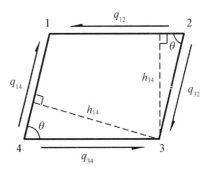

图 5.12　平行四边形受剪板的剪流

$$q_{12} = q_{32}$$

分别对其他点建立力矩平衡方程,可推导出各边剪流相等的结论,因此平行四边形板内也只有 1 个未知剪流 q

$$q_{12} = q_{14} = q_{32} = q_{34} = q$$

（4）梯形板。

如图 5.13 所示,梯形板两个互相平行的底边长度分别为 h_1 和 h_2,高为 l,腰与高方向的夹角分

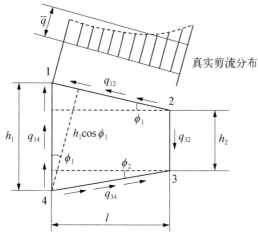

图 5.13　梯形受剪板的剪流

别为 ϕ_1 和 ϕ_2，四边有四个未知剪流，上底的剪流为 q_{32}，下底的为 q_{14}，两腰上的剪流分别为 q_{12} 和 q_{34}。

根据横向的平衡关系，有

$$q_{12}\frac{l}{\cos\phi_1}\cos\phi_1 = q_{34}\frac{l}{\cos\phi_2}\cos\phi_2$$

得到

$$q_{12} = q_{34}$$

可见，两腰上的剪流相等，所以用 $\bar{q}$ 代替这两个剪流。

建立对 4 点力矩平衡方程

$$q_{12}\frac{l}{\cos\phi_1}h_1\cos\phi_1 = q_{32}h_2 l$$

得到

$$q_{32} = \bar{q}\frac{h_1}{h_2} \tag{5.6}$$

同理，根据对 2 点的力矩平衡，得到

$$q_{14} = \bar{q}\frac{h_2}{h_1} \tag{5.7}$$

所以，梯形板各边剪流可以用 $\bar{q}$ 来表示，由式(5.6)、式(5.7)可知

$$\bar{q} = \sqrt{q_{12}q_{34}} = \sqrt{q_{32}q_{14}}$$

因此，$\bar{q}$ 称作"几何平均剪流"。

需要说明的是，用几何平均剪流来表示腰上的内力，只能保证该边上的剪流合力是与实际相符的，而剪流沿着边是变化的，如 1-2 边的剪流分布形式如图 5.13 中所示，ϕ_1 和 ϕ_2 越大，这种分布越不均匀。

（5）曲板。

只考虑板的曲度不大，且两个直边在一个平面内、两个曲边所在平面平行的情况。如图 5.14 所示，将曲板投影到两个平行边所在的平面上进行分析，这个投影可能是矩形的，也可能是梯形的。

由投影平面内平衡条件可知，曲板四边剪流关系与相对应的平板相同。因

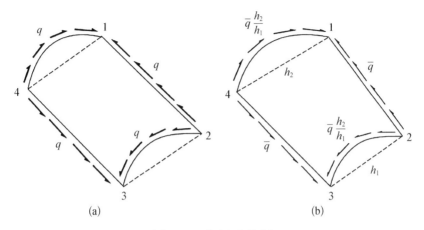

图 5.14　曲 板 受 剪 图

(a) 矩形；(b) 梯形

此，一块曲板也只有一个独立未知剪流 q。

在投影平面内，各个剪流是平衡的，而有必要讨论剪流在端面所在的平面内的合力及作用位置。如图 5.15 所示，设曲边上剪流为 q，曲边的弦长为 h，x 轴与弦重合。

先求曲边剪流合力大小，在曲边上取一弧长微元 $\mathrm{d}s$，微元剪流合力为 $q\mathrm{d}s$，沿曲边切线方向，其 x 向的分量为 $q\mathrm{d}x$，y 向的分量为 $q\mathrm{d}y$，沿曲边积分，有

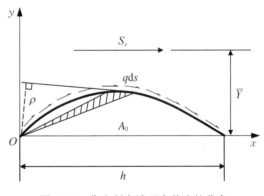

图 5.15　曲边所在端面内剪流的分布

$$S_x = \int q\,\mathrm{d}x = qh \tag{5.8a}$$

$$S_y = \int q\,\mathrm{d}y = 0 \tag{5.8b}$$

所以，曲边剪流的合力平行于弦线。

再求曲边剪流合力 S_x 作用线的位置，设剪流合力 S_x 的作用线与弦线的距离为 $\bar{Y}$，S_x 对 O 点的力矩可表示为

$$S_x \overline{Y} = \int_s \rho q \, \mathrm{d}s = q \int_s \rho \, \mathrm{d}s \tag{5.9}$$

其中，ρ 为 $\mathrm{d}s$ 的切线到 O 的垂直距离。根据第 4 章的知识，可知 $\int_s \rho \, \mathrm{d}s = 2A_0$，所以

$$qh\overline{Y} = 2A_0 q \tag{5.10a}$$

于是得到

$$\overline{Y} = \frac{2A_0}{h} \tag{5.10b}$$

可以将 A_0/h 视作端面所占弓形的平均高度（即一个边长为 h、面积与弓形相等的矩形的高度），因此 剪流合力作用点在 曲边的外侧，距离弦的位置为其平均高度的 2 倍。

5.3 结构几何组成分析

5.3.1 几何不变性

根据结构的定义，结构中各个构件之间没有相对的刚体运动，如果发生变形，那一定是由构件产生弹性变形引起的。如图 5.16 所示的平面系统，由基础和三根杆组成，也就是机械学中的平面 4 连杆机构，各个部分之间通过光滑的铰链连接在一起。在很小外力的作用下，这个系统也可以发生很大的位移，而各个连杆的内力为 0，没有弹性变形。这样的系统称为"几何可变系统"（geometrically unstable system），不能用来承担外载荷。

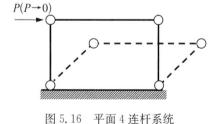

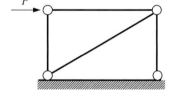

图 5.16 平面 4 连杆系统   图 5.17 几何不变系统

如图 5.17 所示，如果在这个系统里增加一个对角连杆，那么形成的系统是几何不变系统（geometrically stable system），它是一个就能够承担外载荷的结构。工程上的结构是用来承担和传递外载荷的，所以凡是工程结构必须先是一

个几何不变系统,为了保证构件布置的合理性,通常要进行设计方案的几何不变形分析,然后再进行内力、变形的分析,确定其强度、刚度是否满足承载要求。

进行几何不变性分析,除了能帮助设计出一个真正的结构,而不是机构,还有助于增强结构设计的合理性。以桁架结构为例进行说明,实际的桁架结构是由很多杆通过焊接或者螺接组合在一起的,通常其连接点都是不能自由转动的,是可以承担弯矩的,但是,通常杆件的长细比较大,承担弯矩的能力较差,因此在简化的时候,将杆件的连接点简化为可自由转动的铰接点,这样模型中的杆只承受轴向力,所以简化的过程实际上是略去了杆件比较差的承载性能。

如图 5.18(a)所示的框架结构,由三个长杆螺接在一起,并固定在地面上,它实际上能承受一定的外载荷,在未简化时是个几何不变系统,但是杆件会受到弯矩作用,对于细长的杆件,这种弯矩会产生很严重的载荷。而如果我们将其连接点简化铰接点,那么它就变成了一个几何可变系统,不再是个结构,如图 5.18(b)所示。这样的结论说明了该模型所代表的实际结构的承载能力较差。

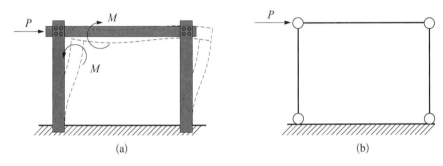

图 5.18　框 架 结 构

(a) 承载能力较差的结构;(b) 不能承载的模型

对模型进行简化,可以先略去各结构元件比较差的承载属性,而保留其优势的承载属性,再对简化模型进行几何不变性分析,从而帮助人们避免采用比较差的方式来承担载荷,也就避免了某些部件提前产生较大的应力,使得结构设计方案更为合理。

同样,在我们关注的加筋薄壁结构中,通常将长桁简化为杆,蒙皮简化为只承受剪应力的板,这些都是忽略了其次要承载属性。如果由实际结构简化得到的模型是几何可变的,那么意味着实际结构中,长桁可能要承受弯曲载荷,而蒙皮可能承受拉压和弯曲载荷等。但是要强调的是,如果模型是几何可变的,则无法建立静力平衡方程进行求解。

除了用于设计合理性判断外,在结构力学中对系统进行几何组成分析,还可确定其是静定系统还是静不定系统,以便选用相应的计算方法。

5.3.2　几何不变性判断的基本原理

首先介绍几何不变性分析中的两个基本概念:自由度和约束。

自由度指确定一个物体在某一坐标系中的位置所需的独立参数的个数,本书用 n 表示。例如:平面点具有 2 个自由度;空间点具有 3 个自由度;一个平面刚体或者刚性结点具有 3 个自由度,即 2 个平动自由度和 1 个转动自由度;一个空间刚体或刚性结点具有 6 个自由度,即 3 个平动自由度和 3 个转动自由度;空间一根杆可看成一根轴线,不考虑绕本身轴的运动,所以其自由度比空间刚体少 1 个自由度,具有 5 个自由度。

约束(restraint)是减少物体自由度的装置,本书用 c 表示。典型的约束如图 5.19 所示。一个平面铰能限制 2 个平动自由度,但不能限制转动,因此它具有 2 个约束。如果一个平面刚体与其连接,则该刚体的位置可以只用角度 α,或者其端点的任一个坐标即可确定。同理,一个空间铰则具有 3 个约束,一个刚体若连接在空间铰上,只要确定刚体的 3 个转角,或者端点坐标与转角的合适组合

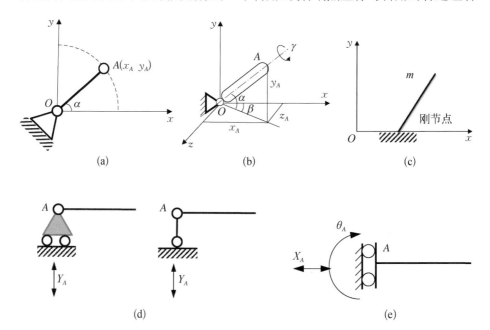

图 5.19　常 见 的 约 束

(a) 平面铰;(b) 空间铰;(c) 平面刚结点;(d) 平面可动支座;(e) 平面定向支座

即可确定刚体的空间位置,例如 $x_A - y_A - \gamma$、$x_A - \alpha - \gamma$ 等。

　　一个平面刚性结点具有 2 个约束,用一个平面刚体连接在刚性结点上,则该刚体就不再有自由度,且平面位置也是确定。同理,一个空间刚结点具有 6 个约束,一个刚体与刚性结点连接,也没有了自由度。

　　除了铰接约束和刚接约束外,还有其他的约束形式。图 5.19(d) 显示了平面可动支座的两种符号,这种约束能产生 1 个竖直方向的平动约束。图 5.19(e) 是平面定向可动支座,它能约束转动和 1 个平动。

　　约束也对应着边界提供的约束力或力矩,铰接点提供约束力,刚性结点既提供约束力,也提供约束力矩,图 5.19(e) 所示的平面定向可动支座提供 1 个约束力和 1 个约束力矩。

　　再来看单铰(simple hinge)和复铰(multiple hinge)的概念。如图 5.20 所示,如果 2 个平面刚体被 1 个铰连接起来,则这个铰就是单铰,2 个平面的刚体原本共有 6 个自由度。由这个铰连接之后,用铰的 2 个坐标和 2 个刚体转角就可以确定这个系统的位置,自由度数变为 4,所以这个单铰产生的约束数为 2。

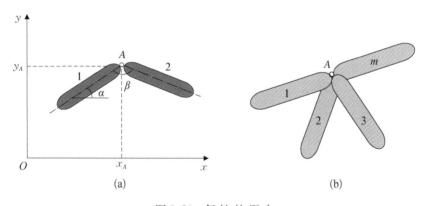

图 5.20　复　铰　的　概　念

(a) 连接两个平面刚体的复铰;(b) 连接 m 个平面刚体的复铰

　　如果是平面复铰,也就是 1 个铰上连接 2 个以上的平面刚体,假定为 m 个平面刚体,则确定这个系统所需的参数为铰的 2 个坐标加上 m 个角度,而 m 个平面刚体原有的自由度数是 $3m$,所以这个铰产生的约束为

$$c = 3m - 2 - m = 2(m-1) \tag{5.11}$$

　　飞行器结构中的框、肋结构可以看成平面的刚体,如图 5.21(b) 所示,它们能够提供其自身面内的约束,结构上会提供一些连接点。这种结构在组成分析

时可简化为平面带铰的刚片,如图5.21(b)所示,带铰刚片模型上固定了m个铰接点,只要确定刚片的位置,就确定了其他点的位置。也就是说,该系统只有3个自由度,而原来的m个点有$2m$个自由度。因此可知,有m个铰接点的刚片的约束数为

$$c = 2m - 3 \tag{5.12}$$

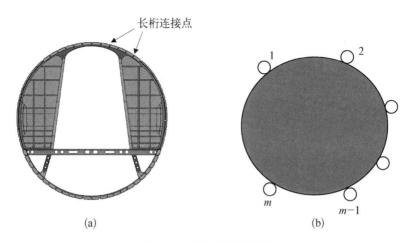

图5.21　带铰刚片的概念

(a) 机身框；(b) 带铰刚片的模型

除了结点可以作为约束,构件也可看作约束。一根两端带铰的杆具有一个约束,我们来看这个结论是怎么得出的。如图5.19(a)所示,平面上有任一点A,本来有2个自由度,如果用一根两端带铰的杆把点连接在坐标系原点上(因为点A在平面内的运动是相对于坐标系原点的),则点就不能在平面内任意移动,而只能在杆端所画的圆周上运动,这时只要1个角度变量或者1个坐标就可确定它的位置,即只剩下1个自由度了。所以,这根两端带铰的平面杆具有1个约束。同理可知,如图5.19(b)所示的两端带铰空间杆也具有1个约束。

以上给出了结构力学模型中各种构件的自由度和约束属性,在分析系统的几何不变性时,可以将构件看成是具有自由度的自由体,而将构件间的连接点看成是约束;或者把连接点看成是自由体,而将构件看成是约束。由于在结构分析中我们通常关注构件受到的载荷,从而进行构件设计,所以通常把构件看作约束进行分析,求解约束力即得其内力。

确定了系统中的自由度和约束,就可以用它来分析系统的几何组成。

设系统自由度数为n,总约束数为c,则

（1）若 $c < n$，约束不足，系统是几何可变系统。

（2）若 $c = n$，且构件安排合理，系统的约束正好能完全消除自由度，则系统是具有最少必需约束的几何不变系统。对于这样的结构可以通过约束力和自由度上的静力平衡关系求出约束力，也就是结构元件的内力，这样系统所对应的结构称为静定结构。

（3）若 $c > n$，且构件安排合理，则系统为具有多余约束（redundant restraint）的几何不变系统。这样的结构每个自由度上可以有多个约束力，因此无法通过静力平衡关系求出约束力，对应的结构称为静不定结构。

可见，$c - n \geqslant 0$ 是组成几何不变系统的必要条件，而其充要条件还要考察系统的构件安排是否合理。

下面通过计算多余约束的方法，来判断结构的几何不变性。用 r 表示多余约束

$$r = c - n \tag{5.13}$$

分析前面图 5.17 所示的基本桁架结构，我们将杆和基础看成约束，结点看成自由度，那么这里一共有 4 根杆，提供 4 个约束，有 4 个结点，每个结点 2 个自由度，其中 2 个结点与基础连接，相当于基础将这 2 个点的 4 个自由度消去，从而提供了 4 个约束，所以多余约束为

$$r = c - n = (4 + 4) - 2 \times 4 = 0$$

而我们向系统中增加一根杆后，如图 5.22 所示，则约束数加 1，这个系统就有 1 个多余约束。

很多时候要分析整体可移动的系统，比如空间飞行器，它不受基础的约束，可以在空间进行刚体运动，但其内部构件之间则是几何不变的，能够承担载荷。在这种情况下，最低约束的个数为自由度数减去刚体运动的自由度数，如果是平面可移动刚体，判断多余约束的公式为

图 5.22　具有 1 个多余约束的桁架结构

$$r = c - (n - 3) \tag{5.14}$$

如果是空间可移动刚体

$$r = c - (n - 6) \tag{5.15}$$

例如，如图 5.23 所示的平面可移动系统，不受基础的约束，有 5 个结点，7 个杆，

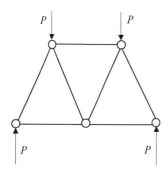

图 5.23　平面可移动系统的
可变性

约束数为 7,自由度数为 10,它保持不变形的最低约束数是 10-3=7,因此多余约束数是 0。所以这是个几何不变系统,尽管可在平面内做刚体运动,但它可以通过构件中产生内力来承受自平衡的外载荷。

再来看一个约束数与自由度数量相等,但由于构件布置不合理,而导致结构无法承载的例子。如图 5.24(a)所示,这个系统中有 6 个结点,8 个杆,基础提供了 4 个约束,多余约束数是 $r=(8+4)-2\times 6=0$。但由于构件布置不合理,导致端部是几何可变的系统,而靠近基础的部分是多余约束为 1 的系统。如果重新布置为图 5.24(b)所示的形式,则可得到几何不变的静定系统。从这里还可以看出,可以采用分块的方式来判断系统的几何可变性,将部分系统看作基础,来判断基础上其他部分的可变性。

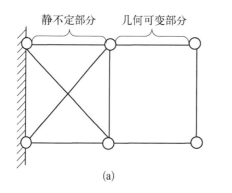
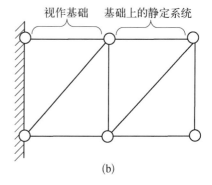

图 5.24　构件布置合理性的例子
(a) 不合理的布置;(b) 合理的布置

以上是判断几何可变性的最基本方法。对于复杂结构,自由度数和约束数容易得出,难点在于不易分析其组成的合理性,在下面小节中将学习几何组成的基本规则,这有助于我们判断复杂结构几何组成的合理性。

5.4　几何组成分析的基本规则

首先定义几个术语。

(1) 刚片:这个概念在前面已经提到过,指几何形状不变的平面体,简称为

"刚片"。在几何组成分析中,由于不考虑构件的弹性变形,每一杆件或每根梁都可以看作一个刚片,基础也可看作一个刚片。进一步地扩充其含义,只要是几何不变系统,不管其内部构件之间是静定还是静不定的,考虑其整体与其他系统组成的时候,都可以看作一个刚片。

(2) 链杆(link):一根两端带铰链的杆件称为链杆。链杆可用于连接刚片。

(3) 虚铰:如果两个刚片用两根链杆连接,这两根链杆的作用和一个铰链的作用完全相同,由于两根链杆交点处没有真正的铰,故称为虚铰。在图 5.25(a)左侧的系统中,虚铰的位置在两根链杆的交点 O 处,这个虚铰的作用相当于右侧系统中的单铰。图 5.25(b)所示的系统中,虚铰在这根链杆延长线的交点 O 处。若连接两个刚片的两根链杆是平行的,如图 5.25(c)所示,也可以认为它们相当于一个虚铰,只不过其位置在无穷远处。

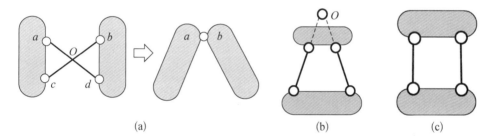

图 5.25　常见的虚铰

(a) 两根链杆的交点 O 处的虚铰;(b) 在链杆延长线交点的虚铰;(c) 两根平行链杆组成的虚铰

基于这些定义,下面阐述几何不变系统组成的几个基本规则。

(1) 规则一:一个平面点用两根不共线的链杆连接在支座上或刚片上,则所组成的系统是具有最少约束的几何不变系统[见图 5.26(a)]。

基于这个规则可以得到一些推论:将基础替换为一根杆[见图 5.26(b)],就成为平面铰接的三角形,这是最简单的平面几何不变系统。从支座或一个铰接三角形开始,每增加一个铰,用两根不共线的链杆连接,所形成的系统仍是具有最少约束的平面几何不变系统[见图 5.26(c)]。

而对于一个空间点,用不在一个平面的三根链杆将其连接在基础上或一个刚体上[见图 5.26(d)(e)],则所组成的系统是具有最少约束的空间不变系统。

(2) 规则二:两个刚片用一个铰链和一根链杆连接[见图 5.27(a)],且链杆的轴线不通过这个铰链,则组成的系统是具有最少约束的几何不变系统。这个铰安装在刚体的侧边,常称为旁铰。旁铰可以是由两根交于一点的杆组成的实

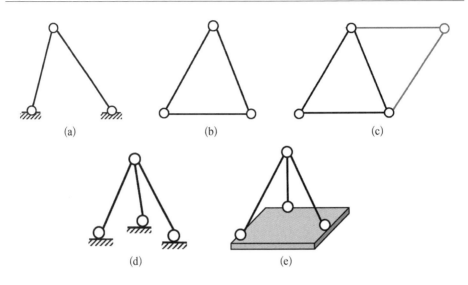

图 5.26　符合规则一的几何不变系统

(a) 两根不共线的链杆连接在支座上或刚片上;(b) 三根链杆组成的平面铰接三角形;(c) 在三角形的基础上再增加一个铰和两个链杆;(d) 不在一个平面的三根链杆和基础;(e) 不在一个平面的三根链杆和刚体

铰(actual hinge)[见图 5.27(b)],也可以是延长线交于一点的虚铰(virtual hinge)[见图 5.27(c)]。规则二也可以这样描述：两个刚片用不全交于一点也不全平行的三根链杆连接,则组成的系统是具有最少约束的几何不变系统。

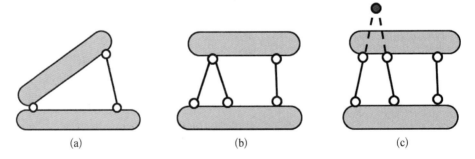

图 5.27　符合规则二的几何不变系统

(a) 两个刚片用一个铰链和一根链杆连接;(b) 两个刚片用一个实铰和一根链杆连接;(c) 两个刚片用一个虚铰和一根链杆连接

(3) 规则三：三个刚片两两之间用一个铰链连接,且三个铰链不在一条直线上,则所组成的系统是具有最少约束的几何不变系统,如图 5.28(a)所示的系统。由于两根链杆的作用相当于一个单铰,故可将 A、B、C 三个铰看成分别由两根链杆所构成的虚铰,若此三个虚铰不在一条直线上,所构成的系统也是具有最少约束的几何不变系统,如图 5.28(b)所示。

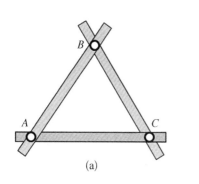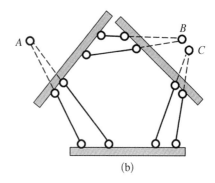

图 5.28 符合规则三的几何不变系统

(a) 三个刚片两两之间用一个铰链连接;(b) 三个刚片两两之间用一个虚铰连接

除几何可变系统和几何不变系统之外,还有一种特殊的系统——几何瞬时变系统(instantaneously unstable system)。如图 5.29 所示,两根杆与基础之间都通过铰接点连接在一起,在初始状态下两根杆在一条直线上,也就是三个铰接点在一条直线上。此时中点 C 可以沿公切线做微小的移动,所以是不能承担载荷 P 的;而一旦发生微小位移后,三根铰就不在一条直线上,不施加外力的情况下杆不能再运动,变为几何不变系统。这个系统就是几何瞬时可变系统,也称为几何瞬变系统。

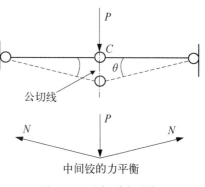

图 5.29 几何瞬变系统

进一步考察当杆转过一个角度 θ 后,两个杆的受力情况,可得每根杆的轴力 N 为

$$N = \frac{P}{2\sin\theta} \tag{5.16}$$

当 θ 很小时,N 很大,所以几何瞬变系统在开始受载时构件内力是巨大的。在设计中要避免设计出几何瞬变系统。

图 5.30 所示的几何瞬变系统中,刚片与基础之间用三根延长线交于一点 O 的链杆相连,此时刚片可以带着链杆的端点绕 O 点进行圆周转动,但在发生微小运动后,三根杆就不再交于一点,刚片不能再运动,变为几何不变系统。可以

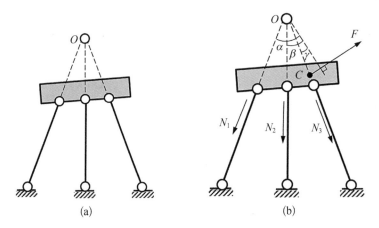

图 5.30　一个几何瞬变系统及其内力分析图

(a) 几何瞬变系统的组成；(b) 几何瞬变系统的内力分析

基于图 5.30(b)分析其内力特点。

假设刚片受到力 F 的作用，各杆的内力分别为 N_1、N_2 和 N_3，F 与内力 N_3 的作用线相交于 C 点，沿力 F 的方向可得等式

$$N_1 \sin \alpha + N_2 \sin \beta + N_3 \sin \gamma = F \tag{5.17}$$

所以

$$N_3 = \frac{F - N_1 \sin \alpha - N_2 \sin \beta}{\sin \gamma} \tag{5.18}$$

以 C 点为力矩中心可建立力矩平衡方程

$$N_1 \mid OC \mid \sin(\alpha - \gamma) + N_2 \mid OC \mid \sin(\beta - \gamma) = 0 \tag{5.19}$$

若 γ 很小，将其忽略，则有

$$N_1 \sin \alpha + N_2 \sin \beta = 0 \tag{5.20}$$

将式(5.20)代入式(5.18)得到

$$N_3 = \frac{F}{\sin \gamma} \tag{5.21}$$

可见，当 γ 很小，即 F 与 N_3 接近垂直时，N_3 的值将会很大。这个例子也反映了几何瞬变系统内力很大的特点。

再来看图 5.31 所示的系统，刚片用互相平行但不等长的三根链杆与基础相连。在这种状态下,刚片上三个铰绕基础上铰的圆周运动方向是一致的,都是水平方向,所以刚片可沿水平方向发生微小水平运动。一旦产生微小运动后,这三个杆不再完全平行,三个铰的圆周运动方向也不完全一致,系统成为不可变系统,所以这个系统也是几何瞬变系统。

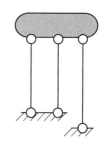

图 5.31　含三根平行链杆的瞬变系统

通过上面的例子总结出瞬变系统的形成规则:

(1)规则一:一个平面点用两根共线的链杆连接在支座上,则所组成的系统是瞬变系统,图 5.29 属于这种情况。

(2)规则二:两个刚片用一个铰和一根链杆连接,且链杆的轴线通过那个铰链,则组成的系统是瞬变系统,图 5.30(a)(b)和图 5.31 所示的系统都属于这种情况。前者相当于虚铰在链杆的轴线上,后者相当于虚铰和链杆在无穷远处相交。

(3)规则三:三个刚片两两之间分别用一个铰连接,若三个铰在一条直线上,则所组成的系统是瞬变系统。如果将图 5.29 中的两个链杆和基础看成刚片,那么所得的模型就属于这种情况。

5.5　平面杆板薄壁结构几何组成规则

本书中,平面杆板薄壁结构是指由受剪板和杆组成的系统。在这种系统中,板、杆和结点均在同一平面内,而且结点上的外力也作用在同一平面内,板和杆之间通过剪流来传递载荷,板只承受剪切载荷。

由于这种模型中三角形薄板是不承受载荷的,所以只需关注四边形板。前面已经讨论过,无论是矩形板、平行四边形板,还是梯形板,其内力均可由一个剪流表示出来,因此板中有一个内力,也就是说可以提供一个约束,例如图 5.32 所示的矩形杆板单元,板各边剪流形成的合力,是沿其对角线方向的,所以我们在

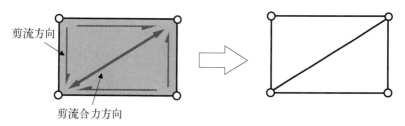

剪流方向　剪流合力方向

图 5.32　矩形杆板薄壁结构与桁架结构几何不变性的等效

杆板结构组成分析时可用斜杆代替四边形板,然后将其视作桁架进行几何可变性分析,所以由 1 个四边形受剪板和 4 个杆组成的系统就是一个基本的静定系统。

同理,图 5.33(a)所示的固定在基础上的系统也是静定的几何不变系统。以这个系统为基础,在某个边上不断增加基本的静定系统(注意,隐含的条件是,增加的基本系统是与基础单边连接),得到如图 5.33(b)(c)所示的系统,后两者都是静定的几何不变系统。

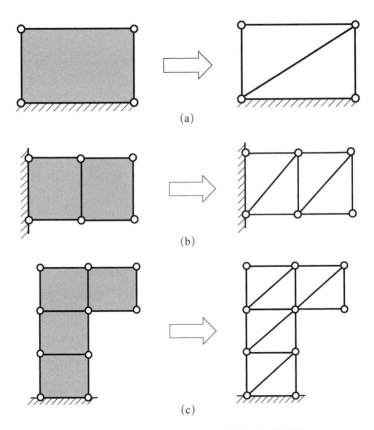

图 5.33　平面杆板系统几何可变性分析的等效

(a) 固定在基础上的矩形杆板薄壁结构与桁架结构几何不变性的等效;(b)(c) 多个矩形杆板薄壁结构与桁架结构几何不变性的等效

下面来看多边连接的情况。对于图 5.34 所示的例子,将杆板结构转换为桁架结构。

该桁架结构的多余约束数为

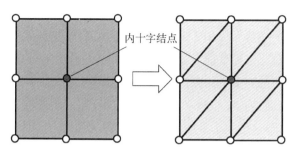

图 5.34　十字形杆板结构

$$r=16(杆)-[2\times9(结点)-3]=1$$

　　尽管桁架包含四个基本的静定单元,但是这个单元与基础发生了双边的连接,使结构出现了内部的结点,这种情况就会产生多余约束。对于杆板结构,中间的结点与 4 根杆和 4 块板相连,形成了内"十"字形结点。由此可得出一个静定性判断规律——平面杆板结构中 1 个内"十"字产生 1 个多余约束。

　　如图 5.35(a)所示,一个与基础相连的结构,其内部有一个"十"字形结点,但与基础相连的点相当于在四周布置了杆和板,也是一个内"十"字形结点,所以其多余约束数为 2;图 5.35(b)中的结构相当于有 3 个十字形内结点,是 3 次静不定结构;图 5.35(c)中的结构中间的点不是"十"字形结点,不产生多余约束,而下部的点是内"十"字形结点,总的多余约束数为 1。

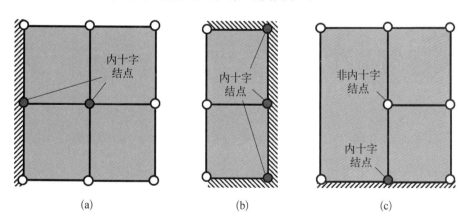

图 5.35　使用内"十"字结点判断平面杆板结构的静定性

(a) 单边与基础相连的 4 块板结构;(b) 三边与基础相连的 2 块板结构;
(c) 单边与基础相连的 3 块板结构

　　再来看一个稍微复杂的例子,了解一下静定性判断的其他方法。如图 5.36

(a)所示,这是一个机身上隔框的简化模型,各个杆相交的点仍然是铰接点。模型中包含了由 1 个三角形板和 3 个杆组成的基本系统,这种系统是静定的,而其他的四边形基本系统也都是静定的,因此,这个结构是几何不变系统。现在我们来分析这个平面结构的多余约束个数,平面结构中共有 20 个自由结点,具有 40 个自由度;约束方面,有 32 根杆和 8 块四边形板,而三角形板不产生约束,所以共 40 个约束。由于这是一个平面内可移动结构,所以多余约束数为

$$r = 40 - (40 - 3) = 3$$

故这是一个静不定系统。不过,统计结点个数的过程较为复杂,我们可以用其他两种更简单的方式来进行分析。第一种方法是,设想结构中没有开孔,而是一块四边形板(假想补上一块板),如图 5.36(b)所示,那么这个结构有 4 个内"十"字形结点,所以多余约束数为 4,再将这块板去掉,相当于去掉 1 个多余约束,所以多余约束数为 3;第二种方法,考虑图 5.36(c)所示的开口结构,这是个静定结构,将其补上 2 个杆和 1 个板后组成了原结构,相当于增加 3 个多余约束,而自由度数没有增加,所以多余约束数为 3。

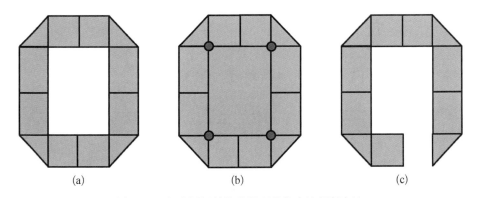

图 5.36   机身隔框的简化模型的静定性判断方法
(a)机身框结构模型;(b)增加一块板的机身框结构模型;(c)去掉一块板的机身框结构模型

可见,我们可以从多个角度分析静不定结构的多余约束数,根据具体情况灵活应用,使分析过程大为简化。

5.6   空间杆板薄壁结构几何组成规则

在飞行器结构中有很多空间薄壁结构,它们是由平面杆板薄壁结构组成的,在空间任意方向的载荷作用下,它们都应该是几何不变的。

在分析空间薄壁结构的组成时,我们仍将结点看成自由体,将杆和四边形板

看成约束,而不是先将其转化为桁架结构后再进行分析。这样,每个空间结点具有 3 个自由度,每根杆和每块四边形板相当于 1 个约束。如图 5.37 所示,自由的六面体盒状结构,有 8 个结点,共 24 个自由度,有 12 根杆和 6 块四边形板,相当于有 18 个约束,因此多余约束数等于

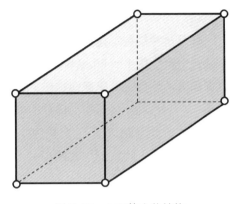

$$r = 18 - (24 - 6) = 0$$

图 5.37 六面体盒状结构

约束数满足了几何不变的必要条件。进一步分析约束安排的合理性,可知每个面在其平面内是几何不变的,而在垂直于其平面的方向上又能得到其他方向面的支撑,因此,一个自由的空间六面体杆板薄壁结构是一个具有最少必需约束的几何不变静定系统。

机身和机翼结构通常可简化为中空的杆板薄壁结构,如图 5.38 所示。这样的结构由两个在自身平面内几何不变的端框、纵向杆件及薄壁圆周上四边形平板或者曲板组成,可以称其为"单层笼式结构"。

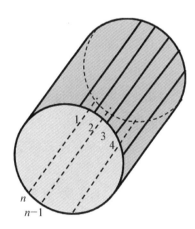

图 5.38 中空的杆板薄壁结构

它每端有 n 个结点,所以共有 $6n$ 个自由度。它有 n 个纵向杆和 n 块四边形板,可以产生 $2n$ 个约束;端框在其自身平面内是几何不变的,而在垂直于本身平面的方向上是不能受力的,因此,端框相当于一个平面内的刚片。每个端框上有 n 个结点,它相当于有 n 个铰接点的刚片,产生的约束是 $2n - 3$ 个,那么两个端框产生的约束是 $4n - 6$,因此整个结构的多余约束数为

$$r = [2n + (4n - 6)] - (6n - 6) = 0$$

可见,约束数满足了几何不变的必要条件,再分析结构的组成,可以将每块纵向板看成一根斜杆,则整个结构中,没有一个结点是只用同一平面内的杆连接的,满足空间点的约束条件,因而约束的布置也是合理的。所以,单段空心的笼

式自由结构是具有最少必需约束的几何不变系，是静定的。

如果这种结构不是空心的，而是有内部的纵向隔板［见图5.39(a)］，那么1个隔板会产生1个约束，这个结构就变成了静不定系统，其静不定度数等于内部纵向隔板的个数。其横截面如图5.39(b)所示，这也就是薄壁工程梁模型的横截面，有1个隔板时，结构的横截面就变成了双闭室，静不定次数为1，有2个隔板就变成了3闭室，静不定次数为2。因此可以得到这样的结论——多闭室的静不定次数等于闭室的个数减1。

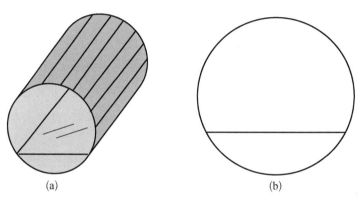

(a)   (b)

图5.39　有纵向隔板的结构
(a) 组成示意图；(b) 横截面

上面两类结构都是可在空间自由移动的结构，实际中，当分析某个部件的时候，都将其视作受基础约束的结构，如分析机翼时会考虑机身对它的约束，分析前机身时会考虑中机身对它的约束，所以下面来分析一端固定的单层笼式薄壁结构的多余约束个数。

图5.40(a)中的三角形截面的结构，有3个自由结点，有9个自由度，有3根纵向杆、3块四边形板，端框有3个结点，产生3个约束，所以总约束数为9。因此这是一个几何不变的静定系统。

图5.40(b)中的四边形截面的结构，有4个纵向杆和4纵向板，提供8个约束，4结点端框产生5个约束，而端部4个结点有12个自由度，所以多余约束数为1，是1次静不定系统。

对于图5.40(c)所示的一端固定的单层笼式结构，有n个纵向杆、n个纵向板、n个节点和1个有n个铰的端框，多余约束数为

$$r = (n + n + 2n - 3) - 3n = n - 3$$

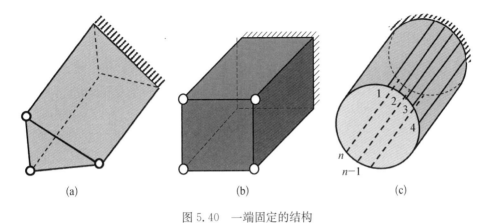

图 5.40　一端固定的结构

（a）三角形截面的结构；（b）四边形截面的结构；（c）多边形截面的结构

不过需要注意，在上述分析中，是将端框视作一个刚片，其在自身平面内是几何不变的，而没有涉及框本身的构造，实际上，框内部也可能有多余约束。另外也需要注意，横向的多余约束不能与纵向的多余约束互换。因此，上述的多余约束指纵向构件产生的多余约束。

对于多段的空间薄壁结构，可以将最边上的一段看作基础，其余各段逐次连接上去，每连接一段就增加 $n-3$ 个多余约束，最后将各段多余约束数加起来。如图 5.41 所示的结构，可以看作是在一端固定的单层四缘条盒式结构上增加 3 个单层盒子组成的，每层的多余约束是 1，总的静不定次数为 4。

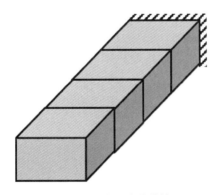

图 5.41　多层笼式结构

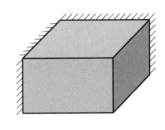

图 5.42　两边与基础相连的方盒结构

以上是方盒单边固定的情况，如果一个方盒（见图 5.42）两边都与基础相连，则其结点数为 2，有 5 根杆和 4 块矩形板，多余约束数为

$$r=(5+4)-2\times3=3$$

因此，每发生一次双边连接，产生的多余约束数为 3。

如图 5.43 所示，这个由 10 个方盒连在一起的结构，将最左边的一列 4 个盒子看作初始结构，每个盒子产生 1 个多余约束，其他盒子则看作双边连接固定的，则每个盒子产生 3 个多余约束，于是可知总的静不定次数为 22。

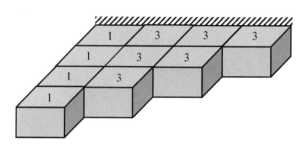

图 5.43   10 个方盒相连的结构

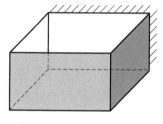

图 5.44   开口的固定方盒

对存在开口的结构进行分析时，可以将其视作在以上结构中减少约束后获得的结构。例如图 5.44 所示的开口的固定方盒结构，相当于在图 5.40(b) 的结构中去掉一块板，减少了 1 个约束，这是一个静定结构。

如果在可移动的方盒结构中去掉一块板，变成开口的方盒（见图 5.45），则它的约束数就少于自由度数，成了一个几何可变系统，不能够作为结构来承担任意方向的载荷。这个盒子也可以看作是一个薄壁梁简化得到的模型，其两端是自由的，符合薄壁工程梁的假设，在其中间取一个横截面 A-A，则该横截面是开口的。根据薄壁工程梁理论可知，开口截面承担扭矩的能力很差，所以这又是一个几何可变系统反映其原结构承载能力很差的例子，也体现了结构几何组成分析对结构设计的意义。

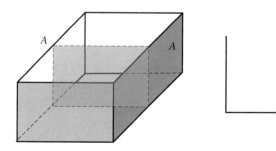

图 5.45   可移动开口方盒的截面

　　以上就是空间薄壁结构静不定判断的方法。如果约束数大于等于自由度数,而各个部件又安排合理的话,系统是满足几何不变条件的。

习题

　　P5-1　一个矩形翼盒截面如图 5.46 所示,假定其承受竖直平面内的弯矩。将其简化为由位于 4 个角上只承担正应力的实心长桁和受剪应力板的组成的模型。

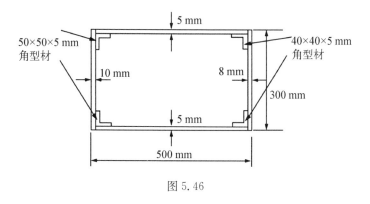

图 5.46

　　P5-2　确定如图 5.47 所示平面桁架结构的几何可变性。

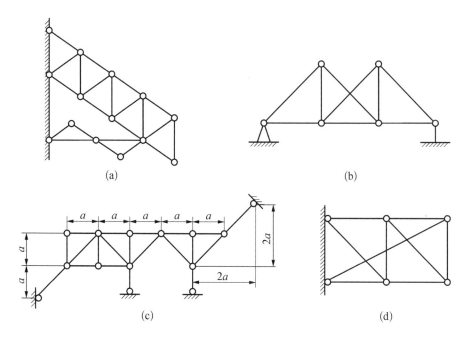

(a)　　　　　　　　　　　(b)

(c)　　　　　　　　　　　(d)

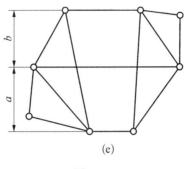

(e)

图 5.47

P5-3 确定如图 5.48 所示系统的几何可变性。

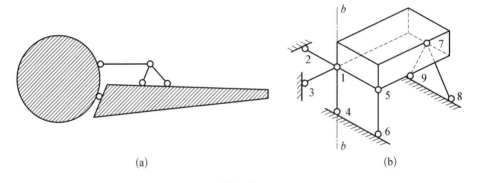

(a)　　　　　　　　　　　　　　　(b)

图 5.48

(a) 平面刚体和桁架组成的系统；(b) 空间刚体和桁架组成的系统

P5-4 确定如图 5.49 所示平面杆/受剪板系统的几何可变性。

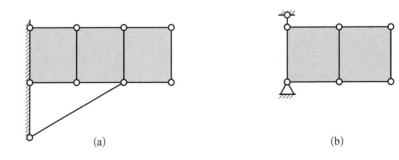

(a)　　　　　　　　　　　　　　　(b)

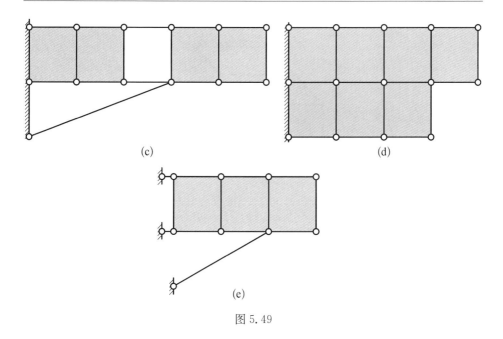

图 5.49

P5-5 确定如图 5.50 所示空间杆/受剪板系统的几何可变性。

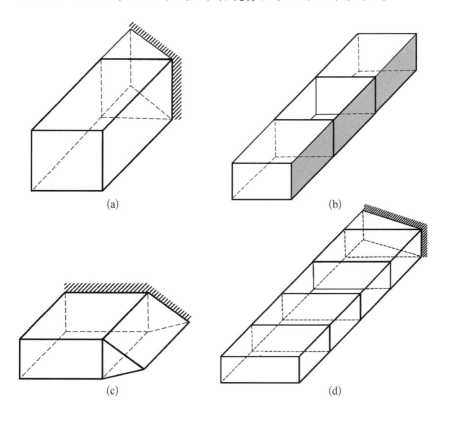

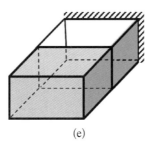

(e)

图 5.50

(a) 根部是上下表面为三角形的封闭盒式结构,在此基础上添加 1 个六面体盒结构;(b) 三个六面体盒式结构连接而成的空间自由结构,中间的盒面板移除;(c) 由一个封闭的六面体盒结构和三棱柱盒结构组成的结构;(d) 根部是上下表面为三角形的封闭盒式结构,在其基础上添加 4 个六面体盒结构,其中一个面板移除;(e) 两个盒式结构相连,并固定在基础上,其中一个盒的上面板移除

第6章　简化薄壁结构的分析方法

第5章阐述了将复杂的薄壁结构简化为便于分析的杆/受剪板模型的方法，并阐述了系统几何可变性的分析方法。本章阐述这种模型的分析方法，这里涉及的结构可分为三类：第一类是平面的杆板薄壁结构；第二类是符合薄壁工程梁理论的结构；第三类是一般的空间薄壁结构，它考虑了实际飞行器结构的特点，包括开口、变截面等。

6.1　平面杆板薄壁结构内力计算

6.1.1　内力的形式

在第5章，进行结构简化时，可以把杆板薄壁结构看成是由杆和板两种元件所组成的受力系统(见图5.6)，杆之间通过端部的结点相互连接，外力只作用在结点上，产生杆轴向力，杆又把力以剪流形式传递给所连接的板。当结构在外载荷作用下处于平衡时，结构中的每个元件也都处于平衡状态。对于静定结构，利用各个元件的平衡，可以逐步求出元件上的载荷。其中，杆在结点力、剪流作用下处于平衡，结点力包含外力和其他杆端的轴力；板只在剪流的作用下处于平衡。

为了便于建立方程，对杆的轴力和板的剪流进行方向的约定。杆的轴力以拉为正，如图6.1所示，杆 ij 在端点 i 受到的轴力，用 N_{ij} 表示，方向指向使杆受拉的方向，而作用在端点 j 的轴力为 N_{ji}。结点虽然固连于杆端，但为了

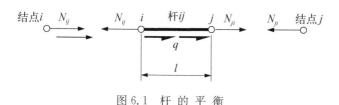

图 6.1　杆 的 平 衡

便于分析传力过程,采用分离体的分析方法,将结点分离出来,单独分析结点力的平衡,结点 i 受到杆的作用力为 N_{ij},结点 j 为 N_{ji},方向与杆受到的轴力方向相反。

杆同时还受到剪流 q 的作用,对于一个长为 l 的杆 ij,杆在 N_{ij}、N_{ji} 和 q 的作用下处于平衡。对于图 6.1 所示的杆,若以向左侧为正,则有

$$N_{ij} - N_{ji} = ql \tag{6.1}$$

当三个载荷中有两个为已知量的情况下,就可以得到另一个量,例如,当 N_{ij} 和 N_{ji} 为已知量时,可求得剪流。

$$q = \frac{N_{ij} - N_{ji}}{l} \tag{6.2}$$

图 6.2　杆一部分的平衡

以 i 点为原点,以杆的轴线为 s 轴,分析坐标 s 处的轴力 N_s(见图 6.2),可得轴力随坐标 s 的变化,从而可绘出轴力图。

$$N_s = N_{ij} - qs \tag{6.3}$$

在不同的端点载荷下,可得到各种轴力分布的形式(见图 6.3)。不过,由于杆上的剪流都是常数,所以轴向力是线性变化的,只要求得杆的两个端点力,就可得出轴力分布形式。

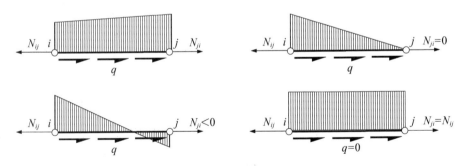

图 6.3　各种载荷下轴力的分布形式

对于结构中剪流的表示,由于四边形板中只有一个剪流,所以用板的编号表示剪流。对于剪流的方向,由于一般根据杆的平衡来计算剪流,所用的剪流方向是板对杆作用力的方向,在画剪流图时也采用这个方向,而实际上板受到的剪力方向是与此相反的。

6.1.2　内力的计算方法

对于静定薄壁结构,仅用静力平衡方程即可求得全部未知内力。杆板薄壁结构与桁架结构类似,求解桁架内力所用的结点法(method of joints)和截面法(method of sections)都适用于薄壁结构。

(1) 结点法。

用结点法时,可由结点力平衡条件求出该结点处各杆的杆端轴力,再由杆的平衡条件求出板的剪流;或者由已知杆一端的轴力和板的剪流,求出杆另一端的轴力。总之,需根据具体情况,灵活、交替地应用结点和杆的平衡条件,逐一求出结构的全部内力。

下面以图 6.4 中所示的包含两个矩形板的结构为例,说明结点法的求解过程。该结构的杆、板部分为无多余约束的几何不变系统,可视为一个刚体,通过三个约束固定在基础上,所以为静定结构。

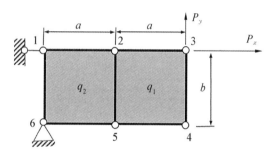

图 6.4　含两个矩形板的杆板结构

该结构中部分元件的平衡如图 6.5 所示。对于结点 3[见图 6.5(a)],受到外载荷 P_x、P_y 的作用,以及杆 2-3 和 3-4 传来的轴向力,根据 x 向和 y 向的平衡,得知

$$N_{23} = P_x$$
$$N_{34} = P_y$$

然后根据杆 3-4 的平衡求剪流 q_1[见图 6.5(b)],注意到结点 4 在 y 方向不受外载荷,类似桁架结构中的零力杆端,所以杆 3-4 在剪流 q_1 和杆轴力 N_{34} 的作用下处于平衡,因此

$$q_1 b = N_{34} = P_y$$

于是得到

$$q_1 = \frac{P_y}{b} \qquad (6.4)$$

再看杆端轴力的求解方法。以 2-3 杆为例[见图 6.5(c)],其在结点 3 处的

轴力 $N_{32} = P_x$。该杆受到的剪流为也为 q_1，根据 3-4 杆的剪流方向[见图 6.5(d)]，可知 2-3 杆所受的剪流向左。在结点 2 处，杆 2-3 的轴力为 N_{23}，杆 2-3 在这 3 个力的作用下处于平衡，因此可得

$$q_1 a + N_{23} = N_{32} \tag{6.5}$$

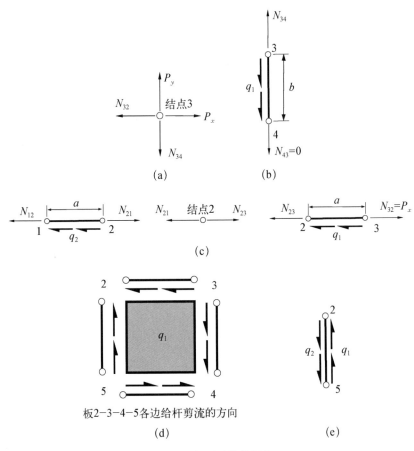

图 6.5　主要元件的平衡

于是得到

$$N_{23} = N_{32} - q_1 a = P_x - P_y \frac{a}{b} \tag{6.6}$$

得到 N_{23} 后，根据结点 2 的平衡就可得到 1-2 杆在 2 点处的轴力 N_{21}

$$N_{21} = N_{23} = P_x - P_y \frac{a}{b} \tag{6.7}$$

对于 1-2 杆,其在 N_{21} 和 N_{12} 以及剪流 q_2 的作用下处于平衡。可以先求解 N_{12},也可先求解 q_2。 对于 N_{12},也可以用整个结构的平衡来求解,在结点 1 处,基础只给结构提供一个约束反力,就是 N_{12},所以可以以结点 6 为力矩中心建立力矩平衡方程,以逆时针方向为正,得到平衡方程

$$N_{12}b + P_y 2a - P_x b = 0 \tag{6.8}$$

求解得到

$$N_{12} = P_x - 2\frac{P_y a}{b} \tag{6.9}$$

对于 q_2,利用杆 2-5 的平衡来求解[见图 6.5(e)],结点 2 和结点 5 都不受 y 向的载荷,因此它在剪流 q_1 和 q_2 的作用下处于平衡。所以

$$q_2 = q_1 = \frac{P_y}{b} \tag{6.10}$$

也可以先根据杆 1-2 的平衡关系,求出其在结点 1 处的轴力。

继续按此方法,可逐一求出其他杆的轴力。

(2) 截面法。

用截面法时,截面通常取在杆的端部,并以杆端轴力代替截面上所截断杆的作用,以未知剪流代替所截断板的支持作用,用截下结构的力和力矩平衡条件可求得截面处杆的轴力和板的剪流。

例如,为了求 2-3 杆在 2 点处的轴力、4-5 杆在 5 点的轴力以及板的剪流 q_1,在 2-5 杆处沿竖直方向建立截面,得到分离体,如图 6.6 所示。这个分离体在外载荷 P_x、P_y 和结构内力 N_{23}、N_{54} 和 q_1 的作用下处于平衡状态。因此可以建立 3 个平衡方程求出这 3 个内力。

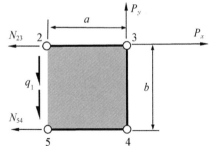

图 6.6　截面法的分离体

首先,根据 y 向的平衡可得

$$q_1 b = P_y$$

因而

$$q_1 = \frac{P_y}{b} \tag{6.11}$$

再以 5 点为力矩中心建立平衡方程，以逆时针为正，得到

$$N_{23}b - P_x b + P_y a = 0$$

解得

$$N_{23} = P_x - P_y \frac{a}{b} \tag{6.12}$$

再根据 x 向的平衡方程

$$P_x - N_{23} - N_{54} = 0$$

得到

$$N_{54} = P_y \frac{a}{b} \tag{6.13}$$

当然，也可以 2 点为力矩中心建立力矩平衡方程，先求得 N_{54}。

可以看出，截面法的好处是在无须依次求解很多元件内力的情况下，就可以直接得到某一位置处元件的内力。

例题 6 - 1

为了方便展示上述内力求解结果，假定 $P_x = 0$，$P_y = 1\,000\,\text{N}$，$a = b = 0.1\,\text{m}$，求结构的内力。

解： 按以上方法求解得到剪流 $q_1 = q_2 = 10\,000\,\text{N/m}$，各个杆的轴向力分布如图 6.7(a) 所示。

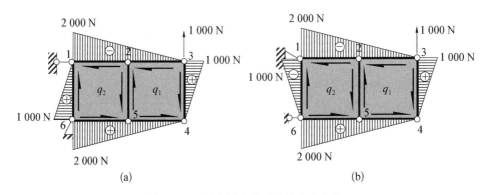

图 6.7　不同支撑条件下结构内力分布

可见，上部的杆受压，下部的杆受拉载荷。可将这个杆板结构视作一个等截面的悬臂梁，在这种载荷下，上、下表面的缘条分别承受压、拉载荷。而弯矩沿 x

向是线性变化的,所以弯矩引起的应力是线性变化的,对应的缘条轴向力也是线性变化的,这是与梁的受载特性相符的。

　　竖向的杆中也存在内力,杆 3-4 受拉伸载荷作用,杆 2-5 在两个板的剪流作用下,轴向力为 0。根部的杆 1-6 承受拉伸载荷,而如果将 1 点和 6 点的边界条件互换一下,则 1-6 杆受压载荷,其内力如图 6.7(b)所示。虽然最大载荷值不变,但在压载荷下杆件会产生失稳现象,所以这种边界条件的影响需要引起注意。

例题 6-2

　　如图 6.8 所示,一个由梯形板和 3 根杆组成的结构,求解其内力。

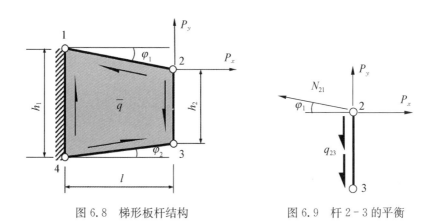

图 6.8　梯形板杆结构　　　　　图 6.9　杆 2-3 的平衡

　　解: 这是个静定结构,可以用结点法建立平衡方程,根据 2-3 杆的平衡(见图 6.9)建立方程,其中 3 点没有外载荷,只与两根不同轴的杆相连,因此两根杆在此处的杆端力为 0;而在结点 2 处,存在外载荷 P_x、P_y,1-2 杆在此点产生的轴向力 N_{21} 不为 0;另外板给 2-3 杆的剪流为 q_{23}。

　　根据结点 2 在 x 向的平衡,得

$$P_x - N_{21}\cos\varphi_1 = 0 \tag{6.14}$$

根据 y 向的平衡,得

$$P_y + N_{21}\sin\varphi_1 - q_{23}h_2 = 0 \tag{6.15}$$

由上两式解得

$$N_{21} = \frac{P_x}{\cos\varphi_1}$$

$$q_{23} = \frac{1}{h_2}(P_y + P_x \tan \varphi_1)$$

进而得到板的几何平均剪流

$$\bar{q} = q_{23}\frac{h_2}{h_1} = \frac{1}{h_1}(P_y + P_x \tan \varphi_1) \tag{6.16}$$

该剪流在 1-2 边的方向为从 2 到 1,而在 3-4 边为从 4 到 3,可求得杆 1-2 在结点 1 的轴力为

$$N_{12} = N_{21} - \frac{\bar{q}l}{\cos \varphi_1} = \frac{P_x}{\cos \varphi_1} - \frac{l}{h_1\cos \varphi_1}(P_y + P_x \tan \varphi_1) \tag{6.17}$$

由于结点 3 处的杆轴力为 0,所以易于得到杆 2-3 和杆 3-4 的轴力。最终得到这个结构的内力分布如图 6.10 所示。

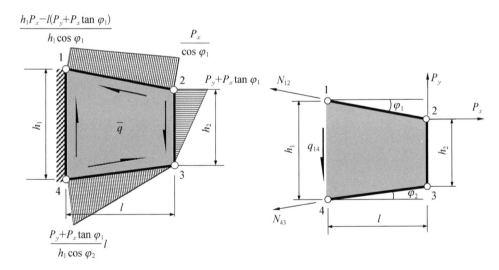

图 6.10　梯形杆板结构的内力图　　　　图 6.11　用截面法求解基础处的轴力

同样,还可以用一个截面将结构在边界处分离开,如图 6.11 所示,边界处的内力有 N_{12} 和 N_{43},以及基础作用于板的剪流 q_{14}。

首先求 N_{12},建立关于 4 点的力矩平衡方程

$$N_{21}h_1\cos \varphi_1 + P_y l - P_x(h_2 + l\sin \varphi_2) = 0 \tag{6.18a}$$

得到

$$N_{12} = \frac{P_x(h_2 + l\sin\varphi_2) - P_y l}{h_1\cos\varphi_1} \tag{6.18b}$$

这个结果和式(6.17)不同,但利用几何关系可得到

$$l\sin\varphi_2 = h_1 - h_2 - l\tan\varphi_1 \tag{6.19}$$

将式(6.19)代入到式(6.18b)中,于是可得到与式(6.17)相同的结果。同理可求 N_{43} 。

以上阐述了杆板薄壁结构模型内力计算的基本方法,对于复杂的杆板薄壁结构模型,只要是静定的,都能按这种方法计算模型的内力。但需要注意,实际结构中的杆和板通常是用铆钉等紧固件连接的,它们之间的作用力包括两者之间摩擦力和紧固件处的集中力,所以真实的内力分布形式与这种模型是有差别的,上述分析方法中,模型中板承受的总剪切力、杆端受到的轴向力与真实情况是相符的,从而对于这些构件可以进行细化数值模型分析或者静力试验来确定其强度。上述分析方法对于学习者的另一个意义是,经过这样例题的训练后,在面对一个杆板结构的时候,可很容易看出结构中各元件内力的形式,估算出内力的大小,从而进行结构安全性的评估或者参数的设计。

6.2　广义力和广义位移

外载荷的作用、温度的改变、元件尺寸制造误差以及结构支座的移动等因素都能使元件发生变形,因而使结构各点产生线位移,元件各截面产生角位移。在材料线弹性、结构小变形的情况下,这种位移又称之为弹性位移。

本章将应用基于能量原理的单位载荷法来计算结构位移,这就涉及了外力功的计算。外力功与作用在弹性体上的力,以及这些力产生的位移有关,其量纲为 N·m。这里的力是广义力(general load),包括集中力、扭矩、弯矩、剪流等,对于不同类型力,有对应形式的位移,包括线位移、扭转角、弯曲转角等,称为广义位移(general displacement)。从而,外力功表示为

$$W = \frac{1}{2} \times 广义力 \times 广义位移 \tag{6.20}$$

如图 6.12 所示,对于一段长为 ds 的杆,如果将其轴向力 $N(s)$ 视作广义

力,则广义位移为 $\dfrac{N(s)\mathrm{d}s}{Ef}$;对于弯曲梁,可将弯矩 $M(s)$ 视作广义力,则广义

位移为弯曲转角 $\dfrac{M(s)\mathrm{d}s}{EI}$;对于扭转轴,可将扭矩 $T(s)$ 视作广义力,则广义位

移为扭转角 $\dfrac{T(s)\mathrm{d}s}{GJ}$。 根据式(6.20)可计算得到外力功,在元件的长度上进行

积分即可得到元件上的外力功。下面将通过外力功来推导杆板薄壁结构中各种

元件的广义力和广义位移。

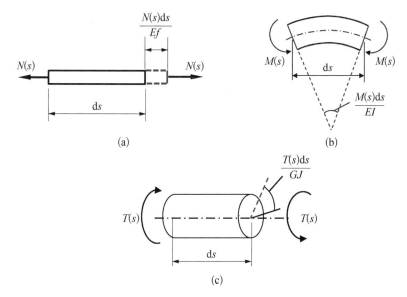

(a)

(b)

(c)

图 6.12　轴向力、弯矩和扭矩产生的位移

(a)杆;(b) 弯曲梁;(c) 扭转轴

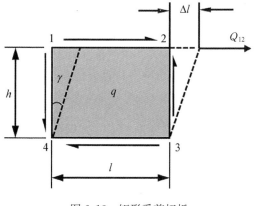

图 6.13　矩形受剪切板

下面来看杆板薄壁结构中的广义力和广义位移。先来看矩形板剪切变形所对应的外力功,板在剪流 q 作用下的变形如图 6.13 虚线所示。在板变形时,1－2 边的位移为 Δl,产生的夹角为 γ。

此时只有沿着 1－2 边的剪流合力 Q_{12} 在位移 Δl 上做功,由于 $Q_{12}=ql$,所以做的功为

$$W = \frac{1}{2} Q_{12} \Delta l \tag{6.21}$$

因为 γ 也是剪应变,所以

$$\gamma = \frac{q}{Gt} \tag{6.22}$$

在小变形情况下

$$\Delta l = \gamma h = \frac{q}{Gt} h \tag{6.23}$$

把式(6.23)代入式(6.21),得到

$$W = \frac{1}{2} ql \frac{q}{Gt} h = \frac{1}{2} q \left(\frac{q}{Gt} F \right) \tag{6.24}$$

其中,F 为板的面积

$$F = lh$$

根据功的定义,如果将剪流 q 视作矩形板受到的广义力,则对应的广义位移为 $\frac{q}{Gt} F$。

下面看杆元件,在剪流的作用下,杆的轴力沿轴向是线性变化的,所以这里讨论变轴力杆的广义力和广义位移。如图 6.14 所示,杆在端点 1 的轴向力为 N_1,在端点 2 的为 N_2。

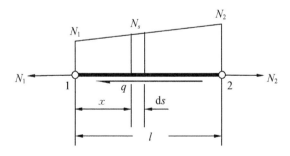

图 6.14　变轴力杆的广义力和广义位移

杆在某一截面的轴力可表示为

$$N_s = N_1 + \frac{N_2 - N_1}{l} s \tag{6.25}$$

在 $\mathrm{d}s$ 处的应变为 ε_s, 位移为 $\mathrm{d}u$, 杆的截面积 f 为常数, 则有

$$\mathrm{d}u = \varepsilon_s \mathrm{d}s = \frac{N_s}{Ef} \mathrm{d}s \tag{6.26}$$

外力在 $\mathrm{d}u$ 上做的功为

$$\begin{aligned}
W &= \frac{1}{2} \int_0^l N_s \, \mathrm{d}u = \frac{1}{2} \int_0^l N_s \, \frac{N_s}{Ef} \mathrm{d}s \\
&= \frac{1}{2} \left[N_1 \frac{l}{6Ef} (2N_1 + N_2) + N_2 \frac{l}{6Ef} (N_1 + 2N_2) \right]
\end{aligned} \tag{6.27}$$

按照广力义和广义位移的定义, 对于一个杆微元, 可以将 N_s 看作广义力, 则相应的广义位移为 $\dfrac{N_s}{Ef} \mathrm{d}s$; 对于整个杆, 可以将杆端力 N_1 和 N_2 看作广义力, 则相应的广义位移就分别是 $\dfrac{l}{6Ef}(2N_1 + N_2)$ 和 $\dfrac{l}{6Ef}(N_1 + 2N_2)$。

再来看平行四边形受剪板, 其载荷如图 6.15(a) 所示。可以通过分割、重新组合的方法, 将这个板的受载情况等效为一个矩形板。取三角形 2-5-3 作分离体, 在 2-3 边上, 仍然承受剪流, 而在 2-5 边上, 则存在正应力 σ 和剪流 q_{25}。由分离体 x 向的平衡得到

$$\sigma = \frac{2q \tan \varphi}{t} \tag{6.28}$$

由 y 向的平衡, 得到

$$q_{25} = q \tag{6.29}$$

假想将三角形 2-3-5 补到 1-4 边上, 则组成了一个矩形板, 只不过其载荷状态为剪流 q [见图 6.15(b)] 和拉应力 σ [见图 6.15(c)] 两种状态的叠加。因此, 平行四边形板的剪流对板做的功等于这两种状态做功之和。矩形板中剪流 q 所做的功为

$$W_1 = \frac{1}{2} q \frac{qF}{Gt} \tag{6.30}$$

正应力做的功为

$$W_2 = \frac{1}{2}\sigma h t \,\Delta l \qquad\qquad (6.31)$$

其中，Δl 为拉伸方向上的变形

$$\Delta l = \frac{\sigma}{E}l$$

所以

$$W_2 = \frac{1}{2}\sigma h t \,\frac{\sigma l}{E} \qquad\qquad (6.32)$$

这样，平行四边形板中外力的总功 W 为

$$W = W_1 + W_2 = \frac{1}{2}\left(q\,\frac{qF}{Gt} + \sigma h t\,\frac{\sigma l}{E}\right) = \frac{1}{2}q\,\frac{qF}{Gt}\left(1 + 4\,\frac{G}{E}\tan^2\varphi\right)$$

$$(6.33)$$

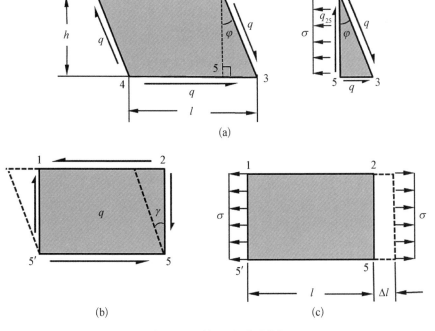

图 6.15　平行四边形受剪板

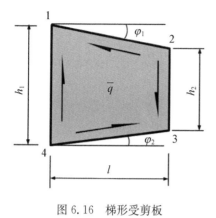

图 6.16　梯形受剪板

按照广力义和广义位移的定义，若将剪流 q 作为广义力，则相应的广义位移为 $\dfrac{qF}{Gt}\left(1+4\,\dfrac{G}{E}\tan^2\varphi\right)$。

对于梯形受剪板（见图 6.16），各边受到的剪流不全相等，但可以用平均剪流 $\bar{q}$ 表示，其所做功表达式的推导过程较为复杂，这里不再详细讲解。直接给出表达式

$$W=\frac{1}{2}\,\bar{q}\,\frac{\bar{q}F}{Gt}\left[1+4\,\frac{G}{E}(\tan^2\varphi_1+\tan\varphi_1\tan\varphi_2+\tan^2\varphi_2)\right] \quad (6.34)$$

其中，φ_1 和 φ_2 为梯形两个腰与高方向的夹角。在飞机结构中，这两个夹角一般为 $-10°\sim10°$，所以包含夹角的项一般大小不到其他项的 1.5%。所以通常可以忽略，从而功的表达式变为

$$W=\frac{1}{2}\,\bar{q}\,\frac{\bar{q}F}{Gt} \quad (6.35)$$

所以，可将平均剪流 $\bar{q}$ 视作广义力，相应的广义位移为 $\dfrac{\bar{q}F}{Gt}$。

至此，我们学习了几种典型元件受到特定载荷时，其广义位移和功的计算方法。总结如表 6.1 所示。

表 6.1　常用广义力和广义位移表

广义力名称	广义力符号	广 义 位 移
轴向力	$N(s)$	$\dfrac{N(s)}{Ef}\mathrm{d}s$
弯矩	$M(s)$	$\dfrac{M(s)\mathrm{d}s}{EI}$
扭矩	$T(s)$	$\dfrac{T(s)\mathrm{d}s}{GJ}$
矩形板剪流	q	$\dfrac{q}{Gt}F$

（续表）

广义力名称	广义力符号	广 义 位 移
平行四边形板剪流	q	$\dfrac{qF}{Gt}\left(1+4\dfrac{G}{E}\tan^2\varphi\right)$
梯形板剪流	$\bar{q}$	$\dfrac{\bar{q}F}{Gt}$
变轴力杆两端的轴力	$N_1,\ N_2$	$\dfrac{l}{6Ef}(2N_1+N_2)$

6.3　静定杆板薄壁结构的位移计算

接下来将用单位载荷法求解结构的位移。单位载荷法中,需要计算单位载荷所产生的元件内力在真实载荷产生的元件位移上做的功。结构中有各种元件,包括变轴力杆、受剪板、受弯曲梁、受扭梁等,因此元件的内力属于上述广义力中的一种,元件的位移也是广义位移。结构中总的功等于各个元件上功的和,从而实现基于单位载荷法的位移求解。

单位载荷法是根据虚功原理(principle of virtual work)或者余虚功原理(principle of complementary virtual work)导出的,余虚功原理也叫“虚力原理”(principle of virtual force)。接下来介绍虚力原理,并基于虚力原理介绍单位载荷法(unit load method)。

虚力原理的表述为:当弹性体在外力作用下处于协调的变形状态时,对任何满足平衡条件和应力边界条件的虚力或者虚应力,他们在弹性体位移上所做的虚功,等于其产生的内力在弹性体原有变形上产生的虚应变能。

对于一个结构,在外载荷的作用下处于平衡状态,用“P”来表示实际外载荷状态,“P”状态下的总变形由结构各元件受轴力、弯矩、剪力等内力引起的变形叠加而成,对于各内力,用下标“P”表示实际外载荷状态,根据前面讲到的广义力和广义位移的知识,可以分别写出各个内力对应的变形量。

如图 6.17 所示,要求结构中某点 K 在外力系统 P_1、P_2 作用下某方向的位移 Δ,则需要在这个位移方向上施加一个力,这个力就是虚力原理中虚力。为了便于计算,让这个力的大小为 1,称之为“虚单位力”。这个虚单位力在结构中各个元件上也将产生内力,令其为轴力 N_1、弯矩 M_1 和剪流 q_1 等,令这个状态为“1”状态。

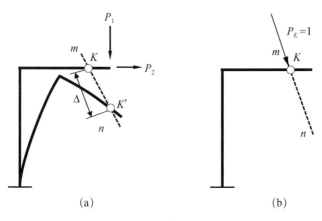

图 6.17   真 实 力 状 态

(a) 真实力;(b) 单位力

根据虚力原理:虚单位力在结构位移上做的功为 $1\times\Delta$,而其在元件上产生的虚内力所做的功等于虚内力乘以真实载荷下的元件变形量。对于不同的元件,根据 6.2 节中给出的广义位移表达式,虚内力做的虚功为:

杆元件——$\int_l \dfrac{N_1 N_P}{Ef}\mathrm{d}s$;

梁元件——$\int_l \dfrac{M_1 M_P}{EI}\mathrm{d}s$;

矩形板——$\dfrac{q_1 q_P F}{Gt}$。

若结构中有多个元件,则需要将各个元件上的虚功求和,并令其等于虚单位力在 Δ 上做的功。

$$1\times\Delta = \sum\int_l \frac{N_{1i} N_{Pi}}{(Ef)_i}\mathrm{d}s + \sum\int_l \frac{M_{1i} M_{Pi}}{(EI)_i}\mathrm{d}s + \sum \frac{q_{1i} q_{Pi} F}{(Gt)_i} \quad (6.36)$$

从物理意义上讲,式(6.36)两端都具有功的量纲,但为了表达简便,在计算的时候可以去掉左端的单位力,只保留"Δ"。同时,右端由单位力引起的内力也不含量纲。

单位载荷法求结构弹性位移的步骤总结如下:

(1) 求结构在外载荷作用下各个元件的内力,如弯矩 M_P、轴力 N_P、剪流

q_P 等,并得到各个元件上的变形。

(2)确定所求未知位移方向上应该施加的单位广义力,然后求出结构在这个单位力作用下的内力,得到弯矩 M_1、轴力 N_1 和 q_1 等。

(3)根据实际载荷下的元件变形和单位力状态的内力,得出虚应变能的表达式,求得位移。

所加单位力的位置、类型和方向必须和所求的位移相对应。如图 6.18 所示:(a)求某点的线位移时,则在该点施加单位集中力,其作用线与所求位移的方向一致;(b)求梁结构上某个截面的转角时,则需要在该截面上施加单位力矩;(c)求结构中某个杆元件的转角时,是无法在杆上加集中单位力矩的,但可以在杆的两端加上组成力偶的两个集中力,大小为 $1/h$,于是这根杆两端点之间力矩的大小为 1;(d)若求结构中两个点的相对位移,则应在该两点连线方向加一对组成单位力偶的集中力;(e)若求两剖面间的相对转角,则应在该两剖面上各加一个相对单位力矩。

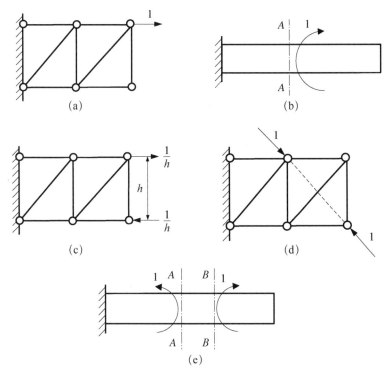

图 6.18 求解不同位移问题时应施加的单位载荷

(a)线位移;(b)截面转角;(c)杆元件的转角;(d)两点的相对位移;(e)两截面的相对转角

例题 6-3

计算图 6.4 所示的结构中 3 点的 y 向位移。已知 $P_x = 0$，$P_y = 1\,000\,\text{N}$，$a = b = 0.1\,\text{m}$，板的厚度 $t = 0.001\,\text{m}$，杆的横截面积 $f = 0.000\,1\,\text{m}^2$，弹性模量 $E = 7 \times 10^{10}\,\text{Pa}$，剪切模量 $G = 2.7 \times 10^{10}\,\text{Pa}$。

解：先求"P"状态的内力，这个结果在图 6.7(a) 中已经给出，为了方便阅读，再次在图 6.19(a) 给出。在 3 点施加 y 向单位力 1，计算"1"状态的内力，如图 6.19(b) 所示。

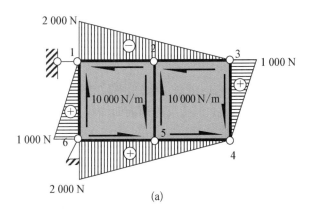

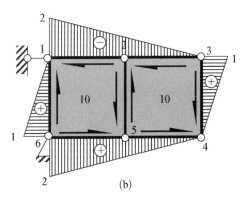

图 6.19　两种状态下结构内力图

(a) "P"状态内力；(b) "1"状态内力

结构中有 6 个杆元件和 2 板元件，根据公式(6.36)得到 3 点 y 向位移的表达式

$$1 \times \Delta = \sum_{i=1}^{6} \int_0^{l_i} \frac{N_{i1} N_{iP}}{(Ef)_i} \mathrm{d}s + \sum_{i=1}^{2} \frac{q_{i1} q_{iP} F_i}{(Gt)_i} \tag{6.37}$$

式(6.37)中有 $N_{i1}N_{iP}$ 的积分。如果是桁架结构,杆的轴力是常数,直接乘以杆元件的长度即可得出积分结果。对于杆板结构,N_{i1} 和 N_{iP} 都是 s 的线性函数,对这样的积分,可以用图形互乘法计算积分。图形互乘法的推导见本节附录,具体可以这样来描述,一个函数和另一个线性变化函数乘积的积分,等于该函数图形的面积乘以其形心位置处那个线性函数的值。

再来看上述积分,1-2-3 段的轴力可以用一个函数来表示,杆的参数也是相同的,所以可以在一次积分中完成,4-5-6 段也是如此,各自虚应变能为

$$\int_0^{0.2} \frac{N_1 N_P}{Ef}ds = 0.2 \times \frac{2\,000 \times 2}{3} \frac{1}{Ef} = \frac{0.2 \times 2\,000 \times 2}{3 \times 7 \times 10^{10} \times 0.000\,1}$$
$$= 3.81 \times 10^{-5}\ \mathrm{N \cdot m}$$

对于 1-6 杆和 3-4 杆,积分的结果分别为

$$\int_0^{0.1} \frac{N_1 N_P}{Ef}ds = 0.05 \times \frac{1\,000 \times 2}{3} \frac{1}{Ef} = \frac{0.05 \times 1\,000 \times 2}{3 \times 7 \times 10^{10} \times 0.000\,1}$$
$$= 4.76 \times 10^{-6}\ \mathrm{N \cdot m}$$

对于两块板,虚应变能也相同

$$\frac{q_1 q_P F}{Gt} = \frac{10\,000 \times 10 \times 0.01}{Gt} = \frac{10\,000 \times 10 \times 0.01}{2.7 \times 10^{10} \times 0.001} = 3.70 \times 10^{-5}\ \mathrm{N \cdot m}$$

所以,总位移为

$$\Delta = 2 \times (3.81 \times 10^{-5} + 4.76 \times 10^{-6} + 3.70 \times 10^{-5}) = 1.60 \times 10^{-4}\ \mathrm{m}$$

例题 6-4

求例题 6-3 中 5 点的位移。

解:"P"状态的内力依然如图 6.7 (a)所示。在 5 点施加向下的单位力 1,计算"1"状态的内力,如图 6.20 所示。

右半部分的杆、板内力都为 0,所以只考虑左半部分。杆 1-2 和 5-6 产生的虚应变能相同,为

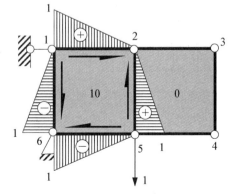

图 6.20 5 点施加向下单位力后的
"1"状态内力图

$$\int_0^{0.1} \frac{N_1 N_P}{Ef} ds = -0.05\left(2\,000 - \frac{1}{3}\times 1\,000\right)\frac{1}{Ef} = -\frac{0.05\times 5\,000}{3\times 7\times 10^{10}\times 0.000\,1}$$
$$= -1.19\times 10^{-5}\ \text{N}\cdot\text{m}$$

"P"状态下 2 - 5 杆的轴力为 0，所以只求 1 - 6 杆产生的虚应变能，由例题 6 - 3 可知，其大小为 - 4.76 × 10^{-6}。同样可知，左边板产生的虚应变能为 - 3.70 × 10^{-5} N·m。

所以，总位移为

$$\Delta = 2\times(-1.19\times 10^{-5}) - 4.76\times 10^{-6} - 3.70\times 10^{-5}$$
$$= -6.56\times 10^{-5}\ \text{m}$$

负号表示实际位移是向上的。

附录：图形互乘法的推导

如图 6.21 所示，一个具有任意形状的函数为 $N_1(x)$，另一个函数 $N_P(x)$ 为线性函数

$$N_p(x) = b + kx \tag{6.38}$$

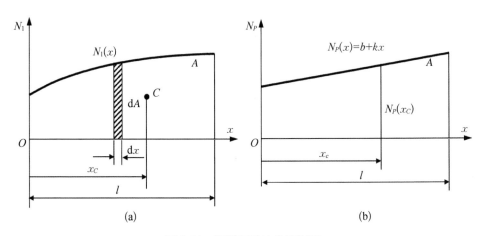

图 6.21　图形互乘法推导配图

在区间 $[0, l]$ 上，两者乘积的积分为

$$\int_0^l N_1 N_P dx = b\int_0^l N_1(x) dx + k\int_0^l x N_1(x) dx, \tag{6.39}$$

由图 6.21(a)可见,前一项中的 $\int_0^l N_1(x)\mathrm{d}x$ 为 $N_1(x)$ 下的面积,记为 A,后一项 $\int_0^l xN_1(x)\mathrm{d}x$ 为静矩

$$\int_0^l xN_1(x)\mathrm{d}x = Ax_C \qquad (6.40)$$

其中,x_C 为形心坐标,所以有

$$\int_0^l N_1 N_P \mathrm{d}x = A(b + kx_C) \qquad (6.41)$$

而 $b + kx_C$ 为 $N_1(x)$ 形心处的 N_P 值,记为 $N_P(x_C)$,于是有

$$\int_0^l N_1 N_P \mathrm{d}x = AN_P(x_C) \qquad (6.42)$$

　　因此图形互乘法可表述为:一个函数和另一个线性变化函数乘积的积分,等于该函数图形的面积乘以其形心位置处那个线性函数的值。几个应用图形互乘法的例子如表 6.2 所示。

表 6.2　图形互乘法例子

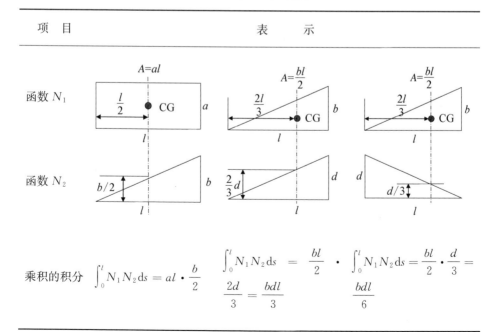

6.4   静不定杆板薄壁结构的内力计算

由于静不定结构中约束数大于自由度数,无法通过静力平衡方程求出元件的内力,在结构力学中可以采用力法(force method)和直接刚度法(direct stiffness method)求解,这里介绍使用力法求解静不定杆板薄壁结构内力的例子。

根据力法原理,对于 r 次静不定的结构,首先通过"切开"元件的方式"解除"结构中 r 个多余约束,并在切口处施加元件对应的内力(一个元件可能有多个内力),使结构仍然保持平衡状态,从而得到一个静定的结构。由于结构在已知的外载荷和未知的内力作用下保持平衡,而且元件满足变形连续条件,所以在切口处两个端面的相对位移为 0(一个切口处可能有多个相对位移),根据这个条件,使用外载荷和未知内力,表示出切口处未知内力所对应的相对位移,令其为 0,这样,有多少个未知内力就可以建立多少个方程,从而可以求得各个未知的内力。然后,将外载荷和未知内力在含切口静定结构中产生的内力叠加,即得外载荷状态下的原结构内力。

例题 6-5

求图 6.22 所示平面杆板系统的内力。已知各个杆的截面积为 f,各板的边长为 a,板厚度为 t,弹性模量为 E,剪切模量为 G,且有 $EF = Gta$。

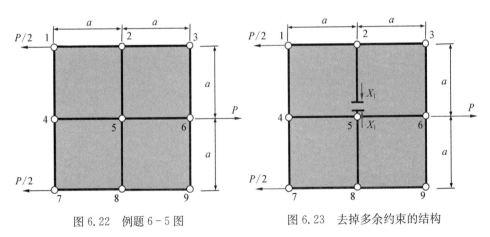

图 6.22   例题 6-5 图   图 6.23   去掉多余约束的结构

解: 首先,确定结构的静不定次数。这是一个可在平面内自由移动的结构,结构中有 1 个内十字结点,是 1 次静不定结构,且在图 6.22 所示的自平衡载荷作用下,在水平方向处于平衡状态,能够通过静力学手段求解。

先用 1 个未知内力替换结构中的 1 个多余约束,将杆 2-5 视作多余约束,在 5 处将其"切断"。再在切口两端施加一对未知力 X_1,得到一个平衡的静定系统,如图 6.23 所示。然后,分别求切口在外载荷和未知力 X_1 作用下的相对位移。

(1)"P"状态下切口位移。

先求"P"状态下结构内力,大小及方向如图 6.24(a)所示。为了求切口的相对位移,在切口处施加一对单位力,得到这个力作用下的剪流和杆轴力的分布,如图 6.24(b)所示。

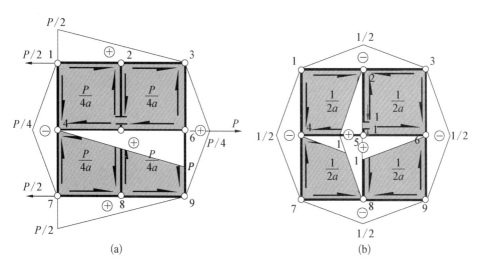

(a)　　　　　　　　　　　　　　　　(b)

图 6.24　静定结构切口位移求解

(a)"P"状态;(b)"1"状态

然后,根据单位载荷法计算真实载荷作用下的切口相对位移 Δ_{1P}。 分别求杆和板的虚应变能。在代入式(6.36)之前,可先判断结果相互抵消的积分式,从而简化计算过程,对于杆,在"1"状态下,1-7 和 3-9 部分杆的轴力为负,大小相等,而"P"状态下,这两部分,一部分为正,一部分为负,大小也相等,所以两部分相乘积分后得到的值是正负抵消的,不用再计算;而"P"状态下,2-8 部分轴力为 0,也不用计算,只要考虑 1-3,4-6 和 7-9 这三部分的影响,使用图形互乘法进行积分的运算,得到杆的虚应变能为

$$\sum_{i=1-3,4-6,7-9}\int_0^{l_i}\frac{N_{i1}N_{iP}}{(Ef)_i}\mathrm{d}s=\frac{1}{Ef}\left[a\cdot\frac{P}{2}+2\left(-\frac{a}{2}\cdot\frac{P}{4}\right)\right]=\frac{aP}{4Ef}$$

(6.43)

对于板,"P"状态下,上部两个板剪流方向相同,大小相同,而"1"状态下这两个板的剪流方向相反,大小相同,所以这两个板上的虚应变能之和 0;下部两个板剪流的特征也是如此,总的虚应变能也为 0。

(2)"X_1"状态下切口位移。

再来求切口处由 X_1 产生的相对位移,"X_1"状态下的内力形式与"1"状态下相同,只是在大小上差 X_1 倍,将两种状态下杆和板的内力代入式(6.36)可得

$$\Delta = \sum_{i=1}^{12} \int_0^{l_i} \frac{N_{i1}N_{iP}}{(Ef)_i} \mathrm{d}s + \sum_{i=1}^{4} \frac{q_{i1}q_{iP}F_i}{(Gt)_i}$$

$$= 8 \cdot \frac{1}{Ef} \cdot \frac{1}{3}\left(\frac{X_1}{2} \cdot \frac{1}{2} \cdot a\right) + 4 \cdot \frac{1}{Ef} \cdot \frac{2}{3}\left(X_1 \cdot \frac{1}{2} \cdot a\right) +$$

$$\quad 4 \cdot \frac{1}{Gt}\left(\frac{X_1}{2a} \frac{1}{2a}a^2\right)$$

$$= X_1\left(\frac{2a}{Ef} + \frac{1}{Gt}\right) = \frac{3a}{Ef}X_1 \tag{6.44}$$

由于"P"状态和"X_1"状态下切口的相对位移之和等于 0,所以得

$$\frac{aP}{4Ef} + \frac{3a}{Ef}X_1 = 0$$

$$X_1 = -\frac{P}{12} \tag{6.45}$$

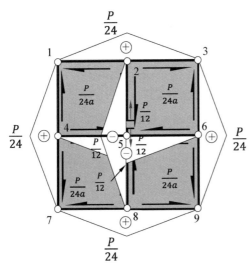

图 6.25　"X_1"状态下结构内力

从而得到"X_1"状态下结构内力,如图 6.25 所示。然后将"P"状态和"X_1"状态下的内力叠加,即得到原结构的内力,如图 6.26 所示。

静不定结构的位移求解方法也可以用单位载荷法,这就需要求解在单位力下静不定结构的内力,其过程与上述过程相同,然后再建立能量平衡方程求解出单位力施加方向的位移。对于高次静不定的结构,则要建立方程组,求解多个未知力,因而求解的计算量也较大。目

前,对于复杂结构,多使用结构有限元(finite element method)法求解,这种方法衍生于直接刚度法,求解过程中不受结构静定性的限制,而且易于使用计算机来实现。

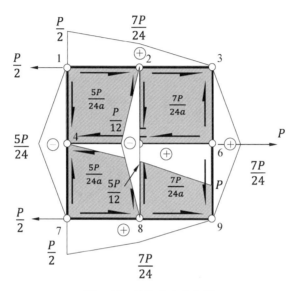

图 6.26　结构内力分布图

6.5　对称系统的简化计算

在实际工程中,经常遇到对称的结构,这时利用对称条件,可使计算简化,对称结构(symmetric structure)中结构的几何形状、构件截面尺寸和材料性质均对称于某一几何轴或者平面(称为对称轴或者对称面)。在对称结构上,载荷也可能存在对称性,如果所受载荷的大小、方向和作用点都关于结构的对称轴(或对称面)对称,则称这种载荷为"对称载荷"(symmetric load)。如果所受载荷的大小和作用点,关于系统的对称轴(或对称面)对称,而方向是相反的,则称这种载荷为"反对称载荷"(antisymmetric load)。

在分析对称结构时有以下特性可以利用:

(1) 承受对称载荷时,结构的内力和变形必然是对称的。

(2) 承受反对称载荷时,结构的内力和变形是反对称的。

(3) 承受对称载荷时,在结构对称面的切口处,只有对称的内力,而反对称内力必为 0,反对称的变形也为 0。

(4) 对称结构承受反对称载荷时,在结构对称面的切口处,只有反对称的内力,而对称的内力和变形必为 0。

根据后两条特性,可以提前知道结构中为 0 的内力和位移,从而降低模型的静不定次数。如图 6.27(a)所示,一个平面刚架两端固支,共有 6 个约束,是 3 次静不定系统,而在对称载荷下,对称面的剪切载荷为 0,是已知量,所以刚架变为 2 次静不定系统,如图 6.27(b)所示。从而可以只分析一半结构,在对称面处用特定的支座替代另一半结构的作用。进一步知,在对称载荷下,对称面处横向位移和转角为零,但可以上下移动,因此只分析一半结构,用可动的定向支座在对称面处将结构固定,如图 6.27(c)所示。这个支座提供了横向位移和转动,共 2 个约束,不改变结构的静定性。

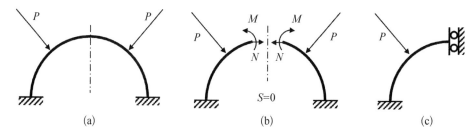

图 6.27　对称载荷下的平面刚架的简化

(a) 原结构;(b) 对称内力分析;(c) 等效结构

而在反对称载荷下,如图 6.28 所示,对称面的轴力和弯矩为 0,结构变为 1 次静不定系统,切口处的竖向位移为 0,但可以左右移动和转动,因此,可以用可动支座替代切口处的约束,只分析一半结构,而另一半的受力呈反对称状态。这个可动支座只提供竖向的约束,也不改变结构的静定性。

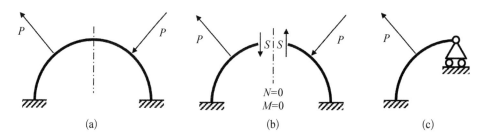

图 6.28　反对称载荷下的平面刚架

(a) 原结构;(b) 反对称内力分析;(c) 等效结构

以上是以刚架结构为例,如果是复杂组合结构,如桁架结构,在对称面上也可以进行类似的处理,但是要注意,以上对称面上的内力是总的内力,其中总弯

矩可能是力偶产生的,这时选取的对称边界约束也要起到力偶的作用。例如图
6.29 所示的对称桁架受对称载荷,对称面上是存在弯矩的,但是桁架结构的结
点不能承担弯矩,这个弯矩是由结点上的力偶形成的。在进行一半结构建模的
时候,只要将对称面上结点的水平位移约束住即可,尽管没有约束每个结点的转
动,但结点的反力形成了力偶,对于整个结构来说,它仍然起到了约束转动的作
用。在进行复杂结构分析时,或者使用有限元法进行建模分析时,要特别注意这
一点,即只约束一些结点的平动自由度,也会对结构产生转动约束的效果。

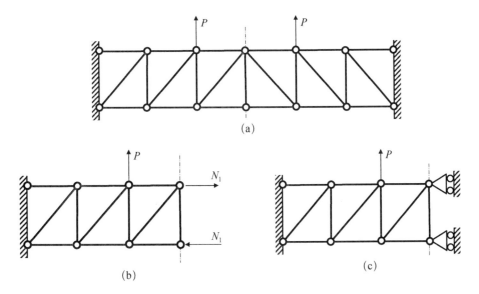

图 6.29   受对称载荷的对称桁架的简化
(a) 原结构;(b) 对称面的力偶;(c) 对称面的支座

6.6   简化薄壁工程梁模型的弯曲

在 5.1 节中,讲述了结构的简化方法,当载荷条件不同,得到的简化结果不
同。截面的几何参数应根据对应载荷条件下的简化结果计算得出,使用对应的
载荷进行应力计算才能得出正确的结果。中性轴的位置由梁截面上轴向载荷为
零的条件得出

$$\int_0 \sigma_z \mathrm{d}A = 0 \tag{6.46}$$

其中,A 应该为承载正应力区域的面积。

同样,横截面形心、惯性矩、惯性积也应根据承担正应力的面积计算得出。

当横截面简化成承担正应力的实心桁条和只承担剪应力的板后,正应力只集中在实心桁条的形心上,所以计算截面形心惯性矩和惯性积的时候,只要考虑实心桁条形心的坐标和截面积。

例题 6-6

某机身截面关于竖直平面对称,受竖直平面内 100 kN·m 的弯矩,该截面已经简化为由承担正应力的实心桁条和只承受剪切应力的板组成的模型,桁条的 y 向位置和横截面积如图 6.30 所示,求实心桁条的正应力。

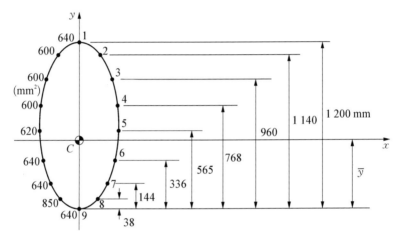

图 6.30　简化的机身截面

解:

首先建立形心坐标系,形心 C 在对称轴上,Cy 为对称轴,Cx 轴为水平轴。首先求形心的 y 向坐标。

$$\bar{y}\sum B_i = \sum B_i d_i \tag{6.47}$$

其中,d_i 为各桁条到截面底端的 y 向距离。

于是有

$$\bar{y}(6\times640+6\times600+2\times620+2\times850)=$$
$$640\times1\,200+2\times600\times1\,140+2\times600\times960+2\times600\times768+$$
$$2\times620\times565+2\times640\times336+2\times640\times144+2\times850\times38$$

得到

$$\bar{y}=540 \text{ mm}$$

为了便于表示，将形心坐标系下坐标和横截面参数列于表 6.3。在形心坐标系下求惯性矩，每个桁条对形心的惯性矩为

$$\Delta I_{xx} = B_i y_i^2 \tag{6.48}$$

求和，得到总的惯性矩为

$$I_{xx} = 1\,854 \times 10^6 \text{ mm}^4$$

在此坐标系下，弯矩表示为 M_x，由于左右对称，所以 $I_{xy} = 0$，而且 $M_y = 0$，于是正应力 σ_z 为

$$\sigma_z = \frac{M_x}{I_{xx}} y \tag{6.49}$$

将各桁条的坐标 y 代入，得到各桁条的应力，如表 6.3 最后一列所示。

表 6.3　截面属性和应力计算表

桁条	形心坐标系下 y/mm	桁条截面积 B/mm^2	惯性矩 $\Delta I_{xx}/\text{mm}^4$	正应力 $\sigma_z/(\text{N}/\text{mm}^2)$
1	$+660$	640	278×10^6	35.6
2	$+600$	600	216×10^6	32.3
3	$+420$	600	106×10^6	22.6
4	$+228$	600	31×10^6	12.3
5	$+25$	620	0.4×10^6	1.3
6	-204	640	27×10^6	-11.0
7	-396	640	100×10^6	-21.4
8	-502	850	214×10^6	-27.0
9	-540	640	187×10^6	-29.0

6.7　简化薄壁工程梁模型的扭转

在第 4 章中学习到，开口截面和闭口截面的薄壁工程梁都可以承受扭转载荷，其分析方法有显著不同。而在第 5 章的几何可变性分析中可知，对于桁条只承担正应力、板只承担剪应力的简化薄壁工程梁模型，开口截面对应的是几何可变系统，不能承担扭转载荷，所以这里只考虑闭口截面薄壁工程梁简化模型的扭转。

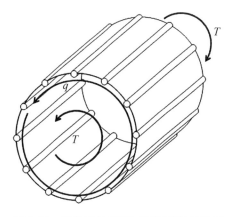

图 6.31 简化后的薄壁工程梁受扭示意图

如图 6.31 所示,两端受扭矩的薄壁工程梁内力只有剪流,剪流的计算与未简化前相同,即

$$q = \frac{T}{2A} \tag{6.50}$$

其中,A 为截面的面积,与闭口截面的形状无关。

这个剪流全部由蒙皮来承担。由于蒙皮简化为只承担剪应力的板,在计算截面属性时不考虑其厚度,但计算剪应力时,仍然要考虑其原有的厚度,对应的剪应力为

$$\tau = \frac{q}{t} \tag{6.51}$$

由于剪流为常数,所以实心桁条两侧剪流相互抵消,桁条轴向载荷为 0。也就是说,桁条不参与承担扭矩,所以扭矩都由板的剪切来承担。因此,在实际中增加桁条数量和刚度不能明显提高薄壁梁的抗扭能力,但桁条间距、刚度对蒙皮稳定性是有显著影响的,在进行稳定性设计时仍要重视桁条的参数。

6.8 简化后开口截面薄壁工程梁的剪切

将 4.5 节中的薄壁工程梁理想化为图 6.32(a)所示的模型,对于开口截面,仍然将弧长坐标原点选在自由边处。在不考虑桁条影响时,蒙皮部分的剪流与式(4.68)有同样的表达形式,而由于在简化过程中,会将一些蒙皮厚度折算到桁条的截面积上,所以可能只有部分蒙皮承受正应力,因此为了和式(4.68)进行区分,在表达蒙皮剪流时,用 t_D 表示承担正应力蒙皮的厚度,因此蒙皮的剪流为

$$q_s = -\left(\frac{S_x I_{xx} - S_y I_{xy}}{I_{xx} I_{yy} - I_{xy}^2}\right) \int_0^s t_D x \, \mathrm{d}s - \left(\frac{S_y I_{yy} - S_x I_{xy}}{I_{xx} I_{yy} - I_{xy}^2}\right) \int_0^s t_D y \, \mathrm{d}s \tag{6.52}$$

如果某部分的蒙皮只承担剪应力,则令 $t_D = 0$ 即可。由于在剪流公式的推导中用到了正应力的表达式,其中包含了截面的惯性矩和惯性积,因此这里的惯性矩和惯性积都要用承担正应力的桁条截面积计算得出。

下面来看桁条的平衡和其对剪流的影响。某个桁条 r 的平衡如图 6.32(b)

所示,桁条上的正应力与剪流分布与图 4.15 所示的类似,不过两侧的剪流值在经过桁条后是突变的。由桁条 z 向的平衡关系可得

$$\left(\sigma_z + \frac{\partial \sigma_z}{\partial z}\delta z\right)B_r - \sigma_z B_r + q_2 \delta z - q_1 \delta z = 0 \qquad (6.53)$$

整理得到桁条两边的剪流差

$$q_2 - q_1 = -\frac{\partial \sigma_z}{\partial z}B_r \qquad (6.54)$$

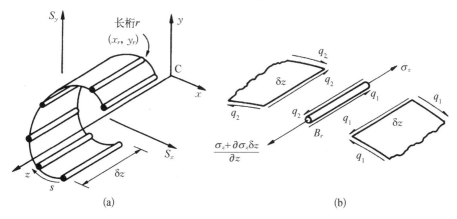

图 6.32　简化的开口截面薄壁梁
(a) 单位长度的单元;(b) 桁条 r 的平衡

可见,两边的剪流差与实心桁条的轴向力变化量相平衡,在纯弯曲下桁条轴向力为常数,不会产生剪流的变化。如果蒙皮不承受正应力,则不考虑 t_D 的影响。这样,剪流不会沿着蒙皮发生变化,只有在 s 经过桁条后才会发生变化。

将正应力表达式

$$\sigma_z = \left(\frac{M_y I_{xx} - M_x I_{xy}}{I_{xx}I_{yy} - I_{xy}^2}\right)x + \left(\frac{M_x I_{yy} - M_y I_{xy}}{I_{xx}I_{yy} - I_{xy}^2}\right)y \qquad (6.55)$$

代入式(6.54),得到

$$q_2 - q_1 = -\left[\frac{\left(\dfrac{\partial M_y}{\partial z}\right)I_{xx} - \left(\dfrac{\partial M_x}{\partial z}\right)I_{xy}}{I_{xx}I_{yy} - I_{xy}^2}\right]B_r x_r -$$

$$\left[\frac{\left(\dfrac{\partial M_x}{\partial z}\right)I_{yy} - \left(\dfrac{\partial M_y}{\partial z}\right)I_{xy}}{I_{xx}I_{yy} - I_{xy}^2}\right]B_r y_r \qquad (6.56)$$

其中

$$S_x = \frac{\partial M_y}{\partial z} \qquad S_y = \frac{\partial M_x}{\partial z}$$

所以,在 s 经过桁条 r 后,剪流的增量为

$$q_2 - q_1 = -\left(\frac{S_x I_{xx} - S_y I_{xy}}{I_{xx} I_{yy} - I_{xy}^2}\right) B_r x_r - \left(\frac{S_y I_{yy} - S_x I_{xy}}{I_{xx} I_{yy} - I_{xy}^2}\right) B_r y_r \quad (6.57)$$

考虑蒙皮和桁条的影响,坐标 s 处的剪流为

$$q_s = -\left(\frac{S_x I_{xx} - S_y I_{xy}}{I_{xx} I_{yy} - I_{xy}^2}\right)\left(\int_0^s t_D x \, ds + \sum_{r=1}^n B_r x_r\right) - \left(\frac{S_y I_{yy} - S_x I_{xy}}{I_{xx} I_{yy} - I_{xy}^2}\right)$$

$$\left(\int_0^s t_D y \, ds + \sum_{r=1}^n B_r y_r\right) \quad (6.58)$$

n 为从 0 到 s 处经过桁条的个数。若蒙皮不承担正应力,式(6.58)变为

$$q_s = -\left(\frac{S_x I_{xx} - S_y I_{xy}}{I_{xx} I_{yy} - I_{xy}^2}\right) \sum_{r=1}^n B_r x_r - \left(\frac{S_y I_{yy} - S_x I_{xy}}{I_{xx} I_{yy} - I_{xy}^2}\right) \sum_{r=1}^n B_r y_r$$

$$(6.59)$$

例题 6-7

例题 4-2 所示的矩形截面薄板简化为如图 6.33 所示的模型,截面由承担正应力的桁条和只承受剪应力的腹板组成,每个长桁的横截面积为 B,距离为 h,梁受到 y 向的剪切力为 S_y,求其截面上的剪流分布。

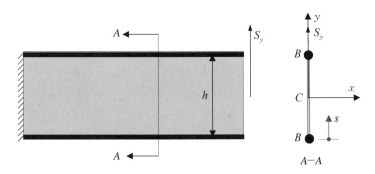

图 6.33　矩形截面薄板简化模型

解:由于腹板不承担正应力,所以在计算剪流时不考虑其厚度。选取截面的中心建立 Cxy 坐标系,且截面关于坐标轴对称。选下缘条处为 s 的原点,求

其剪流。

由于 $I_{xy}=0$，$S_x=0$，$I_{xx}=\dfrac{B}{2}h^2$，根据式(6.59)得

$$q_s=-\frac{S_y}{I_{xx}}\sum_{r=1}^{n}B_r y_r \tag{6.60a}$$

即

$$q_s=-\frac{2S_y}{Bh^2}\sum_{r=1}^{n}B_r y_r \tag{6.60b}$$

从 $s=0$ 开始，首先经过底部桁条，即 $B_1=B$，$y_1=-\dfrac{h}{2}$，所以剪流增量为

$$-\frac{2S_y}{Bh^2}B\left(-\frac{h}{2}\right)=\frac{S_y}{h} \tag{6.61}$$

方向向上，而下桁条以外没有剪流，因此，此处的剪流 $q_s=\dfrac{S_y}{h}$。

剪流沿着薄壁到上桁条的过程中，没有桁条，所以上下桁条间 q_s 是不变。剪流分布如图 6.34 所示。

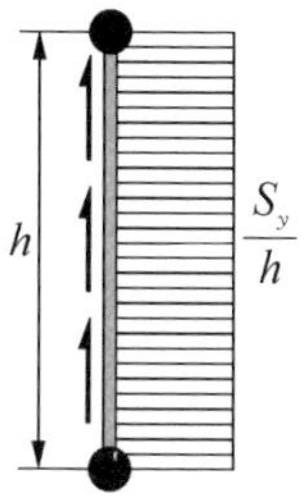

至此，该截面的剪流求解完成。进一步讨论，如果坐标 s 延伸到上桁条之上，这时要计算上桁条的影响，上桁条的截面积为 $B_2=B$，$y_2=\dfrac{h}{2}$，故其产生的剪流增量为 $-\dfrac{S_y}{h}$，所以上桁条外侧的剪流为 0，这个结论也验证了该模型的自洽性。

再来讨论剪流分布的特点，简化模型中剪流 q_s 为定值，大小为截面的平均剪流 $\dfrac{S_y}{h}$，这与未简化模型是不同的。未简化时剪流呈抛物线状分布(见图 4.21)，中间剪流最大，为 $\dfrac{3S_y}{2h}$，上下表面处的剪流为 0，这与上下表面不受其他载荷的实际相符；而简化模型上下缘条能够承担集中力，可以平衡掉剪流，从而使缘条内存在剪流，而缘条外剪流为 0。

简化模型中剪流分布呈现出突变的特征，而渐进变化特征的消失，其对应的应力不是真实的。但剪流的合力与外载荷是等效的，因此，这种模型得到的腹板

图 6.34　腹板不承担正应力时的剪流

总内力是准确的。

例题 6-8

图 6.35 所示槽型截面为实心桁条和受剪板组成的模型,正应力都由桁条来

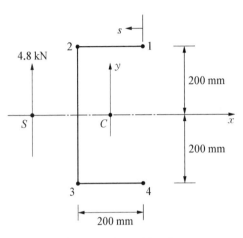

图 6.35　简化的槽型截面

承担。每个桁条的截面积为 $300\ \mathrm{mm}^2$,截面的对称轴为 x 轴,受 y 向 $4.8\ \mathrm{kN}$ 的载荷作用,求其剪流。

解:由于板不承受正应力,所以不考虑其对剪流的影响。且由于截面关于坐标轴对称,所以 $I_{xy}=0$,又由于 $S_x=0$,所以剪流表达式为

$$q_s=-\frac{S_y}{I_{xx}}\sum_{r=1}^{n}B_ry_r \quad (6.62)$$

其中,$I_{xx}=4\times300\times200^2=4.8\times10^7\ \mathrm{mm}^4$。把 I_{xx} 和 S_y 代入式 (6.62),得到

$$q_s=-\frac{4.8\times10^3}{4.8\times10^7}\sum_{r=1}^{n}B_ry_r=-10^{-4}\sum_{r=1}^{n}B_ry_r$$

线坐标 s 的原点选在 1 点处,由于在桁条外没有剪流,桁条 1 产生的剪流增量就是壁板 1-2 之间的剪流,即

$$\Delta q_1=-10^{-4}\times300\times200=-6\ \mathrm{N/mm}=q_{12}$$

壁板 2-3 产生的剪流等于 q_{12} 加桁条 2 产生的剪流增量,即

$$q_{23}=q_{12}+\Delta q_2=-6+(-10^{-4}\times300\times200)=-12\ \mathrm{N/mm}$$

同理壁板 3-4 的剪流为

$$q_{34}=q_{23}+\Delta q_3=-12+[-10^{-4}\times300\times(-200)]=-6\ \mathrm{N/mm}$$

而桁条 4 的剪流增量为 $6\ \mathrm{N/mm}$,这样在其外侧剪流为 0,反映了这个模型的自洽性。

绘出剪流分布图,如图 6.36 所示。可以将这种剪流形式与未简化的截面剪流分布(见图 4.23)进行对比,后者能反映剪流沿壁板的变化,而前者反映不出来,只能保证剪流合力与未简化情况下是相等的。

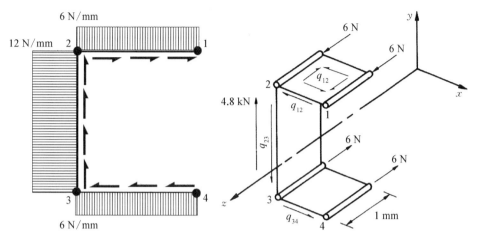

图 6.36　板不承受正应力时的剪流分布　　　图 6.37　基于桁条轴力差的剪流计算方法

针对这个开口截面剪流求解问题，可使用另外一种方法求解。剪流与正应力沿轴向的变化有关，在板不承受正应力的简化模型中，正应力全部作用在桁条上，桁条两端的轴力差引起了剪流，根据式(6.54)，可写出桁条轴向力引起的剪流差

$$q_2 - q_1 = -\frac{\partial P_r}{\partial z} = -\Delta P_r \tag{6.63}$$

通过计算 ΔP_r 即可得到每个桁条产生的剪流增量。为此，在需要计算剪流的位置取一段单位长度的梁(见图 6.37)，计算其在 4.8 kN 剪切力作用下各个桁条两端的轴力差。

只要求得弯矩差即可得到轴力差，所以令梁的一端受 4.8 kN 的剪力，该端的弯矩为 0，轴力也为 0，因而只需要求另一端的弯矩和轴力，在另一端，桁条 1 的正应力为

$$\sigma_z = \frac{M_x y_r}{I_{xx}} = \frac{4.8 \times 10^3 \times 200}{4.8 \times 10^7} = 0.02 \text{ N/mm}^2$$

因此 1 处桁条的轴向力

$$P_r = 0.02 \times 300 = 6 \text{ N}$$

轴向力沿 z 的变化为

$$\Delta P_r = \frac{P_r}{\Delta z} = 6 \text{ N/mm}$$

该轴力对 1 - 2 段壁板产生的剪流 q_{12} 的方向如图 6.37 中所示,若规定 s 坐标沿 1 - 2 方向,则剪流为

$$q_{12} = -6 \text{ N/mm}$$

同理,可得 2 - 3 段和 3 - 4 段的剪流

$$q_{23} = -6 \text{ N/mm} + q_{12} = -12 \text{ N/mm}$$

$$q_{34} = 6 \text{ N/mm} + q_{23} = -6 \text{ N/mm}$$

通过这个计算过程可以看出,桁条 1、2 的轴力是同向的,而桁条 3、4 是另一方向的,板 2 - 3 为轴力方向发生变化的区域,其剪流 q_{23} 最大。以这个思路也可以来分析如图 4.20 所示的受剪切梁,梁剖面上下两部分的应力方向不同(见图 6.38),中面要承担上部所有同方向应力产生的合力,因此中面上的剪流值是最大的。

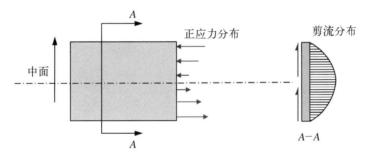

图 6.38　受剪切梁的截面正应力和剪流分布

6.9　简化后闭口截面薄壁工程梁的剪切

如式(4.87)所示,闭口截面的剪流可以写为一个开口截面剪流和一个常剪流的和,而考虑到截面上存在桁条后,开口截面剪流可以写为

$$q_s = -\left(\frac{S_x I_{xx} - S_y I_{xy}}{I_{xx} I_{yy} - I_{xy}^2} \right) \left(\int_0^s t_{\mathrm{D}} x \, \mathrm{d}s + \sum_{r=1}^n B_r x_r \right) -$$
$$\left(\frac{S_y I_{yy} - S_x I_{xy}}{I_{xx} I_{yy} - I_{xy}^2} \right) \left(\int_0^s t_{\mathrm{D}} y \, \mathrm{d}s + \sum_{r=1}^n B_r y_r \right) + q_{s,0} \qquad (6.64)$$

这里,用 t_{D} 替换了 t,并在 s 的路径上,每经过一个桁条,就会产生一个剪流的增量。而常剪流是不受长桁影响的,仍然为 $q_{s,0}$。与一般截面的计算相同,需

要首先在某处剖开,形成开口截面。在开口截面上,如果板只承受剪切载荷,则公式中没有含 t_D 的项,故具有开口的板上的剪流为 0。下面通过一个例题来学习单闭室截面的计算,而多闭室是静不定结构,多出现在机翼结构上,故在 6.13 节中专门讲解。

例题 6-9

如图 6.39 所示,一个翼盒截面简化为对称的单闭室,薄壁只承受剪应力,桁条承受正应力。截面受竖直方向 10 kN 的载荷。各个长桁的横截面积为: $B_1 = B_8 = 200 \text{ mm}^2$, $B_2 = B_7 = 250 \text{ mm}^2$, $B_3 = B_6 = 400 \text{ mm}^2$, $B_4 = B_5 = 100 \text{ mm}^2$。

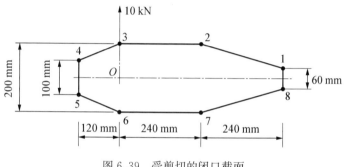

图 6.39　受剪切的闭口截面

解: 以对称轴为 x 轴,所以 $I_{xy} = 0$;截面只承受 y 向载荷,故只求关于 x 轴的惯性矩: $I_{xx} = 13.86 \times 10^6 \text{ mm}^4$。 剪流为

$$q_s = -\frac{S_y}{I_{xx}} \sum_{r=1}^{n} B_r y_r + q_{s,0} = -7.22 \times 10^{-4} \sum_{r=1}^{n} B_r y_r + q_{s,0} = q_b + q_{s,0}$$

$$(6.65)$$

将板 2-3"切开",形成开口截面,计算开口截面剪流 q_b。 板 2-3 处在开口截面的自由边上,板也不承受正应力,所以

$$q_{b,23} = 0$$

以 3 点为坐标 s 的原点,按逆时针和顺时针方向计算开口截面的剪流,得

$$q_{b,34} = -7.22 \times 10^{-4} (400 \times 100) = -28.9 \text{ N/mm}$$

$$q_{b,45} = -28.9 - 7.22 \times 10^{-4} (100 \times 50) = -32.5 \text{ N/mm}$$

$$q_{b,56} = q_{b,34} = -28.9 \text{ N/mm}$$

$$q_{b,67} = q_{b,23} = 0$$

$$q_{b,78} = q_{b,21} = 7.22 \times 10^{-4}(250 \times 100) = 18.1 \text{ N/mm}$$

$$q_{b,81} = 18.1 + 7.22 \times 10^{-4}(200 \times 30) = 22.4 \text{ N/mm}$$

求解 $q_{s,0}$，以逆时针方向为 $q_{s,0}$ 的正方向，以力和坐标轴的交点 O 为力矩中心，建立力矩平衡方程

$$S_x \eta_0 - S_y \xi_0 = \oint p q_b \mathrm{d}s + 2A q_{s,0} \qquad (6.66)$$

由于外力通过力矩中心，所以式(6.66)左侧为0。各个板上的剪流为常值，所以无须积分即可得出剪流对 O 点的力矩，式(6.66)写为

$$0 = [q_{b,81} \times 60 \times 480 + 2q_{b,12}(240 \times 100 + 70 \times 240) + 2q_{b,34} \times$$
$$120 \times 100 + q_{b,45} \times 100 \times 120] + 2 \times 97\,200 q_{s,0} \qquad (6.67)$$

将各段的 q_b 代入，解得 $q_{s,0} = -5.4 \text{ N/mm}$。

式(6.67)右侧括号中的第二项是将板 1-2 的剪流等效为 2 点的 x 向和 y 向力后，再乘以力臂的结果。如果将这个剪流等效到 1 点，则表达式会有所不同，但力矩的计算结果是相同的。

将 q_b 与 $q_{s,0}$ 叠加，得到

$$q_{12} = 12.7 \text{ N/mm} = q_{78}$$

$$q_{23} = -5.4 \text{ N/mm} = q_{67}$$

$$q_{34} = -34.3 \text{ N/mm} = q_{56}$$

$$q_{45} = -37.9 \text{ N/mm}$$

$$q_{81} = 17 \text{ N/mm}$$

为了方便了解剪流的方向，绘出剪流图，如图 6.40 所示。

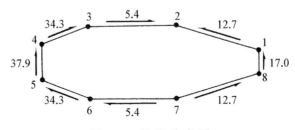

图 6.40　剪流分布图

6.10　机身在弯曲、剪切和扭转载荷下的分析

机身结构受到的载荷包括弯曲、剪切和扭转。弯曲载荷主要引起长桁和蒙皮的正应力。剪切和扭转载荷引起蒙皮的剪应力,长桁也有一定承担横向剪切载荷的能力,但一般将其忽略。在对机身结构简化后,长桁简化为杆,就不能承担横向剪切载荷。另外由于长桁之间的距离较近,所以长桁之间蒙皮剪流的变化很小,如果进一步将蒙皮简化为只承担剪切载荷的板,则长桁之间的剪流不发生变化。如果将蒙皮承担正应力的能力折算到长桁上,长桁将承担所有正应力。提高长桁横截面积将直接提高正应力承载能力,也就是提高抗弯曲能力。

弯曲载荷下的机身结构分析有以下几步:

(1) 将机身截面简化为只承受正应力的杆和只承受剪应力的板。

(2) 求截面的形心,求形心的过程中只考虑杆的截面积。然后在形心坐标系下计算截面的惯性矩和极惯性矩,仍然只考虑杆的截面积。

(3) 然后用梁弯曲方程求解各个位置处的正应力。

例题 6-6 已经展示了简化薄壁梁在弯曲载荷下的正应力计算,本节的情况与其类似,不再赘述,而扭转载荷下的分析可采用 6.7 节中所阐述的方法,所以本节仅仅给出受剪切的例子。

受弯分析中不必考虑截面是否含有多个闭室,受剪分析时则要考虑。虽然很多机身中有地板结构,将机身横截面分割为两部分,但通常认为地板只承担局部载荷,在整体受剪分析时将其承载能力忽略。所以,机身结构可以简化为具有单闭室截面的薄壁梁,如果假定蒙皮只承受剪切应力,则按前面讲的剪流计算方法即可计算。

例题 6-10

如图 6.41 所示,一个对称的圆形机身截面简化为由只承受正应力的长桁和只承受剪应力的板组成的模型,各个长桁的横截面积 $B_r = 216.7 \text{ mm}^2$,位置见图 6.41 标注。机身受到竖直向上的 100 kN 载荷。求其剪流分布。

解:机身对称,所以其圆心为原点建立坐标系。截面只受 y 向载荷,其剪流表达式为

$$q_s = -\frac{S_y}{I_{xx}} \sum_{r=1}^{n} B_r y_r + q_{s,0}$$

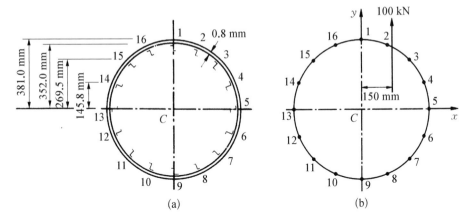

图 6.41　圆形机身截面

(a) 结构尺寸示意图；(b) 简化模型

$$= -\frac{100 \times 10^3}{2.52 \times 10^8} \sum_{r=1}^{n} B_r y_r + q_{s,0} \tag{6.68}$$

$$= -3.97 \times 10^{-4} \sum_{r=1}^{n} B_r y_r + q_{s,0}$$

为了求开口截面部分的剪流 q_b，需要选取 1-2 之间做开口处理，从而 q_b 在 1-2 之间的剪流为 0，其他部分依次计算得出，其值如图 6.42 所示。

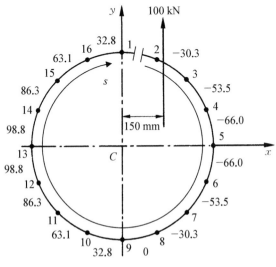

图 6.42　q_b 分布图

根据力矩等效关系计算 $q_{s,0}$，以机身的中心为力矩中心，逆时针为正，建立力矩等效关系

$$100 \times 10^3 \times 150 = \oint q_b p \, \mathrm{d}s + 2Aq_{s,0}$$

$$100 \times 10^3 \times 150 = -2A_{12}q_{b,12} - 2A_{23}q_{b,23} - \cdots - 2A_{16\_1}q_{b,16\_1} + 2Aq_{s,0}$$

$$q_{s,0} = 32.8 \text{ N/mm} \tag{6.69}$$

其中，A_{12} 是由 1‐2 之间蒙皮和圆心 C 组成的扇形的面积，A_{23}、A_{16_1} 等含义依此类推。

$q_{s,0}$ 大于 0，为逆时针方向。将 $q_{s,0}$ 和 q_b 叠加，得到机身的剪流分布，如图 6.43 所示。可见，在机身截面的中部剪流最大，由于外载荷偏右，所以右侧剪流幅值比左侧高。

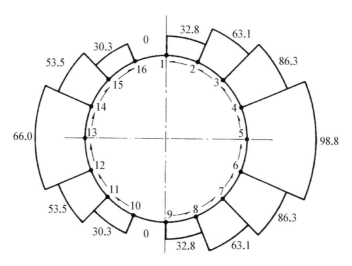

图 6.43　机身的剪流分布图

如果外载荷作用于机身中心上，外力矩为 0，此时得出 $q_{s,0} = 16.4 \text{ N/mm}$，其剪流分布如图 6.44 所示，是左右对称的。

6.11　机身上的开口分析

飞机结构中有各种开口，小的如检查孔，大一点的如舷窗、舱门，再大一点的如运输机腹部的开口、战斗机的弹仓等。开口破坏了薄壁结构的连续性，载荷在开口区附近会重新分布，影响蒙皮、长桁和框的载荷。在开口区通常都要进行补

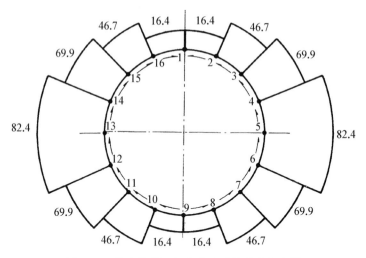

图 6.44 外力作用于机身中心时的剪流分布图

强,这会带来重量的增加。关于补强方式有多种,在一些关于飞机结构设计的参考资料中有专门的介绍。这里只介绍舷窗这种较小的开口对结构的影响。

图 6.45 显示了飞机机身侧面壁板的一个区域,阴影部分代表开口。线条表示用来加强壁板的长桁和机身框。实际的机身都是曲面的,这里是近似地将壁板视作平面结构。

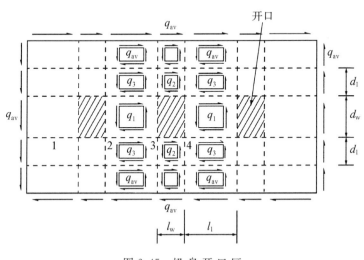

图 6.45 机身开口区

整个区域在边界上承受的平均剪流为 q_{av},如果没有开口,区域内各处剪流相等。有开口之后,靠近边界处的壁板剪流仍然为 q_{av},而靠近开口区的剪流发生了变化。这里有三种区域,窗之间壁板的剪流为 q_1,窗上、下方壁板的剪流为 q_2,斜上方的为 q_3。载荷的重新分布情况与开口尺寸有关,这里,窗的宽度和高分别为 l_w 和 d_w,窗之间壁板的宽度为 l_1,窗上、下方的壁板高为 d_1。

采用分离体分析的方法,计算未知剪流 q_1、q_2 和 q_3,各个分离体如图 6.46 所示。

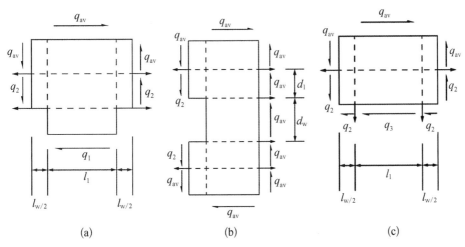

图 6.46　计算三种剪流时所取的分离体

(a) q_1;(b) q_2;(c) q_3

对于 q_1,分析分离体水平方向的平衡,可得

$$q_1 l_1 = q_{av}(l_1 + l_w)$$

$$q_1 = q_{av}\left(1 + \frac{l_w}{l_1}\right)$$

$$\text{(6.70)}$$

对于 q_2,分析分离体竖直方向上的平衡,得到

$$2q_2 d_1 = q_{av}(2d_1 + d_w)$$

$$q_2 = q_{av}\left(1 + \frac{d_w}{2d_1}\right)$$

$$\text{(6.71)}$$

对于 q_3,同样分析分离体水平方向上的平衡,可得

$$q_3 l_1 + q_2 l_w = q_{av}(l_1 + l_w)$$

$$q_3 = q_{av}\left(1 - \frac{d_w l_w}{2d_1 l_1}\right)$$

$$\text{(6.72)}$$

　　这样,开口区附近壁板的剪流都求解得出了。实际中应根据具体的边界条件来划分合适的分离体,建立平衡方程,得出剪流值。

　　得到剪流后,开口区域附近的长桁和框的载荷也可计算得出。如长桁 1-2 受到的剪流为 $q_3 - q_1$,2-3 受到的剪流为 q_2 等等,若已知端点的力则可依次求出其轴向力。而如果不存在开口时,壁板内部的剪流都是 q_{av},长桁的轴向力为 0。

6.12　锥形梁的分析

　　在薄壁工程梁理论中,一个假设是梁沿轴向的各个截面形状是一致的,而实际上,由于各个截面承受的弯曲载荷不同,机翼从翼梢到翼根的各个截面形状是逐渐变化的(见图 6.47),因此会有锥度产生。为了获得更好的气动性能,机头、机尾部位的外形也是存在锥度的。下面先从平面梁入手,介绍存在锥度的情况下梁内力的计算。

图 6.47　机翼截面的锥度

　　图 6.48 所示为一个从锥形梁(tapered beam)中取出长度为 δz 的单元。

　　令梁的轴为 z 轴,沿着 z 轴,上缘条轴心高度沿 z 向的变化量为 δy_1,下缘条轴心高度变化量为 δy_2,这两个锥度还可以用角度 α_1 和 α_2 表示。在坐标 z 处,上下缘条的距离为 h,梁在此处受到正的弯矩 M_x 和正的剪切力 S_y。弯矩在缘条上产生平行于 z 轴的力,假设只有缘条承担正应力,由力矩平衡关系可知

$$P_{z,1} = \frac{M_x}{h} \quad P_{z,2} = -\frac{M_x}{h} \tag{6.73}$$

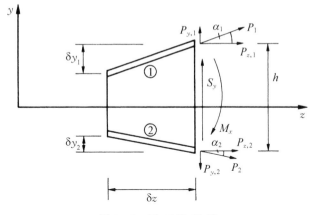

图 6.48　平面锥形梁

再根据几何关系,得到缘条轴向载荷的 y 向分量

$$P_{y,1} = P_{z,1}\,\frac{\delta y_1}{\delta z} \qquad P_{y,2} = -P_{z,2}\,\frac{\delta y_2}{\delta z} \qquad (6.74)$$

而缘条的轴向力是 z 向和 y 向分量的合力,即

$$P_1 = \sqrt{P_{z,1}^2 + P_{y,1}^2} = \frac{P_{z,1}}{\cos\alpha_1} \qquad P_2 = \sqrt{P_{z,2}^2 + P_{y,2}^2} = \frac{P_{z,2}}{\cos\alpha_2} \quad (6.75)$$

截面总剪力 S_y 分解成腹板的剪力 $S_{y,w}$、缘条轴力 $P_{y,1}$ 和 $P_{y,2}$,即

$$S_y = S_{y,w} + P_{y,1} - P_{y,2} \qquad (6.76)$$

所以腹板上的剪力为

$$S_{y,w} = S_y - P_{z,1}\,\frac{\delta y_1}{\delta z} - P_{z,2}\,\frac{\delta y_2}{\delta z} \qquad (6.77)$$

腹板上的剪流

$$q_s = -\frac{S_{y,w}}{I_{xx}}\left(\int_0^s t_{\mathrm{D}}y\,\mathrm{d}s + B_1 y_1\right) \qquad (6.78)$$

或者也可以写成

$$q_s = -\frac{S_{y,w}}{I_{xx}}\left(\int_0^s t_{\mathrm{D}}y\,\mathrm{d}s + B_2 y_2\right) \qquad (6.79)$$

例题 6 - 11

如图 6.49 所示,锥型梁端部受向下的 20 kN 载荷,求在距离端部 1 m 处 A - A 截面上的剪流分布,并绘出分布图。

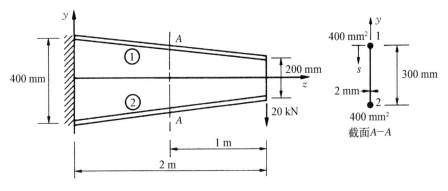

图 6.49 锥 型 梁 模 型

解: 截面 A - A 处的弯矩

$$M_x = 20 \times 1 = 20 \text{ kN} \cdot \text{m}$$

$$S_y = -20 \text{ kN}$$

截面 A - A 处关于 x 轴的惯性矩

$$I_{xx} = 2 \times 400 \times 150^2 + 2 \times 300^3/12$$

$$= 22.5 \times 10^6 \text{ mm}^4$$

截面 A - A 处缘条的正应力

$$\sigma_{z,1} = -\sigma_{z,2} = \frac{20 \times 10^6 \times 150}{22.5 \times 10^6} = 133.3 \text{ N/mm}^2$$

缘条承受的 z 向载荷

$$P_{z,1} = -P_{z,2} = 133.3 \times 400 = 53\ 320 \text{ N}$$

上、下缘条斜率

$$\frac{\delta y_1}{\delta z} = \frac{-100}{2 \times 10^3} = -0.05$$

$$\frac{\delta y_2}{\delta z} = \frac{100}{2 \times 10^3} = 0.05$$

腹板承受的剪力

$$S_{y,w} = -20 \times 10^3 - 53\,320\,\frac{\delta y_1}{\delta z} + 53\,320\,\frac{\delta y_2}{\delta z}$$

$$= -14\,668\ \text{N}$$

腹板剪流

$$q_s = -\frac{S_{y,w}}{I_{xx}}\left(\int_0^s t_D y \mathrm{d}s + B_1 y_1\right)$$

$$= \frac{14\,668}{22.5 \times 10^6}\left[\int_0^s 2(150-s)\mathrm{d}s + 400 \times 150\right]$$

$$= 6.52 \times 10^{-4}(-s^2 + 300s + 60\,000)$$

其分布形式如图 6.50 所示。

以上是平面锥型梁的承载原理，可见，由于缘条轴线不与剪切载荷垂直，所以可以分担一部分剪切载荷，这使腹板载荷降低。而对于有锥度的翼盒结构，长桁不仅分担剪切载荷，也会分担扭矩。

如图 6.51 所示的带有锥度的翼盒，其轴线仍然为 z 轴，正应力对应的

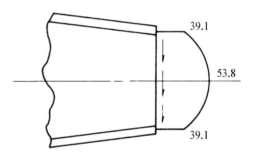

图 6.50　截面 A-A 的剪流分布

长桁 z 向轴力为 $P_{z,r} = \sigma_{z,r} B_r$，这个轴向力在 x 和 y 向都会产生分量

$$P_{x,r} = P_{z,r}\,\frac{\delta x_r}{\delta z}\quad P_{y,r} = P_{z,r}\,\frac{\delta y_r}{\delta z} \tag{6.80}$$

蒙皮受到的 x 向和 y 向的剪力为

$$S_{x,w} = S_x - \sum_{r=1}^m P_{x,r} = S_x - \sum_{r=1}^m P_{z,r}\,\frac{\delta x_r}{\delta z} \tag{6.81}$$

$$S_{y,w} = S_y - \sum_{r=1}^m P_{y,r} = S_y - \sum_{r=1}^m P_{z,r}\,\frac{\delta y_r}{\delta z} \tag{6.82}$$

除了考虑蒙皮上剪力的变化，还要考虑截面上力矩的变化，如图 6.52 所示，外载荷为 S_x 和 S_y，与其等效的截面内力包括剪流和长桁在 x 向和 y 向的力

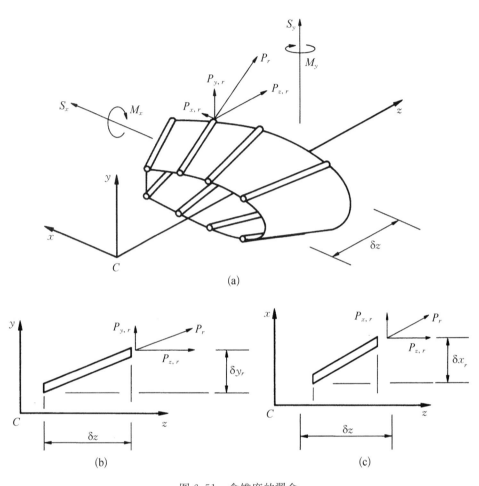

(a)

(b)   (c)

图 6.51 含锥度的翼盒

（a）翼盒单元；（b）长桁在 yz 平面内分担的载荷；（c）长桁在 xz 平面内分担的载荷

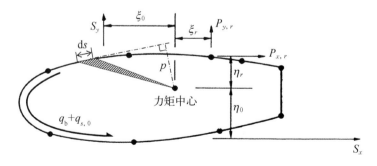

图 6.52 含锥度的翼盒截面力矩等效关系

$P_{x,r}$ 和 $P_{y,r}$。以逆时针方向为正,根据内力矩和外力矩相等,可得

$$S_x \eta_0 - S_y \xi_0 = \oint q_b p \, \mathrm{d}s + 2A q_{s,0} - \sum_{r=1}^{m} P_{x,r} \eta_r + \sum_{r=1}^{m} P_{y,r} \xi_r \quad (6.83)$$

从而可以求解 $q_{s,0}$,最终得到截面上的剪流分布。

6.13　多闭室截面的分析

机翼、机身是主要的薄壁梁结构,都承担剪切、弯曲和扭转载荷,但与机身不同,很多机翼截面都是多闭室结构,比如单梁、双墙的机翼(见图1.6)截面,忽略前后缘部分的承载能力,它可以简化为双闭室(见图4.1)。而一些薄机翼(见图6.53),或者尾翼结构,通常具有多墙或者多梁的形式,简化后都是多闭室结构。在第 5 章的结构组成分析部分,我们了解到,多闭室结构是静不定结构,静不定的次数等于闭室的个数减 1。在弯曲应力的计算中,对于开口截面和闭口截面是没有差别的,对于单闭室和多闭室也没有差别。而对于剪切问题,都是存在差别的。在第 4 章我们已经学习了开口截面、单闭室截面在剪切和扭转载荷下的剪流计算,本节学习剪切和扭转载荷下,多闭室截面的分析方法。

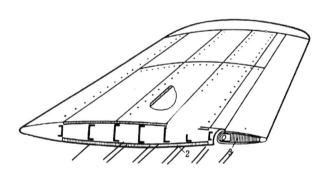

图 6.53　具有多闭室截面的机翼

由于闭口薄壁梁截面上的剪切载荷可以等效为一个作用于剪心的载荷和一个扭矩,所以首先了解纯扭转下的剪流求解。由于薄壁工程梁两端不受轴向约束,所以在纯扭状态下长桁上没有正应力,长桁的存在不影响扭转剪流。对于包含 N 个闭室的截面,其静不定次数是 $N-1$。承载的总外力矩为 T,如图 6.54所示。仅考虑模型中的板都不承担正应力的情况,所以每个闭室中的剪流沿其周向为常数,令其为 q_1,$q_2 \cdots q_R \cdots q_n$,这些剪流是未知量,首先,在扭矩作用的截面上,所有剪流产生的合力矩等于扭矩

$$T = \sum_{R=1}^{N} 2A_R q_R \tag{6.84}$$

其中，A_R 为每个闭室的面积。这样还需要 $N-1$ 个条件，才能求解出各个剪流。

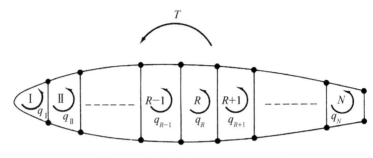

图 6.54　包含 N 个闭室截面的受扭

在薄壁梁工程梁理论中，认为薄壁工程梁截面在其自身平面内不产生变形，所以各个闭室扭转角是一致的，根据这个条件建立补充方程，对于闭室 R，其扭转率为

$$\frac{\mathrm{d}\theta}{\mathrm{d}z} = \frac{1}{2A_R G_R} \oint_R q_R \frac{\mathrm{d}s}{t} \tag{6.85}$$

在剪流 q_R 为常数的情况下，可以令 $\delta = \int \dfrac{\mathrm{d}s}{t}$，闭室 R 的扭转率写为

$$\frac{\mathrm{d}\theta}{\mathrm{d}z} = \frac{1}{2A_R G_R} \big[q_R \delta_{12} + (q_R - q_{R-1})\delta_{23} + q_R \delta_{34} + (q_R - q_{R+1})\delta_{41} \big]$$

$$= \frac{1}{2A_R G_R} \big[-q_{R-1}\delta_{23} + q_R(\delta_{12} + \delta_{23} + \delta_{34} + \delta_{41}) - q_{R+1}\delta_{41} \big] \tag{6.86}$$

对于每个闭室都可建立这样一个方程，连同合力矩方程(6.85)，有 $N+1$ 个方程，而未知量为 N 个剪流和 $\dfrac{\mathrm{d}\theta}{\mathrm{d}z}$。这样就可以进行未知剪流的求解。

例题 6-12

求图 6.55 中受扭截面的剪流，各个闭室材料的剪切模量相同，$G = 27\,000\ \mathrm{N/mm^2}$，认为所有边上的板只承受剪应力。闭室各边长和截面积如表 6.4 所示。

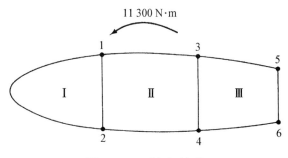

图 6.55　三闭室结构

表 6.4　截面的几何信息

各 边 编 号	长度/mm	板厚度/mm	闭室面积/mm²
$1-2^\circ$	1 650	1.0	$A_{I}=258\,000$
$1-2^i$	508	2.0	$A_{II}=355\,000$
$1-3,2-4$	775	1.0	$A_{III}=161\,000$
$3-4$	380	1.5	
$3-5,4-6$	508	0.9	
$5-6$	254	0.9	

注: 其中编号 $1-2^\circ$ 表示第 I 闭室前缘的部分, 而 $1-2^i$ 表示梁腹板的部分。

由于各段板材料和剪流为常数, 所以令 $\delta = \int \dfrac{\mathrm{d}s}{t}$, 计算各段板的 δ

$$\delta_{12^\circ} = \int_{12^\circ} \frac{\mathrm{d}s}{t} = \frac{1\,650}{1} = 1\,650$$

$$\delta_{12^i} = \frac{508}{2} = 254$$

$$\delta_{13} = \delta_{24} = \frac{775}{1} = 775$$

$$\delta_{34} = \frac{380}{1.5} = 253$$

$$\delta_{35} = \delta_{46} = \frac{508}{1.5} = 564$$

$$\delta_{56} = \frac{254}{0.9} = 282$$

各闭室的转角变化率分别为

闭室 I：

$$\frac{\mathrm{d}\theta}{\mathrm{d}z} = \frac{1}{2 \times 258\,000 G} \left[q_{\mathrm{I}}(1\,650 + 254) - 254 q_{\mathrm{II}} \right] \tag{6.87}$$

闭室 II：

$$\frac{\mathrm{d}\theta}{\mathrm{d}z} = \frac{1}{2 \times 355\,000 G} \left[-254 q_{\mathrm{I}} + q_{\mathrm{II}}(254 + 775 + 253 + 775) - 253 q_{\mathrm{III}} \right]$$

$$\tag{6.88}$$

闭室 III：

$$\frac{\mathrm{d}\theta}{\mathrm{d}z} = \frac{1}{2 \times 161\,000 G} \left[-253 q_{\mathrm{II}} + q_{\mathrm{III}}(564 + 253 + 564 + 282) \right] \tag{6.89}$$

根据所受扭矩与剪流合力矩相等的条件，得

$$11.3 \times 10^{6} = 2(258\,000 q_{\mathrm{I}} + 355\,000 q_{\mathrm{II}} + 161\,000 q_{\mathrm{III}}) \tag{6.90}$$

由以上三个式子解得各个闭室的剪流

$$q_{\mathrm{I}} = 6.7\,\mathrm{N/mm}, \quad q_{\mathrm{II}} = 8.6\,\mathrm{N/mm}, \quad q_{\mathrm{III}} = 5.3\,\mathrm{N/mm}。$$

以上是多闭室截面在扭转载荷下的剪流求解方法，其中利用了变形协调条件求解静不定问题，在求解多闭室受剪问题时，也要利用这个条件。

对于超静定结构，要通过用未知内力来替换多余约束的方式来求解，对于多闭室截面，多余约束就是闭室，因此去替换多余约束的方式是在截面上开口，而未知的内力是闭室上的剪流。对于机翼，切口位置应尽量选在上、下蒙皮处。这是由于机翼截面主要受 y 向载荷，因而上、下蒙皮的剪流较小——这在单闭室的例题中可以看出。如果切口也选在上、下蒙皮处，在计算开口截面剪流时，开口附近的剪流也较小，这对随后求解方程组有利，不易出现病态的方程组。而且，如果机翼上、下对称，在上蒙皮处切口后，求得的开口截面剪流 q_b 在下蒙皮的对称处也为 0，所以计算量较小。

剪切载荷下多闭室剪流的计算方法阐述如下。如图 6.56 所示，将每个闭室切开后，整个截面变为开口截面，可以求得开口截面剪流 q_b，除此之外，每个闭

室上还存在未知的剪流 $q_{s,0,R}$，因此，各个闭室的剪流表示为

$$q_R = q_b + q_{s,0,R} \tag{6.91}$$

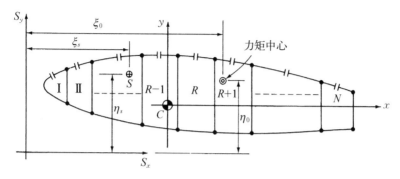

图 6.56　多闭室截面的分析

闭室 R 的扭转率为

$$
\begin{aligned}
\frac{\mathrm{d}\theta}{\mathrm{d}z} &= \frac{1}{2A_R G} \oint_R q\,\frac{\mathrm{d}s}{t} \\
&= \frac{1}{2A_R G} \oint_R (q_b + q_{s,0,R})\,\frac{\mathrm{d}s}{t} \\
&= \frac{1}{2A_R G} \left(-q_{s,0,R-1}\delta_{R-1,R} + q_{s,0,R}\delta_R - q_{s,0,R+1}\delta_{R+1,R} + \oint_R q_b\,\frac{\mathrm{d}s}{t} \right)
\end{aligned}
\tag{6.92}
$$

这样就得到了 n 个方程。需要再补充一个外力矩和剪流合力矩相等的方程。剪流在闭室 R 上的力矩计算示意图如图 6.57 所示，即

$$
\begin{aligned}
M_{q,R} &= \oint q_R p_0\,\mathrm{d}s \\
&= \oint_R q_b p_0\,\mathrm{d}s + q_{s,0,R}\oint_R p_0\,\mathrm{d}s \\
&= \oint_R q_b p_0\,\mathrm{d}s + 2A_R q_{s,0,R}
\end{aligned}
\tag{6.93}
$$

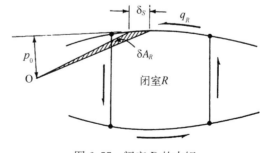

图 6.57　闭室 R 的力矩

于是有

$$S_x \eta_0 - S_y \xi_0 = \sum_{R=1}^{N} M_{q,R}$$
$$= \sum_{R=1}^{N} \oint_R q_b p_0 \mathrm{d}s + \sum_{R=1}^{N} 2A_R q_{s,0,R} \qquad (6.94)$$

从而可求得各个 $q_{s,0,R}$，将其与 q_b 叠加后，得到闭室 R 的剪流：$q_R = q_b + q_{s,0,R}$。

可见，与单闭室截面剪流求解不同，多闭室截面分析要同时利用扭转率的协调条件和外力矩与剪流合力矩相等的条件，而单闭室是静定结构，其剪流求解只用合力矩相等条件即可。

例题 6 - 13

一个对称的三闭室机翼截面模型如图 6.58 所示，x 为对称轴。模型中，长桁承担所有正应力，蒙皮和腹板只承受剪切应力。各个长桁的横截面积为 2 000 mm^2，上、下蒙皮的厚度都为 1 mm，腹板 3 - 4、2 - 5、1 - 6 的厚度都为 2 mm；各部件材料的剪切模量相同，都为 $G = 27\ 000$ N/mm^2；各个闭室面积 $A_{\mathrm{I}} = 35\ 000$ mm^2，$A_{\mathrm{II}} = 153\ 000$ mm^2，$A_{\mathrm{III}} = 101\ 000$ mm^2；3 - 4 段前缘蒙皮长度为 650 mm，2 - 3 段蒙皮长度为 603 mm，1 - 2 段蒙皮长度为 505 mm。截面受到作用在腹板 2 - 5 处的 y 向剪力作用，$S_y = 10$ kN。求该截面上各部分的剪流。

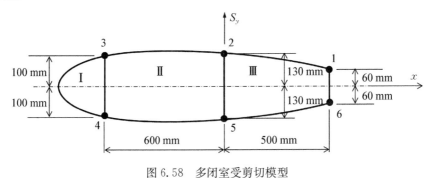

图 6.58　多闭室受剪切模型

解： 由于各板的材料和剪流为常数，令 $\delta = \int \dfrac{\mathrm{d}s}{t}$，计算各板的 δ

$$\delta_{12} = \delta_{56} = \frac{505}{1} = 505$$

$$\delta_{23} = \delta_{45} = \frac{603}{1} = 603$$

$$\delta_{34^\circ} = \int_{34^\circ} \frac{\mathrm{d}s}{t} = \frac{650}{1} = 650$$

$$\delta_{34i} = \frac{200}{2} = 100$$

$$\delta_{25} = \frac{260}{2} = 130$$

$$\delta_{16} = \frac{120}{2} = 60$$

将各闭室的蒙皮"切口",得到开口截面,如图 6.59 所示。

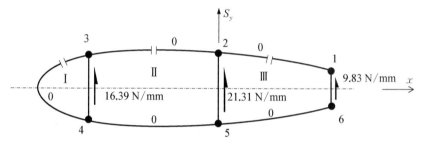

图 6.59　多闭室对应的开口截面剪流

计算其剪流 q_b,由于截面对称,且只受 y 向载荷,所以截面属性中只需要计算 I_{xx}

$$I_{xx} = 2 \times 2\,000 \times (100^2 + 130^2 + 60^2) = 1.22 \times 10^8 \ \mathrm{mm}^4$$

所以,开口截面剪流表示为

$$q_b = -\frac{S_y}{I_{xx}} \sum_{r=1}^{n} B_r y_r = -\frac{10\,000 \times 2\,000}{1.22 \times 10^8} \sum_{r=1}^{n} y_r = -0.164 \sum_{r=1}^{n} y_r \quad (6.95)$$

从而,得到各段剪流。

建立各闭室的转角变化率表达式,闭室 I

$$\frac{\mathrm{d}\theta}{\mathrm{d}z} = \frac{1}{2 \times 35\,000 G} [q_{s,0,\mathrm{I}}(650 + 100) - 100 q_{s,0,\mathrm{II}} + 16.4 \times 100] \tag{6.96}$$

闭室 II 为

$$\frac{\mathrm{d}\theta}{\mathrm{d}z} = \frac{1}{2 \times 153\,000G}[-100q_{s,0,\mathrm{I}} + q_{s,0,\mathrm{II}}(603 + 100 + 603 + 130) -$$

$$130q_{s,0,\mathrm{III}} + 21.3 \times 130 - 16.4 \times 100] \tag{6.97}$$

闭室Ⅲ为

$$\frac{\mathrm{d}\theta}{\mathrm{d}z} = \frac{1}{2 \times 101\,000G}[-130q_{s,0,\mathrm{II}} + q_{s,0,\mathrm{III}}(505 + 130 + 505 + 60) +$$

$$9.8 \times 60 - 21.3 \times 130] \tag{6.98}$$

在式(6.96)、式(6.97)、式(6.98)中,右侧括号中不包含未知剪流的数值运算项为 q_{b} 产生的扭转率。

利用外力矩和剪流的合力矩相等条件建立方程,以 2 点为力矩中心,逆时针为正方向,得到

$$0 = -16.4 \times 200 \times 600 + 9.8 \times 120 \times 500 + 2 \times q_{s,0,\mathrm{I}} \times 35\,000 +$$

$$2 \times q_{s,0,\mathrm{II}} \times 153\,000 + 2 \times q_{s,0,\mathrm{III}} \times 101\,000 \tag{6.99}$$

联立求解式(6.96)~式(6.99),得到 $q_{s,0,\mathrm{I}} = -0.81\ \mathrm{N/mm}$, $q_{s,0,\mathrm{II}} = 2.04\ \mathrm{N/mm}$, $q_{s,0,\mathrm{III}} = 4.03\ \mathrm{N/mm}$, $\frac{\mathrm{d}\theta}{\mathrm{d}z} = 4.37 \times 10^{-7}\ \mathrm{rad/mm}$。

所以可得闭口截面上各段的剪流(见图 6.60), $q_{43^0} = 0.81\ \mathrm{N/mm}$, $q_{43^i} = 13.55\ \mathrm{N/mm}$, $q_{52} = 19.32\ \mathrm{N/mm}$, $q_{61} = 13.86\ \mathrm{N/mm}$, $q_{23} = q_{45} = 2.04\ \mathrm{N/mm}$, $q_{12} = q_{56} = 4.03\ \mathrm{N/mm}$。

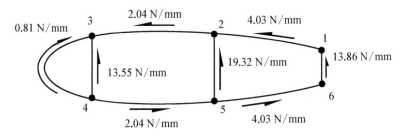

图 6.60　多闭室截面的剪流计算结果

此外,可以使用剪流的 y 向合力校对计算结果

$$0.81 \times 200 + 13.55 \times 200 + 19.31 \times 260 + 13.83 \times 120 -$$

$$2 \times 2.04 \times 30 + 2 \times 4.03 \times 70 = 9\,994\ \mathrm{N}$$

可见,剪流合力十分接近于外载荷,存在的差异来源于计算过程中的舍入误差。

6.14　开口翼盒的受扭分析

在机身分析中,我们学习了舷窗开口附近结构的分析,而飞机上更大的开口,如起落架舱、武器舱、空投的尾舱门等,这种开口通常跨过多个框和长桁,有的甚至几乎贯穿整个薄壁梁结构,严重破坏了结构的连续性,使其承载特性与薄壁工程梁不同,开口附近的结构也承担更多的载荷。本节就学习具有大开口翼盒受扭的分析方法。

在第 4 章中我们了解到,开口的薄壁梁受弯曲载荷的分析过程与闭口薄壁梁相同;受剪切载荷时剪力应该作用于剪心,也就是不应对截面产生扭转;而开口截面薄壁梁承担扭转载荷的能力很差,由第 5 章的几何可变性原理可知,简化后的开口薄壁工程梁模型是约束不足的系统,不能作为结构来承担载荷。而本节所涉及的翼盒不属于薄壁工程梁,其两端不是自由的,或者沿轴向截面不一致,因此可以受扭。一种典型的承扭方式是通过开口区一对纵梁的参差弯曲(differential bending)来承担扭转载荷,先通过一个简单的例子来了解这种承载方式。

例题 6 - 14

如图 6.61 所示,一个由受剪切板和杆组成开口翼盒,一端固定在基础上,另一端为刚性的框,框受到逆时针的扭矩 T,求翼盒中板的剪流和杆的轴力。

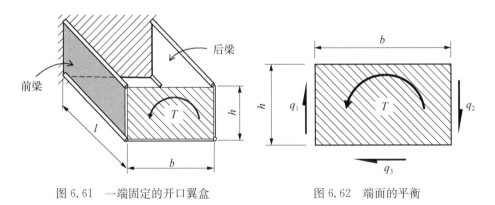

图 6.61　一端固定的开口翼盒　　　　　　图 6.62　端面的平衡

解:

首先根据几何可变性原理,可知该翼盒是静定结构,可以通过静力平衡关系求解内力。

根据端面的平衡来建立方程,如图 6.62 所示。端面与 3 个板相连,会受到

3 个板的剪流：q_1、q_2 和 q_3。 根据端面水平方向的平衡，可知 $q_3=0$，即下壁板不受载荷；根据竖向的平衡可知 $q_1=q_2=q$。 根据力矩平衡关系求解 q，对左边或右边任意点建立力矩平衡方程

$$qhb = T \tag{6.100}$$

得 $q = \dfrac{T}{hb}$。 注意，这里剪流表达式中分母是横截面的面积，如果是闭合的单闭室受扭，则剪流则为扭矩除以闭室面积的 2 倍。

可见，只有前、后梁承担剪流，将端框传递给梁的剪流等效为集中力，则两个梁的受载如图 6.63 所示，图中的剪流为板受到的剪流，方向与图 6.62 所示的相反。

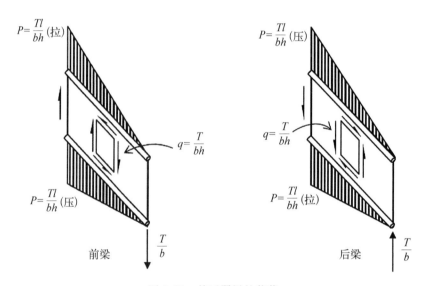

图 6.63 前后翼梁的载荷

可见，两个梁在端部承担方向不同的剪切载荷，产生了相反方向的弯曲，这种弯曲叫作参差弯曲。正是通过前、后梁的参差弯曲，才使开口翼盒得以承担端部的扭矩，而闭口截面的薄壁工程梁是通过截面圆周上的剪流来承担扭矩的。这个例子中的结构根部受到了约束，不符合薄壁工程梁理论的假设条件，所以开口梁能够承担扭矩与薄壁工程梁理论是不矛盾的。下面，再用一个含大开口翼盒结构分析的例子，进一步认识大开口对薄壁结构的影响。

例题 6 - 15

如图 6.64 所示为一个处于自由状态的翼盒模型，蒙皮和腹板只承受剪应

力,正应力由杆来承担。翼盒包含有 3 个尺寸相同的矩形截面舱段,在中间舱的下面去掉一块盖板,形成前后梁之间的大开口。翼盒两端受到一对 10 kN·m 的扭矩,试计算蒙皮、翼肋腹板的剪流和翼梁缘条的轴向力。

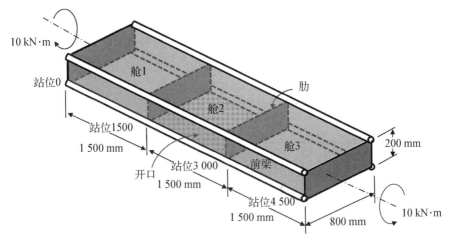

图 6.64　开　口　翼　盒

解: 分析模型的静定性。根据第 5 章所述的静定性分析方法,如果没有开口,一个六面体盒子是静定的,每增加 1 层会产生 1 个多余约束,所以会有 2 个多余约束,再将中间舱的 1 个盖板除去,则只剩 1 个多余约束。由于这个结构以舱 2 中间的横截面为对称面,且扭矩为反对称载荷,所以根据对称性可知,对称面上对称的内力为 0,因此考虑对称性后,本问题相当于静定问题,可通过静力平衡方法求解。

在薄壁工程梁理论中,假设梁的两端是自由的,不受轴向约束,桁条也不参与承载,轴向力为 0,开口薄壁梁不能承担扭矩。而这里开口部分的两端是受两个盒结构约束的,开口区的桁条就会受轴向力,不属于薄壁工程梁的情况。

分析舱段 2 前梁的受力,将其分离出来(见图 6.65),由于对称性,上、下缘条每端都受同样大小的轴向力,记为 P,假设在上缘条处向左,下缘条处向右,这样也保证了对称面上总的水平力和弯矩为 0,符合反对称载荷假设。上、下缘条对腹板产生了剪切作用,用剪流 q_1 表示,此处剪流的方向为腹板所受剪应力的方向,这是与杆板薄壁结构分析时的定义不同的。根据剪力互等,在腹板的侧边上,剪流也为 q_1。

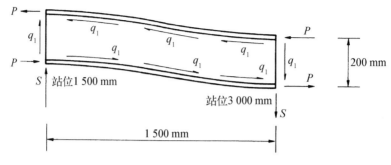

图 6.65　前 梁 受 载 图

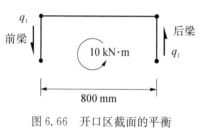

图 6.66　开口区截面的平衡

开口区截面的受载如图 6.66 所示,内力为板的剪流,外力为扭矩,剪流合力与外载荷相等。由于没有水平载荷,因此上盖板的剪流为 0,只有前、后梁腹板存在剪流。

根据扭矩的等效,有等式

$$200q_1 \times 800 = 10 \times 10^6$$

求得

$$q_1 = 62.5 \text{ N/mm}$$

计算轴向力 P,根据前梁中点处总弯矩为 0 的条件,可建立平衡方程

$$200 \times q_1 \times 750 = P \times 200$$

得

$$P = 46\,875 \text{ N}$$

而后梁腹板剪流和缘条的轴向力都与前梁相反,弯曲的方向也相反。可见,扭矩也是由前、后梁的参差弯曲来承担的。在机身上的大开口处常布置很强的箱形梁(见图 6.67),用来承担扭转载荷下的参差弯曲,这个弯曲也影响开口区两端的应力分布,直到距离超过其宽度的区域后才会消失。

以上得到开口区所有元件的内力,下面计算两端舱体的内力,两个舱体是六面体盒式结构,也是相互对称的,只求出其中一个内力即可,这里只分析 3 号舱体。

3 号舱体的受力如图 6.68 所示,在与开口区相连的部位,缘条受轴向载荷

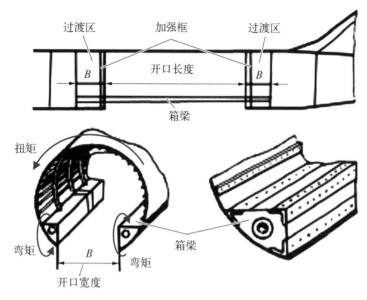

图 6.67　机身大开口区载荷

P,而自由端的轴向力为零,上蒙皮的剪流为 q_2,前梁腹板的剪流为 q_3,翼肋腹板的剪流为 q_4。

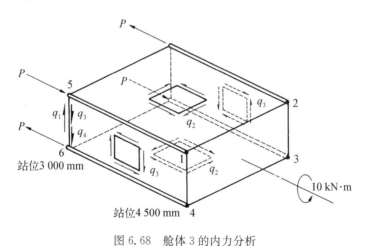

图 6.68　舱体 3 的内力分析

根据长桁 1 的平衡,得

$$1\,500q_2 - 1\,500q_3 = P = 46\,875 \tag{6.101}$$

由端部扭矩的等效

$$200 \times 800q_2 + 200 \times 800q_3 = 10 \times 10^6 \qquad (6.102)$$

由式(6.101)、式(6.102)解得

$$q_2 = 46.9 \text{ N/mm} \qquad q_3 = 15.6 \text{ N/mm}$$

下蒙皮和后梁腹板的剪流也分别为 q_2 和 q_3，方向则是相反的。

如果是两端不受约束、截面处处一致的闭合薄壁工程梁，则其截面上各处的剪流为

$$q = \frac{T}{2A} = \frac{10 \times 10^6}{2 \times 200 \times 800} = 31.3 \text{ N/mm}$$

可见，存在开口的情况下，蒙皮的剪流增加了 1.5 倍，翼梁腹板的剪流减小了 0.5 倍。

再分析 3 000 mm 站位处翼肋的剪流(见图 6.69)。

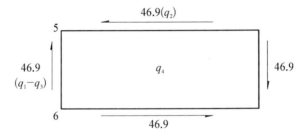

图 6.69　3 000 mm 站位处翼肋腹板的剪流

由翼肋上缘条的平衡可知

$$q_4 = q_2 = 46.9 \text{ N/mm}$$

也可以根据前梁位置立柱 5 - 6 的平衡得到

$$q_4 = q_1 - q_3 = 46.9 \text{ N/mm}$$

根据所得剪流，可计算出各杆的轴力，横向杆的轴力都为 0。对于纵向的杆，以前梁上缘条为例，分析纵向缘条轴向力，如图 6.70 所示。

可见在中点位置，轴力为 0，这也符合反对称载荷下对称面上轴力为零的预设条件。对称结构在反对称载荷下，其内力也是反对称的，所以下缘条轴力分布与此相反，大小相等，符合梁纯弯曲的实际。而后梁上、下缘条轴力分别与前梁相反，从而与前梁形成了参差弯曲状态。

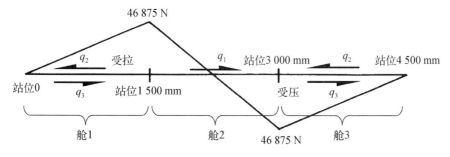

图 6.70　前梁上缘条的轴向力分布

实际中结构未必是两端自由的，可能存在基础约束，但根据圣维南原理，如果这段结构与约束的距离足够大，还是可以将其视作自由体来分析的。

通过对这个结构的分析，可总结如下结论：

（1）利用对称结构的受载属性，可降低分析中的结构静不定次数，从而简化分析。

（2）开口截面的两端受轴向约束时是能够承担扭矩的，这个扭矩由开口处前、后梁的参差弯曲来承担。而在薄壁工程梁理论中，开口区两端是自由的，因此无法承担扭矩。

（3）参差弯曲产生的梁缘条轴向力会传入两端起约束作用的盒式结构，使后者中的梁缘条也承担载荷，这与薄壁工程梁受扭时缘条不受载的特性是不同的。

习题

P6-1　求如图 6.71 所示受剪板和杆组成的平面结构的内力。

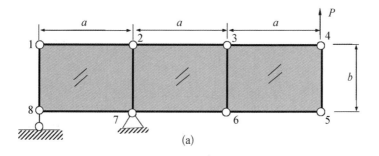

(a)

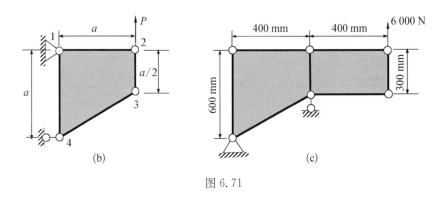

图 6.71

P6-2　求例题 6-3 中 4 点向上的位移。

P6-3　求图 6.72 所示结构的内力。已知 $a=300\,\text{mm}$，各杆的截面积 f 相等，$f=500\,\text{mm}^2$，各板的厚度为 2 mm，材料的杨氏模量 $E=70\,000\,\text{N/mm}^2$，剪切模量 $G=27\,000\,\text{N/mm}^2$，$P=30\,000\,\text{N}$。

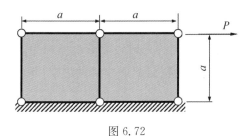

图 6.72

P6-4　如图 6.73 所示为一个具有双对称几何特征的翼盒截面模型，其中正应力由桁条来承担，蒙皮和墙只承担剪切应力，梁缘条的截面积为 $1\,000\,\text{mm}^2$，桁条的截面积是 $250\,\text{mm}^2$，受到 y 向的剪力 $S_y=20\,\text{kN}$，求截面的剪流分布。

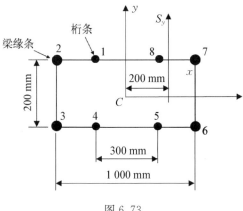

图 6.73

P6-5　一个具有双对称截面几何属性的圆形薄壁梁如图 6.74 所示,其中桁条承担全部正应力,蒙皮只承担剪切应力,每个长桁的横截面积都是 1 000 mm^2。

（1）如果梁的自由端中心承受如图 6.74(a)所示的载荷,求其截面 A 处各桁条的正应力。

（2）如果载荷形式如图 6.74(b)所示,求截面上剪流的分布。

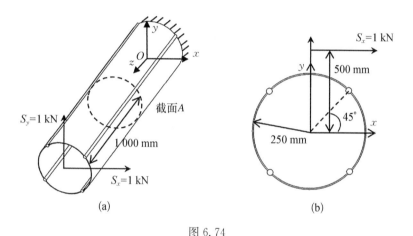

图 6.74

P6-6　一个具有单对称轴的薄壁工程梁截面模型如图 6.75 所示,其中桁条承担全部正应力,蒙皮只承担剪切应力,桁条 1 和 6 的横截面积为 500 mm^2,其他桁条的横截面积为 1 000 mm^2。截面受到 y 向剪切载荷 S_y = 10 kN,求其剪流的分布。

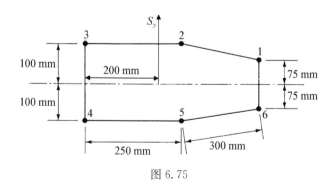

图 6.75

P6-7　一个具有双对称轴的矩形薄壁工程梁截面模型如图 6.76 所示,其中桁条承担全部正应力,蒙皮只承担剪切应力,所有桁条的横截面积都为

500 mm^2。水平板的厚度都为 1 mm，竖直板的厚度都为 2 mm，各部件材料相同，$G = 27\,000 \text{ N/mm}^2$。

（1）若截面受到 $1\,000 \text{ N·m}$ 的扭矩，求其剪流分布。

（2）若截面受到如图 6.76 所示的 y 向剪切载荷，$S_y = 10 \text{ kN}$，求其剪流的分布。

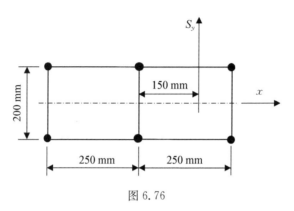

图 6.76

P6-8 一个具有单对称轴的薄壁工程梁截面模型如图 6.77 所示，截面由半圆部分和矩形部分组成，其中桁条承担全部正应力，蒙皮只承担剪切应力。所有桁条的横截面积都为 500 mm^2，水平板和弧形板的厚度都为 1 mm，竖直板的厚度都为 2 mm，各部件材料相同，$G = 27\,000 \text{ N/mm}^2$。受到 y 向剪切载荷 S_y 的作用，$S_y = 20 \text{ kN}$，求截面上的剪流分布。

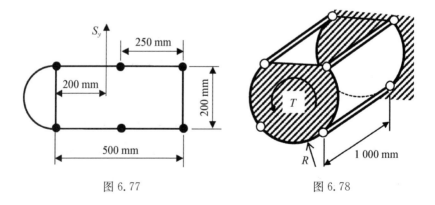

图 6.77　　　　　　　　　　图 6.78

P6-9 一个四缘条圆柱形薄壁梁模型，如图 6.78 所示，半径为 250 mm，其中桁条承担全部正应力，且沿圆周均匀布置，蒙皮只承担剪切应力，其上面的受剪切曲板被移除，形成开口薄壁结构。梁的一端固定在基础上，另一端为刚性的框,刚性框受到扭矩 $T = 1\,000\,\mathrm{N \cdot m}$,求其他 3 个曲面的剪流和各个桁条的轴力。

　　P6-10　如图 6.79 所示,一个由受剪板和杆组成的封闭盒式结构,受到沿一边作用的载荷 S,求其中各板的剪流和各杆的轴力。

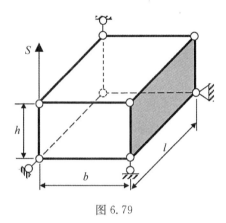

图 6.79

第 7 章 薄板的弯曲

为了减轻重量,飞行器中大量采用了薄壁结构,第 5、第 6 章中讨论了杆板薄壁结构,在这种模型中忽略了板承担的面外载荷,而假设载荷作用在杆的结点上,同时也假设板不承受正应力,只承受剪应力,即杆传来的剪流,其变形也只发生在自身平面内。本章讨论板的受弯问题,这种情况下板承受面外载荷作用,板内部会产生由弯曲引起的正应力,同时发生面外的变形。本章知识将为薄壁结构的稳定性分析和高级阶段的薄壁结构分析打下基础。

在板弯曲问题中,一般假设板的厚度与其平面尺寸相比较小,板中除了薄膜力之外还能承受弯矩。这种板构成了实际飞机结构的基本承载部分,包括机翼中相邻的长桁和翼肋之间或机身中相邻桁条和框架之间的蒙皮,梁和墙的腹板等。本章基于微分方程给出了简支边界条件下矩形板挠度的解。

7.1 薄板的纯弯曲

对于如图 7.1 所示的矩形薄板,定义坐标系 $Oxyz$,其中 xy 面与板的几何中面重合,z 轴垂直于板平面。薄板承受纯弯矩的作用,用单位长度上的弯矩表示,从而这个量具有力的量纲,作用在与 y 轴平行的边上的弯矩记为 M_x,作用在与 x 轴平行的边上的弯矩记为 M_y。图 7.1 所示的弯矩都是正的,并使板处于 z 轴正半轴的部分受到拉应力。

在梁的纯弯曲问题中,中性面是正应变为零的面。类似地,纯弯曲的薄板中也存在中性面,假设板在 z 向的位移相对其厚度很小,板发生弯曲后,横截面仍然是平面,类似于欧拉-伯努利梁的平截面假设,那么板的几何中面上变形为零,因此几何中面就是中性面 n,未变形时即 xy 平面。

考虑如图 7.2 所示的边长为 δx 和 δy、厚度为 t 的板微元。

在两个方向弯矩的作用下,中性面产生变形,平行于 xz 平面和 yz 平面的面与中性面交线的曲率半径分别为 ρ_x 和 ρ_y (见图 7.3)。

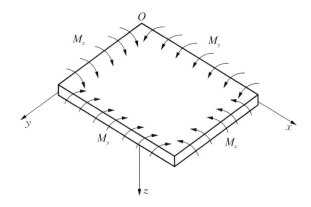

图 7.1　受到纯弯矩的板

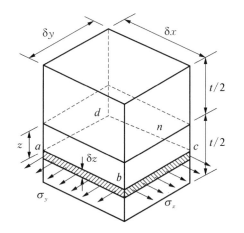

图 7.2　板单元中薄层的正应力

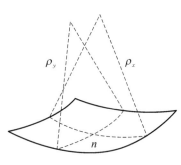

图 7.3　中性面的曲率半径

参考欧拉-伯努利梁理论,可知

$$\varepsilon_x = \frac{z}{\rho_x} \qquad \varepsilon_y = \frac{z}{\rho_y} \tag{7.1}$$

由于没有考虑法向的应力分量,所以薄板可以视为处于平面应力状态。因此应变和应力关系为

$$\varepsilon_x = \frac{\sigma_x - \nu\sigma_y}{E} \qquad \varepsilon_y = \frac{\sigma_y - \nu\sigma_x}{E} \tag{7.2}$$

其中,ν 为泊松比。将式(7.1)代入到式(7.2)中,整理可得

$$\sigma_x = \frac{Ez}{1-\nu^2}\left(\frac{1}{\rho_x} + \frac{\nu}{\rho_y}\right) \qquad \sigma_y = \frac{Ez}{1-\nu^2}\left(\frac{1}{\rho_y} + \frac{\nu}{\rho_x}\right) \tag{7.3}$$

再考虑单元上力矩与变形的关系。外部弯矩与板中正应力产生的力矩平衡，在与 x 轴垂直的表面上，有

$$M_x \delta y = \int_{-t/2}^{t/2} \sigma_x z \delta y \, \mathrm{d}z \tag{7.4}$$

将式(7.3)中的 σ_x 代入式(7.4)，可得

$$M_x \delta y = \int_{-t/2}^{t/2} \frac{Ez^2}{1-\nu^2} \left(\frac{1}{\rho_x} + \frac{\nu}{\rho_y} \right) \delta y \, \mathrm{d}z \tag{7.5}$$

定义薄板的抗弯刚度(flexural rigidity)D，

$$D = \int_{-t/2}^{t/2} \frac{Ez^2}{1-\nu^2} \mathrm{d}z = \frac{Et^3}{12(1-\nu^2)} \tag{7.6}$$

则有

$$M_x = D \left(\frac{1}{\rho_x} + \frac{\nu}{\rho_y} \right) \tag{7.7}$$

类似可得

$$M_y = D \left(\frac{1}{\rho_y} + \frac{\nu}{\rho_x} \right) \tag{7.8}$$

结合应力的表达式，可以得到应力与弯矩和抗弯刚度之间的关系式

$$\sigma_x = \frac{12M_x}{t^3} z \qquad \sigma_y = \frac{12M_y}{t^3} z \tag{7.9}$$

式(7.9)与纯弯曲下矩形截面梁的应力表达式是类似的。

为了描述板的变形，需要求解板中性面上的点在 z 向的挠度。在小变形下，曲率可近似为挠度沿坐标的二次导数。记挠度为 w，则板挠度沿 x、y 两个方向上的曲率表达式

$$\frac{1}{\rho_x} = -\frac{\partial^2 w}{\partial x^2} \qquad \frac{1}{\rho_y} = -\frac{\partial^2 w}{\partial y^2} \tag{7.10}$$

将式(7.10)代入式(7.7)和式(7.8)，即得到了用挠度表达的弯矩

$$M_x = -D\left(\frac{\partial^2 w}{\partial x^2} + \nu\,\frac{\partial^2 w}{\partial y^2}\right) \tag{7.11a}$$

$$M_y = -D\left(\frac{\partial^2 w}{\partial y^2} + \nu\,\frac{\partial^2 w}{\partial x^2}\right) \tag{7.11b}$$

对于给定的 M_x 和 M_y，就可以通过式(7.11a)和式(7.11b)来确定板的挠曲状态。本章的主要任务就是掌握这两个方程的求解。

接下来我们考虑一种特殊的情形，即只有一个力矩作用的情况。假设只有 M_x 作用，即 $M_y = 0$，由式(7.11b)可得

$$\frac{\partial^2 w}{\partial y^2} = -\nu\,\frac{\partial^2 w}{\partial x^2} \tag{7.12}$$

由于二阶导数反映的是函数的凹凸形状，因此式(7.12)意味着，当板的挠度沿着 x 方向是凹函数时，它沿着 y 方向就是凸函数；反之亦然，这样整个板变形后像一个马鞍。此时的中性面称为"互反曲面"（anticlastic surface），或者叫"鞍形面"，如图 7.4 所示。

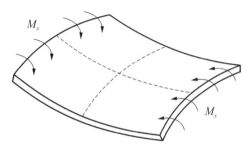

图 7.4　单向弯矩作用下薄板的互反弯曲变形

当 $M_x = M_y$ 时，两个方向的曲率相同，板变形后的形状为球面，曲率为

$$\frac{1}{\rho} = \frac{1}{\rho_x} = \frac{1}{\rho_y} = \frac{M}{D(1+\nu)} \tag{7.13}$$

7.2　同时承受弯矩和扭矩的板

一般情况下，板上的弯矩未必正好作用在垂直于板边的平面内。这种弯矩可以分解为垂直板边平面内的分量和与板边相切平面内的分量，称为"垂直分量"和"切向分量"。垂直分量包括 M_x、M_y，这和纯弯曲下是一样的；而切向分量包括 M_{xy} 和 M_{yx}，其含义是单位长度上的扭矩，显然也具有力的量纲。这里，M_{xy} 作用在垂直于 x 轴的平面内，而 M_{yx} 作用在垂直于 y 轴的平面内。下标的字母顺序表示扭矩作用的位置及方向。对扭矩的正方向约定为，当从其所在平面的外法线方向观察时，逆时针方向的扭矩为正，图 7.5 中的扭矩都

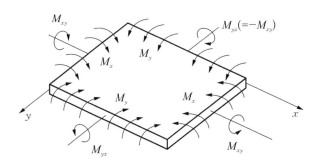

图 7.5　受到弯矩和扭矩的板

为正。

对于承受扭矩的薄板,它在截面上一定存在剪应力 τ_{xy},在板中取一个小单

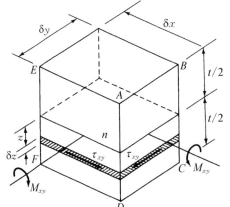

图 7.6　由扭矩 M_{xy} 引起的互等的剪应力

元,如图 7.6 所示,只考虑与板平面平行的剪应力,则截面 $ABCD$ 承受的总扭矩表示为:

$$M_{xy}\delta y = -\int_{-t/2}^{t/2} z\tau_{xy}\delta y\,\mathrm{d}z$$

$$(7.14)$$

于是得到

$$M_{xy} = -\int_{-t/2}^{t/2} \tau_{xy}z\,\mathrm{d}z \quad (7.15)$$

同样,在平面 $ADFE$ 上有

$$M_{yx} = \int_{-t/2}^{t/2} \tau_{xy}z\,\mathrm{d}z \quad (7.16)$$

请注意,由于前面约定了扭矩的正方向,而根据剪应力互等,τ_{xy} 的方向如图 7.6 所示,因此,M_{xy} 和 M_{yx} 实际上是大小相等,符号相反。从而我们可以在图 7.6 中用 M_{xy} 替代面 $ADFE$ 上的 M_{yx},而其正方向为顺时针。从而,作用在板单位长度上的力矩有 M_x,M_y 和 M_{xy}。

下面分析板内部任意截面上的力矩与这三个力矩的关系。如图 7.7 所示,在同时承受弯矩和扭矩的薄板上,考察与 y 轴成 α 角的横截面 DF 上的力矩。分析直角三角形板元 ABC 的平衡,在斜边 AC 上,合力矩可沿着切向和法向分解为扭矩 M_t 和弯矩 M_n。

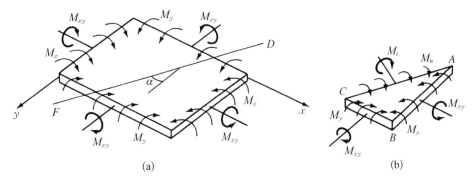

图 7.7 （a）受到弯矩和扭矩的板；（b）任意截面上的切向力矩和法向力矩

这块板元在 xy 平面内的投影如图 7.8 所示，将所有的力矩矢量方向表示了出来，并在斜边 AC 上沿切向和法向进行分解，根据力矩的平衡方程，可以得到 M_t 和 M_n。需要注意的是，图中所有的力矩仍然是单位长度上的力矩。

首先，在 AC 边所在平面内的平衡方程为：

$$M_t l_{AC} = M_{xy}(l_{AC}\cos\alpha)\cos\alpha + M_x(l_{AC}\cos\alpha)\sin\alpha - M_y(l_{AC}\sin\alpha)\cos\alpha - M_{xy}(l_{AC}\sin\alpha)\sin\alpha \tag{7.17}$$

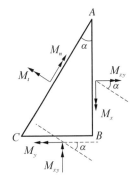

图 7.8 板元在 xy 平面内的投影

化简后得到

$$M_t = M_{xy}\cos 2\alpha + \frac{M_x - M_y}{2}\sin 2\alpha \tag{7.18}$$

类似地，与 AC 边垂直的平面内的力矩平衡方程为

$$M_n AC = -M_{xy}(l_{AC}\cos\alpha)\sin\alpha + M_x(l_{AC}\cos\alpha)\cos\alpha + M_y(l_{AC}\sin\alpha)\sin\alpha - M_{xy}(l_{AC}\sin\alpha)\cos\alpha \tag{7.19}$$

从而得

$$M_n = M_x\cos^2\alpha + M_y\sin^2\alpha - M_{xy}\sin 2\alpha \tag{7.20}$$

由 M_t 的表达式(7.18)可见，当截面的倾角 α 取某些值时，可得 $M_t = 0$，此时的 α 由下式确定

$$\tan 2\alpha = -\frac{2M_{xy}}{M_x - M_y} \tag{7.21}$$

根据正切函数的性质，α 在 $[0, \pi]$ 内有两个解，且相差 $\pi/2$。在沿这两个方向的横截面上只有 M_n 作用，这两个弯矩称为"主弯矩"（principal moment），对应的曲率称为"主曲率"（principal curvature）。主弯矩是该点所有方向截面上弯矩中的最大和最小代数值。在主方向截面上，没有剪应力，而正应力是所有方向截面上正应力的最大和最小代数值。

接下来讨论板的变形，首先考虑扭矩与挠度的关系，根据剪应力与剪应变的关系，式（7.14）可以写为

$$M_{xy} = -G\int_{-t/2}^{t/2} \gamma_{xy} z \, \mathrm{d}z \tag{7.22}$$

其中，G 为剪切模量；γ_{xy} 为剪应变。根据几何关系可用位移表示为

$$\gamma_{xy} = \frac{\partial u}{\partial y} + \frac{\partial v}{\partial x} \tag{7.23}$$

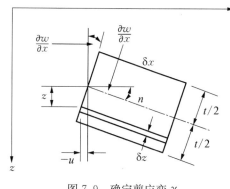

图 7.9　确定剪应变 γ_{xy}

其中，u、v 分别为 x、y 方向的位移分量；而板的主要位移为 z 向的挠度，一般用 w 来表示。为了建立 w 与 γ_{xy} 的关系，考虑一段板元在 xz 平面上的投影，如图 7.9 所示，其中性面上的点在 z 向的位移即板的挠度 w。

根据平截面假设，图 7.9 中板元左端截面始终与中性面垂直，薄板的弯曲将导致它发生刚体转动，绕 y 轴旋转的角度是 $\frac{\partial w}{\partial x}$。因为 z 坐标的原点在中性面上，所以中性面下 z 处一点在 x 方向发生的位移 u 为

$$u = -\frac{\partial w}{\partial x} z \tag{7.24}$$

类似地，可以得到该点在 y 方向发生的位移 v：

$$v = -\frac{\partial w}{\partial y}z \tag{7.25}$$

将式(7.24)和式(7.25)代入式(7.23),可得

$$\gamma_{xy} = -2\frac{\partial^2 w}{\partial x \partial y}z \tag{7.26}$$

根据方程(7.22)知

$$M_{xy} = 2G\frac{\partial^2 w}{\partial x \partial y}\int_{-t/2}^{t/2}z^2 \mathrm{d}z \tag{7.27}$$

将 $G = E/2(1+\nu)$ 代入(式7.27),得

$$M_{xy} = \frac{E}{1+\nu}\frac{t^3}{12}\frac{\partial^2 w}{\partial x \partial y} \tag{7.28}$$

结合抗弯刚度 D 的表达式(7.6),将式(7.28)写为

$$M_{xy} = D(1-\nu)\frac{\partial^2 w}{\partial x \partial y} \tag{7.29}$$

7.3　承受横向分布载荷的薄板

　　板承受横向分布载荷是极为普遍的现象,例如,机翼上下表面的蒙皮会受到气动压力的作用,局部的气动压力累积起来,对机翼结构产生弯曲、剪切和扭转。第 4 章的薄壁工程梁理论中阐述了在这几种载荷下结构的分析方法,但在推导的过程中忽略了这种在局部较小的面外横向载荷,所以有必要学习一下板在横向载荷下的挠度计算方法。此外,薄板在面内载荷作用下会发生屈曲,这是薄壁结构重要力学性能,而屈曲临界应力的求解以板的挠度解为基础,进行横向分布载荷下薄板分析的学习,可令我们掌握板挠度解的基本形式,打好薄板屈曲稳定性学习的基础。而实际中,飞行器蒙皮受到碰撞、壁板在高速气流下的颤振等问题中都涉及了薄板的弯曲,所以薄板弯曲理论对高级的结构分析十分重要。

　　平板承受横向分布载荷的示意图如图 7.10 所示,q 为单位面积上的载荷,在一般情况下是 x 和 y 的函数。

　　本章中已经讲过的弯矩、扭矩和板挠度的关系,将用于建立这种情况下板的挠度微分方程。在接下来的分析中,仍然将板的中面视作中性面,板的横截面在

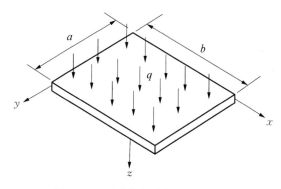

图 7.10　承受横向分布载荷的平板

弯曲后仍然保持平面,即假定剪应变 γ_{xz} 和 γ_{yz} 可忽略。而实际上,考虑横向分布载荷时,薄板微元的受力图如图 7.11 所示,在垂直于 x 轴和 y 轴的横截面上,除了有 M_x、M_y、M_{xy},还有单位长度上的剪力 Q_x 和 Q_y,这两个剪力产生剪应力 τ_{xz} 和 τ_{yz},它们与横向载荷分布 q、分布的弯矩 M_x、M_y、M_{xy} 是同样量级的,在分析薄板微元时是不可忽略的。所以,这里的做法是忽略剪应变而保留剪应力,这与细长梁分析时忽略剪切应变的做法是一样的。

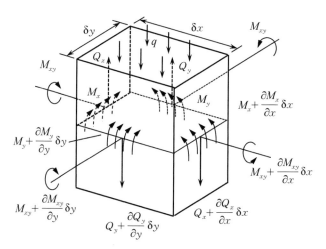

图 7.11　承受弯矩、扭矩、剪力和横向分布载荷的平板微元受力图

对于图 7.11 所示的板元,首先考虑 z 方向上的力平衡,得到

$$\left(Q_x + \frac{\partial Q_x}{\partial x}\delta x\right)\delta y - Q_x\delta y + \left(Q_y + \frac{\partial Q_y}{\partial y}\delta y\right)\delta x - Q_y\delta x + q\delta x\delta y = 0$$

(7.30)

简化后,得到

$$\frac{\partial Q_x}{\partial x} + \frac{\partial Q_y}{\partial y} + q = 0 \tag{7.31}$$

再考虑绕与 x 轴平行方向的力矩,得到力矩平衡方程

$$M_y \delta x - \left(M_y + \frac{\partial M_y}{\partial y} \delta y \right) \delta x - M_{xy} \delta y + \left(M_{xy} + \frac{\partial M_{xy}}{\partial x} \delta x \right) \delta y +$$

$$Q_x \delta y \frac{\delta y}{2} - \left(Q_x + \frac{\partial Q_x}{\partial x} \delta x \right) \delta y \frac{\delta y}{2} + Q_y \delta x \delta y + (q \delta x \delta y) \frac{\delta y}{2} = 0 \tag{7.32}$$

忽略高阶小量后,得到

$$\frac{\partial M_{xy}}{\partial x} - \frac{\partial M_y}{\partial y} + Q_y = 0 \tag{7.33}$$

类似的,可得到关于 y 轴方向的力矩平衡方程

$$\frac{\partial M_{xy}}{\partial y} - \frac{\partial M_x}{\partial x} + Q_x = 0 \tag{7.34}$$

将式(7.33)、式(7.34)代入式(7.31),得到了关于内力矩的二阶微分方程。

$$\frac{\partial^2 M_x}{\partial x^2} - \frac{\partial^2 M_{xy}}{\partial x \partial y} + \frac{\partial^2 M_y}{\partial y^2} - \frac{\partial^2 M_{xy}}{\partial x \partial y} + q = 0 \tag{7.35}$$

再将内力矩 M_x、M_y、M_{xy} 与挠度 w 的关系,即式(7.11a)、式(7.11b)和式(7.29)代入式(7.35),可以得到关于挠度的四阶微分方程。

$$\frac{\partial^4 w}{\partial x^4} + 2 \frac{\partial^4 w}{\partial^2 x \partial^2 y} + \frac{\partial^4 w}{\partial y^4} = \frac{q}{D} \tag{7.36}$$

或者写作

$$\left(\frac{\partial^2}{\partial x^2} + \frac{\partial^2}{\partial y^2} \right) \left(\frac{\partial^2 w}{\partial x^2} + \frac{\partial^2 w}{\partial y^2} \right) = \frac{q}{D} \tag{7.37}$$

简记为

$$\nabla^4 w = \frac{q}{D} \tag{7.38}$$

方程(7.38)称为"重调和方程",左端 ∇^4 是重调和算子。求解这个微分方程,就可以获得板的挠度,从而可以由式(7.11a)、式(7.11b)和式(7.29)算出板中的内力矩,进而可由式(7.9)计算正应力。

再将式(7.11a)、式(7.11b)和式(7.29)代入式(7.33)和式(7.34),可得 Q_x 和 Q_y 与挠度 w 的关系。

$$Q_x = \frac{\partial M_x}{\partial x} - \frac{\partial M_{xy}}{\partial y} = -D\frac{\partial}{\partial x}\left(\frac{\partial^2 w}{\partial x^2} + \frac{\partial^2 w}{\partial y^2}\right) \tag{7.39a}$$

$$Q_y = \frac{\partial M_y}{\partial y} - \frac{\partial M_{xy}}{\partial x} = -D\frac{\partial}{\partial y}\left(\frac{\partial^2 w}{\partial x^2} + \frac{\partial^2 w}{\partial y^2}\right) \tag{7.39b}$$

由式(7.36)求得 w 后,再由式(7.39a)和式(7.39b)可得到截面上的剪力,从而,其产生的剪应力也可得出。

为了求解关于挠度的四阶微分方程(7.36),需要正确利用板的边界条件。下面给出几种典型的边界。

7.3.1　简支边

如果一个薄板的某条边可以绕其自身所在的轴自由旋转但是不能产生挠度,则称该边是"简支边"。假定图 7.11 中的薄板在 $x=0$ 处的边是简支的,则这条边的挠度为 0,沿着该边方向上的弯矩 M_x 为 0,有

$$(w)_{x=0} = 0$$

$$(M_x)_{x=0} = -D\left(\frac{\partial^2 w}{\partial x^2} + \nu\frac{\partial^2 w}{\partial y^2}\right)_{x=0} = 0 \tag{7.40}$$

由在 $x=0$ 的边上挠度 w 为零的条件,可知沿 y 方向有

$$\frac{\partial w}{\partial y} = \frac{\partial^2 w}{\partial y^2} = 0 \tag{7.41}$$

因此,简支边的边界条件可以简化

$$(w)_{x=0} = 0 \quad \left(\frac{\partial^2 w}{\partial x^2}\right)_{x=0} = 0 \tag{7.42}$$

7.3.2　固支边

如果薄板在 $x=0$ 的边上为固支,则它既不能移动,也不能转动,那么挠度及其斜率都为 0,即

$$(w)_{x=0} = 0 \qquad \left(\frac{\partial w}{\partial x}\right)_{x=0} = 0 \qquad\qquad (7.43)$$

7.3.3　自由边

一种常见的边界条件是自由边,沿着自由边的方向没有弯矩、扭矩以及剪力,即这条边上无任何外载荷

$$(M_x)_{x=0} = 0 \qquad (M_{xy})_{x=0} = 0 \qquad (Q_x)_{x=0} = 0 \qquad (7.44)$$

上面给出了三个边界条件,而基尔霍夫(Kirchhoff)提出,这三个边界条件实际上等于两个边界条件,其中的后两个条件可以合并为一个边界条件。汤姆森(Thomson)和泰特(Tait)解释了这个处理方法的物理有效性。他们指出 M_{xy} 可由板边上的竖直力系统替代。

用如图 7.12 所示的一段自由边来阐述这个原理。考虑一段长度为 δy 的微元,作用在其上的扭矩 $M_{xy}\delta y$ 可等效为一对相距 δy,大小为 M_{xy} 的力偶。同理,相邻长度为 δy 的微元上的扭矩也可以做类似的等效,但是力偶的大小变化了 $\left(\dfrac{\partial M_{xy}}{\partial y}\right)\delta y$。在两个微元交点处,合力变为沿 z 的负向、大小为 $\left(\dfrac{\partial M_{xy}}{\partial y}\right)\delta y$ 的一个剪力,而两个微元中间部分由于分布剪力而引起的力为 $Q_x\delta y$,于是该段微元实际承受的总剪力为 $\left(Q_x - \dfrac{\partial M_{xy}}{\partial y}\right)\delta y$。

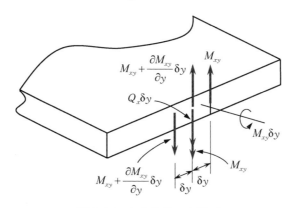

图 7.12　自由边的一个微元

由于自由边上载荷为 0,所以有

$$\left(Q_x - \frac{\partial M_{xy}}{\partial y}\right)_{x=0} = 0 \qquad\qquad (7.45)$$

这样,就将剪力和弯矩为零的边界条件合并为一个等效剪力为零的条件。进一步,将式(7.29)和式(7.39a)代入式(7.45),得到用挠度表达的边界条件

$$\left[\frac{\partial^3 w}{\partial x^3} + (2-\nu)\frac{\partial^3 w}{\partial x \partial y^2}\right]_{x=0} = 0 \tag{7.46}$$

再根据沿自由边方向弯矩为零的条件,有

$$(M_x)_{x=0} = \left(\frac{\partial^2 w}{\partial x^2} + \nu\frac{\partial^2 w}{\partial y^2}\right) = 0 \tag{7.47}$$

7.4 四边简支矩形板的纳维解

我们已经得到了挠度的微分方程,以及用挠度表达的边界条件,接下来将是挠度微分方程的求解,本书讲述四边简支矩形板的纳维(Navier)解。纳维是活跃在十八世纪末、十九世纪初的法国工程师和物理学家,在力学领域贡献卓著,被誉为现代结构分析的奠基人。

受横向分布载荷 $q(x, y)$ 的板,其挠度微分方程如式(7.36)所示,即

$$\frac{\partial^4 w}{\partial x^4} + 2\frac{\partial^4 w}{\partial^2 x \partial^2 y} + \frac{\partial^4 w}{\partial y^4} = \frac{q(x, y)}{D} \tag{7.36b}$$

四边简支边界条件为

$$(w)_{x=0,a} = 0 \quad \left(\frac{\partial^2 w}{\partial x^2}\right)_{x=0,a} = 0 \tag{7.48a}$$

$$(w)_{y=0,b} = 0 \quad \left(\frac{\partial^2 w}{\partial y^2}\right)_{y=0,b} = 0 \tag{7.48b}$$

纳维提出了满足如上微分方程和边界条件解的形式,挠度用双重傅里叶级数(Fourier series)表示

$$w(x, y) = \sum_{m=1}^{\infty}\sum_{n=1}^{\infty} A_{mn}\sin\frac{m\pi x}{a}\sin\frac{n\pi y}{b} \tag{7.49}$$

式中,m 和 n 分别表示 x 轴方向和 y 轴方向上的半波数。由于正弦函数自动满足边界条件,所以只需要确定系数 A_{mn},就可以完成求解。

为了使式(7.36b)左右两端能够相等,将分布载荷也表示傅里叶级数的形式

$$q(x, y) = \sum_{m=1}^{\infty} \sum_{n=1}^{\infty} a_{mn} \sin \frac{m\pi x}{a} \sin \frac{n\pi y}{b} \tag{7.50}$$

其中, a_{mn} 为待求的系数, 为求其值, 将式(7.50)两边同时乘以正弦基函数, 并在整块板上积分

$$\iint_{0\,0}^{a\,b} q(x, y) \sin \frac{m'\pi x}{a} \sin \frac{n'\pi y}{b} dx dy$$

$$= \sum_{m=1}^{\infty} \sum_{n=1}^{\infty} a_{mn} \iint_{0\,0}^{a\,b} \sin \frac{m'\pi x}{a} \sin \frac{m\pi x}{a} \sin \frac{n'\pi y}{b} \sin \frac{n\pi y}{b} dx dy$$

$$= \frac{ab}{4} a_{m'n'} \tag{7.51}$$

其中, 利用了三角函数的正交性:

$$\int_0^a \sin \frac{m'\pi x}{a} \sin \frac{m\pi x}{a} dx = \begin{cases} 0, & m \neq m' \\ \dfrac{a}{2}, & m = m' \end{cases} \tag{7.52a}$$

和

$$\int_0^b \sin \frac{n'\pi x}{b} \sin \frac{n\pi x}{b} dx = \begin{cases} 0, & n \neq n' \\ \dfrac{b}{2}, & n = n' \end{cases} \tag{7.52b}$$

并且, 由于 m' 和 n' 也是整数, 所以 $a_{m'n'}$ 可写为 a_{mn}, 从而有

$$a_{mn} = \frac{4}{ab} \iint_{0\,0}^{a\,b} q(x, y) \sin \frac{m\pi x}{a} \sin \frac{n\pi y}{b} dx dy \tag{7.53}$$

将式(7.49)和式(7.50)代入式(7.36)并整理, 可得

$$\sum_{m=1}^{\infty} \sum_{n=1}^{\infty} \left\{ A_{mn} \left[\left(\frac{m\pi}{a} \right)^4 + 2 \left(\frac{m\pi}{a} \right)^2 \left(\frac{n\pi}{b} \right)^2 + \left(\frac{n\pi}{b} \right)^4 \right] - \frac{a_{mn}}{D} \right\}$$

$$\sin \frac{m\pi x}{a} \sin \frac{n\pi y}{b} = 0 \tag{7.54}$$

所以有

$$A_{mn} \left[\left(\frac{m\pi}{a} \right)^4 + 2 \left(\frac{m\pi}{a} \right)^2 \left(\frac{n\pi}{b} \right)^2 + \left(\frac{n\pi}{b} \right)^4 \right] = \frac{a_{mn}}{D} \tag{7.55}$$

因此,求得

$$A_{mn} = \frac{1}{\pi^4 D} \frac{a_{mn}}{[(m^2/a^2) + (n^2/b^2)]^2} \tag{7.56}$$

综上,受横向分布载荷的四边简支矩形板的挠度为

$$w(x, y) = \frac{1}{\pi^4 D} \sum_{m=1}^{\infty} \sum_{n=1}^{\infty} \frac{a_{mn}}{[(m^2/a^2) + (n^2/b^2)]^2} \sin \frac{m\pi x}{a} \sin \frac{n\pi y}{b} \tag{7.57}$$

其中,a_{mn} 由式(7.53)根据具体的 $q(x, y)$ 计算得出。

例题 7 - 1

大小为 $a \times b$ 的矩形薄板在四边简支,承受均匀分布载荷 q_0,求板的挠度表达式、最大挠度和最大正应力。

解: 考虑均布载荷可表示为

$$q(x, y) = q_0 \tag{7.58}$$

根据方程(7.53)可得

$$a_{mn} = \frac{4q_0}{ab} \int_0^a \int_0^b \sin \frac{m\pi x}{a} \sin \frac{n\pi y}{b} \mathrm{d}x \mathrm{d}y$$

$$= \frac{16q_0}{\pi^2 mn} \quad (m=1, 3, 5\cdots; n=1, 3, 5\cdots) \tag{7.59}$$

这里需要注意,当 m 和 n 为偶数时,$a_{mn} = 0$。 根据式(7.57)可得挠度为

$$w(x, y) = \frac{16q_0}{\pi^6 D} \sum_{m=1, 3, 5\cdots}^{\infty} \sum_{n=1, 3, 5\cdots}^{\infty} \frac{\sin \frac{m\pi x}{a} \sin \frac{n\pi y}{b}}{mn[(m^2/a^2) + (n^2/b^2)]^2} \tag{7.60}$$

显然,板的最大挠度出现在板中心位置,为

$$w_{\max} = w\left(\frac{a}{2}, \frac{b}{2}\right) = \frac{16q_0}{\pi^6 D} \sum_{m=1, 3, 5\cdots}^{\infty} \sum_{n=1, 3, 5\cdots}^{\infty} \frac{\sin \frac{m\pi}{2} \sin \frac{n\pi}{2}}{mn[(m^2/a^2) + (n^2/b^2)]^2} \tag{7.61}$$

考虑泊松比为 0.3 的正方形板,我们可以进一步化简挠度的表达式:

$$w(x, y) = 0.181\,7 \frac{q_0 a^4}{Et^3} \sum_{m=1, 3, 5\cdots}^{\infty} \sum_{n=1, 3, 5\cdots}^{\infty} \frac{\sin \frac{m\pi x}{a} \sin \frac{n\pi y}{b}}{mn(m^2 + n^2)^2} \tag{7.62}$$

不断增加级数项数计算中心点处的位移，当前后两次结果相差小于万分之一时停止计算，得到最大挠度的表达式为

$$w_{\max} = \frac{0.044\,4q_0 a^4}{Et^3} \tag{7.63}$$

对于级数解法，我们自然会关心它的收敛速度。这里考虑 m 和 n 都由 1 取到 N（N 为奇数），并把计算得到的挠度记为 $w_{\max,N}$，得到 $w_{\max,N}$ 收敛于 $w_{\max}$ 结果如图 7.13 所示。可见，纳维解的收敛速度很快，当 m 和 n 各取 3 项，即 N 为 5 时，中心挠度的误差就已经小于 0.1% 了。

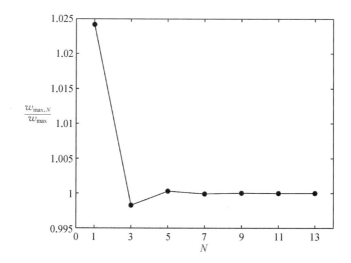

图 7.13　纳维解随级数项数增加而迅速收敛

再来看弯矩的形式，将式(7.60)代入式(7.11a)、式(7.11b)得到

$$M_x = \frac{16q_0}{\pi^4} \sum_{m=1,3,5\cdots}^{\infty} \sum_{n=1,3,5\cdots}^{\infty} \frac{(m^2/a^2) + \nu(n^2/b^2)}{mn[(m^2/a^2) + (n^2/b^2)]^2} \sin\frac{m\pi x}{a} \sin\frac{n\pi y}{b} \tag{7.64a}$$

$$M_y = \frac{16q_0}{\pi^4} \sum_{m=1,3,5\cdots}^{\infty} \sum_{n=1,3,5\cdots}^{\infty} \frac{\nu(m^2/a^2) + (n^2/b^2)}{mn[(m^2/a^2) + (n^2/b^2)]^2} \sin\frac{m\pi x}{a} \sin\frac{n\pi y}{b} \tag{7.64b}$$

最大的弯矩在板的中心，对于正方形板，取级数前 5 项可得最大弯矩为

$$M_{x,\max} = M_{y,\max} = 0.047\,9q_0 a^2 \tag{7.65}$$

弯曲情况下的最大应力在上下表面，即 $z=\pm t/2$ 处，根据式(7.9)，有

$$\sigma_{x,\max}=\frac{6M_x}{t^2} \qquad \sigma_{y,\max}=\frac{6M_y}{t^2} \tag{7.66}$$

对于正方形板，

$$\sigma_{x,\max}=\sigma_{y,\max}=0.287q_0\frac{a^2}{t^2} \tag{7.67}$$

对扭矩和剪应力，也可按相似方法求出。

需要注意的是，纳维解只适用于简支边界条件的矩形板，对于复杂形状的板或者其他的边界条件，则不适用。

7.5 面内载荷作用下薄板的微分方程

我们已经学习了横向载荷作用下的薄板变形问题，而在薄壁梁的弯曲、剪切和扭转中提到过，分析薄板应力时，面外的载荷通常是可以忽略的，而关键的载荷是面内载荷。例如，机翼承受的气动载荷是典型的面外分布载荷，气动载荷直接在蒙皮中产生的应力并不大，但是累积后会在机翼中产生剪力、弯矩和扭矩（见图 7.14），会对蒙皮产生面内的拉压应力和剪应力。这些应力一方面会造成材料的破坏，另一方面会对蒙皮的挠曲变形产生显著的影响，典型的情况就是使其失去稳定性，产生很大的变形，导致承载能力严重下降。本节部分内容就是第 8 章薄板稳定性理论的基础。

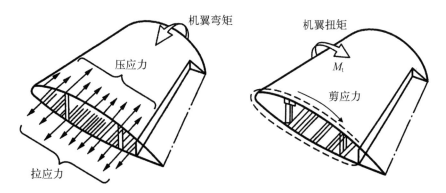

图 7.14 机翼受弯矩和扭矩时的应力

来考察一块矩形薄板微元上的面内载荷。在 xy 面内的四条边上，作用有单位长度拉压力 N_x、N_y 以及剪切力 N_{xy} 和 N_{yx}，它们的作用面和方向如

图 7.15 所示。

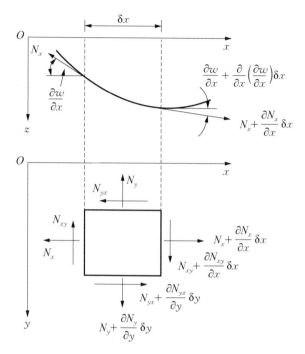

图 7.15　板单元所受的面内力

根据 x 方向上的平衡,有

$$\left(N_x + \frac{\partial N_x}{\partial x}\delta x\right)\delta y\cos\left(\frac{\partial w}{\partial x} + \frac{\partial^2 w}{\partial x^2}\delta x\right) - N_x\delta y\cos\frac{\partial w}{\partial x}$$

$$+ \left(N_{yx} + \frac{\partial N_{yx}}{\partial y}\delta y\right)\delta x - N_{yx}\delta x = 0 \tag{7.68}$$

由于仅考虑小变形、小转动情况,因此转角的余弦约等于 1,所以可得到 x 方向的平衡方程

$$\frac{\partial N_x}{\partial x} + \frac{\partial N_{yx}}{\partial y} = 0 \tag{7.69}$$

同理,根据 y 方向的平衡,有

$$\frac{\partial N_y}{\partial y} + \frac{\partial N_{xy}}{\partial x} = 0 \tag{7.70}$$

确定面内剪切载荷对单元体在 z 向受力的贡献稍显复杂,需要考虑到单元体在 xz 平面和 yz 平面内两个方向的偏转角度,如图 7.16 所示。

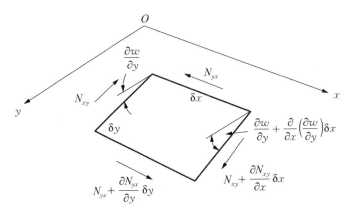

图 7.16 z 向上的剪切载荷分量

剪切载荷 N_{xy} 在 z 向的分量是

$$\left(N_{xy} + \frac{\partial N_{xy}}{\partial x}\delta x\right)\delta y\left[\frac{\partial w}{\partial y} + \frac{\partial}{\partial x}\left(\frac{\partial w}{\partial y}\right)\delta x\right] - N_{xy}\delta y\frac{\partial w}{\partial y} \quad (7.71)$$

略去高阶项,得

$$\frac{\partial N_{xy}}{\partial x}\ \frac{\partial w}{\partial y}\delta x\delta y + N_{xy}\ \frac{\partial^2 w}{\partial x\partial y}\delta x\delta y \quad (7.72)$$

同样的,剪切载荷 N_{yx} 在 z 向的分量是

$$\frac{\partial N_{yx}}{\partial y}\ \frac{\partial w}{\partial x}\delta x\delta y + N_{yx}\ \frac{\partial^2 w}{\partial x\partial y}\delta x\delta y \quad (7.73)$$

因此,N_x、N_y、N_{xy} 和 N_{yx} 对板微元在 z 向受力的总贡献,即 z 向的分量的合力为

$$N_x\frac{\partial^2 w}{\partial x^2}\delta x\delta y + \frac{\partial N_x}{\partial x}\ \frac{\partial w}{\partial x}\delta x\delta y + N_y\frac{\partial^2 w}{\partial y^2}\delta x\delta y + \frac{\partial N_y}{\partial y}\ \frac{\partial w}{\partial y}\delta x\delta y$$

$$+ \frac{\partial N_{xy}}{\partial x}\ \frac{\partial w}{\partial y}\delta x\delta y + N_{xy}\ \frac{\partial^2 w}{\partial x\partial y}\delta x\delta y + \frac{\partial N_{yx}}{\partial y}\ \frac{\partial w}{\partial x}\delta x\delta y$$

$$+ N_{yx}\frac{\partial^2 w}{\partial x\partial y}\delta x\delta y \quad (7.74\text{a})$$

注意 $N_{xy} = N_{yx}$，并利用式(7.69)和式(7.70)，该表达式可以简化为

$$\left(N_x \frac{\partial^2 w}{\partial x^2} + N_y \frac{\partial^2 w}{\partial y^2} + 2N_{xy} \frac{\partial^2 w}{\partial x \partial y} \right) \delta x \delta y \tag{7.74b}$$

由于沿着微元边缘方向，面内载荷不对板微元产生力矩，所以式(7.33)和式(7.34)不变；而式(7.31)中，面外载荷要在 q 的基础上增加面内载荷的分量。利用式(7.36)，将 q 替换为 q 与面内载荷分量的和，就得到了包含面内载荷的平衡方程

$$\frac{\partial^4 w}{\partial x^4} + 2 \frac{\partial^4 w}{\partial x^2 \partial y^2} + \frac{\partial^4 w}{\partial y^4} = \frac{1}{D} \left(q + N_x \frac{\partial^2 w}{\partial x^2} + N_y \frac{\partial^2 w}{\partial y^2} + 2N_{xy} \frac{\partial^2 w}{\partial x \partial y} \right) \tag{7.75}$$

例题 7 – 2

例题 7 – 1 中的矩形简支薄板除了承受强度为 q_0 的均布横向载荷外，还承受均匀分布的面内拉力 N_x，求其挠度表达式。

解： 均匀横向载荷可以用傅里叶级数表达，即

$$q = \frac{16q_0}{\pi^2} \sum_{m=1,3,5\cdots}^{\infty} \sum_{n=1,3,5\cdots}^{\infty} \frac{1}{mn} \sin \frac{m\pi x}{a} \sin \frac{n\pi y}{b} \tag{7.76}$$

根据式(7.77)

$$\frac{\partial^4 w}{\partial x^4} + 2 \frac{\partial^4 w}{\partial x^2 \partial y^2} + \frac{\partial^4 w}{\partial y^4} - \frac{N_x}{D} \frac{\partial^2 w}{\partial x^2} = \frac{16q_0}{D\pi^2}$$

$$\sum_{m=1,3,5\cdots}^{\infty} \sum_{n=1,3,5\cdots}^{\infty} \frac{1}{mn} \sin \frac{m\pi x}{a} \sin \frac{n\pi y}{b} \tag{7.77}$$

将含 w 的用表达式(7.49)代换，可解得

$$A_{mn} = \frac{16q_0}{\pi^6 Dmn \left[\left(\dfrac{m^2}{a^2} + \dfrac{n^2}{b^2} \right)^2 + \dfrac{N_x m^2}{\pi^2 D a^2} \right]} \quad (m = 1,3,5\cdots;\ n = 1,3,5\cdots) \tag{7.78}$$

而当 m 或 n 是偶数时，$A_{mn} = 0$。所以

$$w(x,y) = \frac{16q_0}{\pi^6 D} \sum_{m=1,3,5\cdots}^{\infty} \sum_{n=1,3,5\cdots}^{\infty} \frac{\sin\dfrac{m\pi x}{a}\sin\dfrac{n\pi y}{b}}{mn\left[\left(\dfrac{m^2}{a^2}+\dfrac{n^2}{b^2}\right)^2 + \dfrac{N_x m^2}{\pi^2 D a^2}\right]}$$

$$(7.79)$$

这个挠度表达式与例题 7-1 求得的只有均布载荷作用下的挠度表达式非常相似,只是在分母中多了和 N_x 有关的项。当板受到面内拉力时,N_x 大于 0,此时挠度比没有面内载荷时的挠度要小,这符合我们的日常观察和物理直觉;而当板受到压力时,N_x 小于 0,这会使挠度增大。而当 N_x 为某些与 m、n 有关的特殊值时,级数中相应项的分母会变成 0,意味着式中板的挠度会无限增大,此时的 N_x 值是与 m、n 对应的临界屈曲载荷。关于板的屈曲,将在第 8 章中学习,届时将会用到该例题中的结论。

习题

P7-1　一个厚度为 5 mm 的平板,受到分布的弯矩 $M_x = 1\,\text{N}\cdot\text{m/mm}$,$M_y = 1.5\,\text{N}\cdot\text{m/mm}$,求其两个方向最大的正应力。

P7-2　对于四边简支的矩形薄板(见图 7.17),令其两边的长度分别为 a 和 b,厚度为 t,当在位置 (ξ,η) 处受到集中静载荷 P 的作用时,其挠度可近似表示为

$$w = \frac{4Pa^3 b^3 \sin\dfrac{\pi\xi}{a}\sin\dfrac{\pi\eta}{b}}{\pi^4 D(a^2+b^2)^2}\sin\frac{\pi x}{a}\sin\frac{\pi y}{b} \qquad (7.80)$$

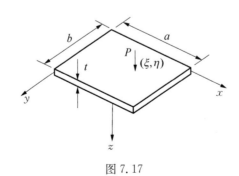

图 7.17

现已知某个简支板的参数:$a = 200\,\text{mm}$,$b = 100\,\text{mm}$,$t = 2\,\text{mm}$,材料的弹性模

量 $E = 70\,000\ \text{N/mm}^2$，泊松比 $\nu = 0.3$；载荷参数：$\xi = 50\ \text{mm}$，$\eta = 100\ \text{mm}$，$P = 1\,000\ \text{N}$，请计算在 $(50\ \text{mm}, 50\ \text{mm})$ 处的 M_x 和 M_y，以及该处的两个方向的最大应力 $\sigma_{x,\max}$ 和 $\sigma_{y,\max}$。

P7-3　四边简支矩形薄板长为 a，宽为 $2a$，坐标系定义如图 7.18 所示。板的弯曲刚度为 D，泊松比 $\nu = 0.3$，承受分布载荷 $q(x,y) = q_0 \sin(\pi x/a)$。如果板的挠度表达式为

$$w = \frac{q_0 a^4}{D\pi^4}\left(1 + A\cosh\frac{\pi y}{a} + B\,\frac{\pi y}{a}\sinh\frac{\pi y}{a}\right)\sin\frac{\pi x}{a} \qquad (7.81)$$

试确定常数 A 和 B 的值。

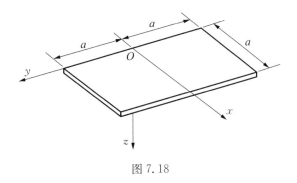

图 7.18

P7-4　对于如图 7.17 所示的四边简支矩形薄板，若其受到的横向分布载荷 $q(x,y) = q_0 \sin\dfrac{\pi x}{a}\sin\dfrac{\pi y}{b}$，请证明函数 $w = C\sin\dfrac{\pi x}{a}\sin\dfrac{\pi y}{b}$ 是挠度的解，并求最大挠度和弯矩。

P7-5　对于如图 7.17 所示的四边简支矩形薄板，若其受到的横向分布载荷 $q(x,y) = q_0\,\dfrac{x}{a}$，试基于双三角级数求解其挠度的表达式。

P7-6　一个边长为 a 的正方形板受到横向分布载荷 $q(x,y)$ 作用，x、y 坐标轴分别沿板边方向，坐标原点在板的中心。若其挠度可表示为

$$w(x,y) = w_0\cos\frac{\pi x}{a}\cos\frac{3\pi y}{a} \qquad (7.82)$$

试求解 $q(x,y)$ 的表达式。

P7-7　如图 7.19 所示的四边简支矩形薄板，受到沿各边的剪切载荷 N_{xy}

和面外均布压力 q_0，试基于双三角级数推导其挠度的表达式。

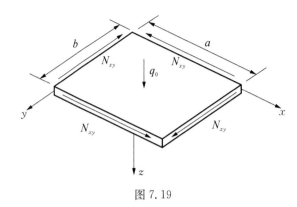

图 7.19

第8章 结构的稳定性

在飞机静强度设计准则中,认为元件的拉伸应力大于材料拉伸强度时,结构将会发生破坏,而实际上飞机结构元件也会受到压载荷作用,例如上翼面的纵向元件,机身下部的纵向元件等。细长的柱状元件或者薄板元件对压载荷很敏感,在压载荷下,尽管应力没有达到破坏的临界应力,但结构也可能会产生持续的弯曲而失去稳定性,承载能力随之降低,最后由于弯曲大变形导致的应力值过高而失效,这个现象称为"屈曲"。有资料显示,S-3A飞机结构中由于材料压缩强度不足而发生破坏的结构重量占比几乎为0,而与此形成对比的是,发生屈曲的结构占42%。由此可以看出,结构稳定性问题在飞机结构设计中是非常重要的。

受压载荷的结构中会出现两类稳定性现象,整体失稳(primary instability)和局部失稳(local instability)(见图2.3)。前者涉及了整个元件,而元件的横截面形状不发生变化,弯曲的波长与单元长度在同一量级,长细比较大的实心柱和薄壁柱会发生这种失效。而对于局部屈曲,部件的横截面形状会发生变化,弯曲的波长与元件的横截面尺寸在一个量级上,长细比较小的薄壁柱和薄板一般发生这种屈曲。

8.1 柱的欧拉屈曲

早在1744年,欧拉(Euler)就提出了细长柱的屈曲理论,并考虑了各种端部约束的影响,这种理论目前仍在使用。本节首先来学习小变形下理想柱的欧拉屈曲。

所谓理想柱(perfect column)是柱的截面完全对称,材料均匀,没有缺陷,而且在理想受压状态下,压载荷完全作用在轴线上,没有偏心(见图8.1)。在这种情况下,载荷可以一直施加下去,直到压缩应力大于材料的压缩强度,柱体破坏。但经验告诉我们,事实并非如此,实际上,当压载荷达到某个

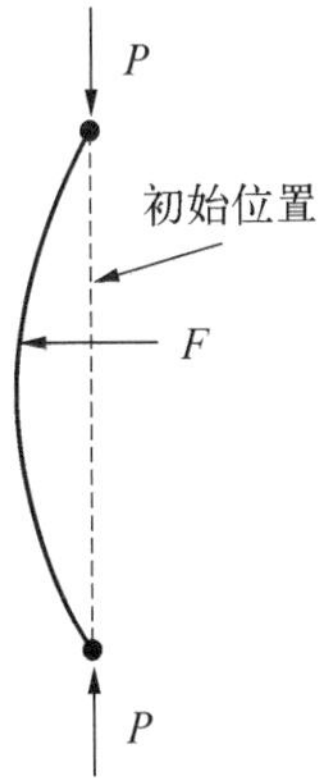

图 8.1 理想柱屈曲载荷的定义

值后,柱会突然向某一方向弯曲,弯曲的方向通常是无法预知的,继续加载下去,柱将由于弯曲而折断,这个载荷就称为屈曲临界载荷。而如果这个载荷作用于理想受压柱,其产生的压应力是小于材料强度极限的。

产生非理想情况的因素有多种,包括几何上的不对称,材料不均匀,载荷的偏心,受到横向扰动等。但我们仍然按理想柱模型来推导屈曲的临界载荷,由于理想柱不会发生弯曲,于是我们引入一个很小的横向扰动载荷 F 使柱产生小变形,这种情况下柱就会产生弯曲。如果轴向载荷 P 小于屈曲临界载荷 P_{CR},撤去小扰动力 F 后,柱会恢复到原始状态,保持稳定的平衡。

而如果 P 刚好等于临界载荷时,撤掉 F 后,柱就不会恢复原始状态,由于我们假设 F 是任意小载荷,这意味着在小变形情况下,柱可以保持在任意位置。我们称这种状态为"随遇平衡"(neutral equilibrium)状态。如果 P 继续增加,柱将无法抵抗弯曲载荷,横向位移将持续增大,结构变得不稳定,直到破坏。

柱在屈曲下的力学行为可用梁模型来描述,下面我们来推导两端简支柱的临界载荷(critical load)。如图 8.2 所示,柱的长度为 l,在临界轴向压载荷 P_{CR} 的作用下处于随遇平衡状态。在稳定性问题中,规定压载荷 P_{CR} 为正,柱横向位移为 v,仅考虑其为正值的情况,引入坐标 z,z 轴与两个端点的连线重合,则 v 是 z 的函数。

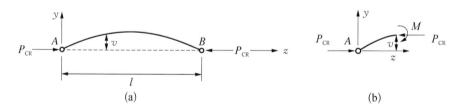

图 8.2 两端简支柱屈曲载荷的确定

(a) 处于随遇平衡状态的受压柱;(b) 内力分析

通过其内力的平衡来推导 P_{CR},在 z 处将柱分离,取分离体,柱在 z 位置处受到的弯矩由 P_{CR} 产生,大小为 $P_{CR}v$,在简支条件下,v 是 z 的凸函数,因此有

$$EI\frac{\mathrm{d}^2 v}{\mathrm{d}z^2} = -M = -P_{CR}v \tag{8.1}$$

将这个微分方程整理为齐次方程形式

$$\frac{\mathrm{d}^2 v}{\mathrm{d}z^2} + \frac{P_{CR}}{EI}v = 0 \tag{8.2}$$

引入一个量 μ

$$\mu^2 = P_{CR}/EI \tag{8.3}$$

则式(8.2)改写为

$$\frac{\mathrm{d}^2 v}{\mathrm{d}z^2} + \mu^2 v = 0 \tag{8.4}$$

该齐次方程的通解为

$$v = A\cos\mu z + B\sin\mu z \tag{8.5}$$

其中,A、B 为常数,需要根据边界条件确定:在 $z=0$ 处,$v=0$,得到 $A=0$;在 $z=L$ 处,$v=0$,得到

$$B\sin\mu l = 0 \tag{8.6}$$

为了使微分方程(8.4)有非零解,B 不能为 0,所以必有 $\sin\mu l = 0$,即

$$\mu l = n\pi \ (n = 1,\ 2,\ 3\cdots) \tag{8.7}$$

根据式(8.3),得到

$$\frac{P_{CR}l^2}{EI} = n^2\pi^2$$

所以

$$P_{CR} = \frac{n^2\pi^2 EI}{l^2} \tag{8.8}$$

至此,得到了达到随遇平衡状态所需的载荷,但是却无法解出 v 的具体值,这是因为在随遇平衡状态下,v 是不确定的,在任何位置都能达到平衡。

再来看 P_{CR} 的值,由于 n 为整数,这意味着有无穷多个可以使柱产生屈曲的载荷,而在工程中,只要柱的载荷大于最小的解,就会发生屈曲现象。所以我们一般只关注最小的屈曲载荷,在 $n=1$ 时,P_{CR} 有最小值,此时

$$P_{CR} = \frac{\pi^2 EI}{l^2} \tag{8.9}$$

可见 P_{CR} 与 l 成反比,l 越大,屈曲临界载荷越小。在飞机部件功能的学习中我们了解到,翼肋和机身隔框的一个作用就是增强桁条的稳定性,实际上就是

把桁条分隔成了多个长度较小的柱。

　　如果 n 取其他值时，P_{CR} 为 $n=1$ 时的 n^2 倍，挠度 $v=B\sin n\pi$，将会出现 n 个半正弦波的弯曲形态，如图 8.3 所示。这些形态叫作屈曲模态，对应的各个屈曲临界载荷值称为特征值。不过，实际中对于细长柱，只有在其弯曲的拐点处施加约束，限制其横向变形时才会出现高阶的屈曲模态，否则这种屈曲形式是不稳定的，没有实际意义，所以我们主要关注 $n=1$ 时的临界载荷。

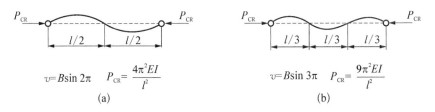

图 8.3　两端简支柱不同的屈曲模态

(a) $n=2$；(b) $n=3$

　　上面给出了临界载荷的表达式，而在评价具有不同截面的结构失稳时，使用应力更为方便。用 P_{CR} 除以柱的横截面积 A，得到临界失稳应力

$$\sigma_{CR}=\frac{\pi^2 EI}{Al^2} \tag{8.10}$$

引入惯性半径(radius of gyration) r(也称为"回旋半径")，$r=\sqrt{I/A}$，则

$$\sigma_{CR}=\frac{\pi^2 E}{(l/r)^2} \tag{8.11}$$

分母 l/r 称为"柱的长细比"。如果柱截面两个方向的惯性矩不同，则柱首先向弯曲刚度较小的方向弯曲，所以上式中的 r 应该为较小的那个惯性半径。

　　如果长细比较大，按式(8.11)计算出的 σ_{CR} 是小于材料弹性极限应力的，这种柱为细长柱，其屈曲为弹性屈曲。如果长细比较小，当应力大于材料的弹性屈服应力时，柱才开始发生非弹性屈曲，此时材料将部分进入塑性状态，弹性模量也发生变化，不能使用式(8.11)直接计算屈曲临界应力(critical stress)，而是需要计算等效的弹性模量后再代入计算，或者利用实测数据进行拟合，等效弹性模量的计算方法可查阅有关书籍中关于非弹性屈曲的部分，而本书不做阐述。如果柱的长细比进一步减小，在应力达到压缩极限应力下也不会屈曲，这种柱属于短柱，其破坏形式是压缩失效。

根据式(8.11),可知某种柱发生非弹性屈曲的长细比临界值。用材料的弹性极限应力 σ_P 替代 σ_{CR},得到

$$\frac{l}{r} = \pi \sqrt{\frac{E}{\sigma_P}} \tag{8.12}$$

以 A3 钢为例,其弹性模量 $E = 200\,\text{GPa}$,弹性极限应力 $\sigma_P = 196\,\text{MPa}$,代入式(8.12),得到长细比约为 100,对于常见的铝合金材料,这个长细比为 50 左右。上述关于非弹性屈曲的论述是针对实心柱的,飞行器结构中很多柱是薄壁结构,薄壁柱有整体失稳和局部失稳的现象,也与长细比有关,这在 8.5 节中将会进行阐述。

以上结果是针对两端简支柱推导出的结果,可以看出临界载荷与截面的抗弯刚度 EI 和长度 l 都有关系。而边界条件对临界载荷也有影响,在其他边界条件下,也可求解出屈曲临界载荷和临界应力值,结果与两端简支的情况有所差别。例如,如果柱的两端固支,则两端的挠度、转角都为 0,可求得其最小的临界载荷为

$$P_{CR} = \frac{4\pi^2 EI}{l^2} \tag{8.13}$$

该值为两端简支柱的 4 倍,我们将 4 放到分母中,得到

$$P_{CR} = \frac{\pi^2 EI}{(l/2)^2} \tag{8.14}$$

这相当于长度为 $l/2$ 的简支柱的临界载荷。于是,为了统一表示各种边界条件下的临界载荷,可以引入等效长度 l_e,对于各种端部支撑条件下的临界载荷,将其等同为长度为 l_e 的两端简支柱的临界载荷,l_e 和 l 的关系如表 8.1 所示。

表 8.1　各种支撑条件下的等效长度

端部支撑条件	l_e/l	边界条件表达式
	1.0	当 $z = 0, l$ 时,$v = 0$

（续表）

端部支撑条件	l_e/l	边界条件表达式
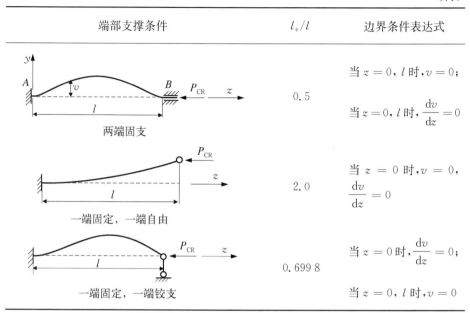 两端固支	0.5	当 $z = 0, l$ 时,$v = 0$; 当 $z = 0, l$ 时,$\dfrac{\mathrm{d}v}{\mathrm{d}z} = 0$
一端固定，一端自由	2.0	当 $z = 0$ 时,$v = 0$, $\dfrac{\mathrm{d}v}{\mathrm{d}z} = 0$
一端固定，一端铰支	0.699 8	当 $z = 0$ 时,$\dfrac{\mathrm{d}v}{\mathrm{d}z} = 0$; 当 $z = 0, l$ 时,$v = 0$

这样，当给定了一个柱的抗弯刚度、长度和边界条件，就可根据公式计算出发生屈曲的临界载荷。实际中会遇到更复杂的情况，如端部或中部受弹性支撑等，但建立柱所受弯矩和外载荷之间平衡的方法都是相似的，建立方程后，就可进行方程的求解。在复杂情况下通常都无法得出解析解，需要求解超越方程，一般用数值方法求解得出。

例题 8 - 1

如图 8.4 所示,长度为 L 的均匀柱抗弯刚度为 EI,两端简支,中跨处有弹性支持,也就是如果在中点处存在横向位移 v_c 时,该点就产生恢复力 kv_c。请导出柱屈曲载荷方程式;如果屈曲载荷是 $4\pi^2 EI/L^2$,试确定相应的 k 值;如果

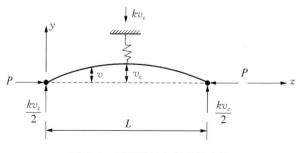

图 8.4 受到弹性支撑的简支柱

弹性支持刚度变为无限大,请证明屈曲载荷可由方程式 $\tan \lambda L/2 = \lambda L/2$ 确定,此处为 $\lambda^2 = P/EI$。

解: 柱任一截面的弯矩为

$$M = Pv - \frac{kv_c}{2}z \tag{8.15}$$

将 $M = -EI\dfrac{\mathrm{d}^2 v}{\mathrm{d}z^2}$ 代入,得

$$EI\frac{\mathrm{d}^2 v}{\mathrm{d}z^2} = -Pv + \frac{kv_c}{2}z \tag{8.16}$$

代入 $\lambda^2 = P/EI$,得

$$\frac{\mathrm{d}^2 v}{\mathrm{d}z^2} + \lambda^2 v = \frac{kv_c}{2EI}z \tag{8.17}$$

方程(8.17)解的形式为

$$v = A\cos \lambda z + B\sin \lambda z + \frac{kv_c}{2P}z \tag{8.18}$$

使用柱的边界条件可以得到常数 A 和 B,当 $z = 0$ 时,$v = 0$;当 $z = L/2$ 时,$v = v_c$;以及当 $z = L/2$ 时,$\dfrac{\mathrm{d}v}{\mathrm{d}z} = 0$。由第一个条件可知 $A = 0$;由第二个条件得到

$$B = \frac{v_c}{\sin(\lambda L/2)}\left(1 - \frac{kL}{4P}\right) \tag{8.19}$$

将 B 代入式(8.18),两侧求导,应用第三个边界条件,并且由于 $v_c \neq 0$,得到

$$\left(1 - \frac{kL}{4P}\right)\cos\frac{\lambda L}{2} + \frac{k}{2P\lambda}\sin\frac{\lambda L}{2} = 0 \tag{8.20}$$

整理得到 P

$$P = \frac{kL}{4}\left[1 - \frac{\tan(\lambda L/2)}{\lambda L/2}\right] \tag{8.21}$$

对于第二个问题,如果 $P = 4\pi^2 EI/L^2$,则 $\lambda = 2\pi/L$,即 $\lambda L/2 = \pi$,所以 $k =$

$4P/L$。

对于第三个问题,如果 $k \to \infty$,为了使 P 为有限值,则括号内的值应该为 0,即

$$\tan \frac{\lambda L}{2} = \frac{\lambda L}{2} \tag{8.22}$$

该方程是超越方程,可用数值方法求解。实际上,当 $k \to \infty$ 时,这个结构变为两个长度为 $L/2$ 柱,每个柱的边界条件都是一端简支和一端固支,也就是表 8-1 最后一行所示的情况。

8.2 初始缺陷对受压柱的影响

在实际中不可能制造出一根完全直而且材料均匀的柱,载荷也不可能正好通过中心轴,所以实际受压柱都是处于不理想状态的,也就是都存在初始缺陷的。本节学习两个问题,一个是柱本身存在初始弯曲的情况,另一个是轴向的载荷存在偏心的情况。这两种缺陷在很大程度上影响柱的行为,与理想柱不同,在一开始施加轴向载荷后,含缺陷的柱就开始弯曲,而不是受到横向扰动后才弯曲。本节就学习含缺陷柱在轴压载荷下的挠度计算方法,并在这个方法的基础上,学习一种通过试验确定柱失稳临界载荷的方法。

先看第一个问题,如图 8.5 所示,柱存在初始弯曲,用 v_0 表示,在受到轴向载荷 P 时,挠度的增量为 $v - v_0$。

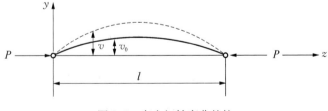

图 8.5 存在初始弯曲的柱

外力矩由任意截面的内力矩平衡

$$EI \frac{\mathrm{d}^2 (v - v_0)}{\mathrm{d}z^2} = -Pv \tag{8.23a}$$

即

$$EI\,\frac{\mathrm{d}^2 v}{\mathrm{d}z^2} - EI\,\frac{\mathrm{d}^2 v_0}{\mathrm{d}z^2} = -Pv \tag{8.23b}$$

令 $\lambda^2 = P/EI$，重新整理为

$$\frac{\mathrm{d}^2 v}{\mathrm{d}z^2} + \lambda^2 v = \frac{\mathrm{d}^2 v_0}{\mathrm{d}z^2} \tag{8.24}$$

这是非齐次微分方程，挠曲形状取决于 v_0 的形式，用三角级数表示 v_0

$$v_0 = \sum_{n=1}^{\infty} A_n \sin\frac{n\pi z}{l} \tag{8.25}$$

式(8.25)代入方程(8.24)，得到

$$\frac{\mathrm{d}^2 v}{\mathrm{d}z^2} + \lambda^2 v = -\frac{\pi^2}{l^2}\sum_{n=1}^{\infty} n^2 A_n \sin\frac{n\pi z}{l} \tag{8.26}$$

此方程解的形式为

$$v = B\cos\lambda z + D\sin\lambda z + \sum_{n=1}^{\infty}\frac{n^2 A_n}{n^2 - \alpha}\sin\frac{n\pi z}{l} \tag{8.27}$$

其中，$\alpha = \lambda^2 l^2 / \pi^2$。 式(8.27)右侧的前两项为理想柱的通解，第三项为对应于初始缺陷的特解。根据边界条件求系数 B 和 D，在 $z=0$ 和 $z=l$ 时，$v=0$，由第一个条件可知 $B=0$，由第二个条件得 $D=0$，所以

$$v = \sum_{n=1}^{\infty}\frac{n^2 A_n}{n^2 - \alpha}\sin\frac{n\pi z}{l} \tag{8.28}$$

与求解理想柱的屈曲临界载荷时，无法得出确定挠度不同，这个挠度解中包含了 P，在给定 P 的情况可得确定的挠度。原因是在所施加的载荷下，柱产生弯曲变形后处于稳定平衡状态，而不是随遇平衡状态，所以不是稳定性问题。但上面的结果可用来确定实际柱的屈曲临界载荷。将 α 表示成 P 和 P_{CR} 的比

$$\alpha = \frac{Pl^2}{\pi^2 EI} = \frac{P}{P_{\mathrm{CR}}} \tag{8.29}$$

因此在当 P 小于临界载荷时，α 小于 1。 在级数解中，第一项的影响最大，用级数中的第一项来近似表示这个解，得到

$$v = \frac{A_1}{1-\alpha} \sin \frac{\pi z}{l} \qquad (8.30)$$

在柱弯曲的时候,中点的挠度较大,令 $z = l/2$,得中点处挠度的表达式为

$$v_{l/2} = \frac{A_1}{1 - P/P_{CR}} \qquad (8.31)$$

根据前面的定义,A_1 近似为 v_0 在中点处的值,也就是中点初始挠度。受压后中点发生的挠曲位移为 $\delta = v_{l/2} - A_1$,在未加载荷时开始测量,可以得到各种载荷下的位移值。根据这个式子,将 $v_{l/2} = \delta + A_1$ 代入式(8.31),得到

$$\delta + A_1 = \frac{A_1}{1 - P/P_{CR}} \qquad (8.32)$$

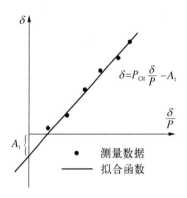

图 8.6　索斯维尔图法确定柱的屈曲临界载荷

对其整理后可导出

$$\delta = P_{CR} \frac{\delta}{P} - A_1 \qquad (8.33)$$

由上式可见,随着 P 的增加,δ 是增加的,可以将 δ/P 看成自变量,而将 δ 看成函数值,这个函数的斜率就是 P_{CR},因此,可以在试验中测量多个载荷 P 下的 δ,拟合出 δ/P 与 δ 之间的线性函数,如图 8.6 所示,其斜率就是屈曲临界载荷 P_{CR},而截距就是初始状态下的中心挠度 A_1。

这可作为一种测量柱屈曲临界载荷的方法,称为索斯维尔图(Southwell plot)法。

再来看一下柱偏心受载(eccentrically loaded)的情况。如图 8.7 所示,桁条、加强筋在受轴向压载时,载荷作用线通常在蒙皮中面和桁条形心之间,因此

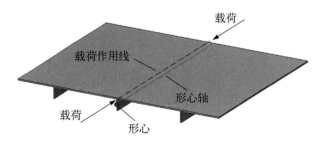

图 8.7　桁条的压载荷不通过形心的情形

对桁条来讲,载荷是偏心的。

例题 8 - 2

如图 8.8 所示,两端简支的柱承受一个作用在距柱轴线 e 处的偏心压缩载荷 P,求柱中的最大弯矩。

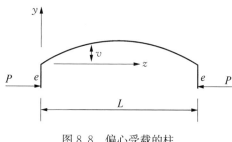

图 8.8 偏心受载的柱

解:该柱任一截面上的弯矩为 $M = P(e + v)$,根据方程(8.1)可得

$$EI \frac{\mathrm{d}^2 v}{\mathrm{d}z^2} = -P(e + v) \tag{8.34}$$

令 $\mu^2 = P/EI$,得到

$$\frac{\mathrm{d}^2 v}{\mathrm{d}z^2} + \mu^2 = -\frac{Pe}{EI} \tag{8.35}$$

该方程解的标准形式为

$$v = A\cos \mu z + B\sin \mu z - e \tag{8.36}$$

边界条件是:当 $z=0$ 时,$v=0$;当 $z=L/2$ 时,$\dfrac{\mathrm{d}v}{\mathrm{d}z}=0$。根据第一个条件得:$A=e$。根据第二个条件得

$$B = e\tan \frac{\mu L}{2} \tag{8.37}$$

于是,柱的挠曲形状的表达式为

$$v = e\cos \mu z + e\tan \frac{\mu L}{2}\sin \mu z - e \tag{8.38}$$

根据两角和公式,可以整理为

$$v = e\left[\frac{\cos \mu(z - L/2)}{\cos \mu L/2} - 1\right] \tag{8.39}$$

极大值 v 在 $z=L/2$ 处,即

$$v_{\max} = e\left(\sec \frac{\mu L}{2} - 1\right) \tag{8.40}$$

最大弯矩为

$$M_{\max} = P(e + v_{\max}) = Pe\sec\frac{\mu L}{2} \tag{8.41}$$

8.3　薄板的屈曲

　　前面学习了柱的屈曲,而在飞机结构中,使用更普遍的结构是薄板结构,薄板在面内压缩载荷下也非常容易屈曲,所以用加强元件来加强,如横向的肋、框,纵向的柱、桁条等。单独分析一个板的屈曲载荷相对简单,而对于由板和其他加强元件组合起来的部件,可能发生加强件与薄板同时屈曲的情况,也可能加强件先屈曲,这使屈曲问题的求解变得很复杂。而本节,我们以仅以板单独受载的情况为例,学习其屈曲临界应力的求解。

　　最简单的屈曲情况,如图 8.9(a)所示,是板的两个受压对边挠度被约束,而没有施加载荷的边是完全自由的,这种情况和受压柱的情况是相同,可以叫作宽柱屈曲,用欧拉屈曲理论即可求解临界载荷。达到此状态后,板不能再承担更高的载荷。而如果将非加载边在挠度方向的位移限制住,板在屈曲后,只有中央区域凸出,而在各个边处仍然保持平直,如图 8.9(b)所示。这种情况下板能承担更高的载荷,这种特性在飞机设计中非常有用,在不危害结构安全的情况下,是允许薄板发生这种屈曲的,而且继续用其来承担更高的载荷。本书不关注板屈曲后的行为,而只讨论如何计算屈曲临界载荷。

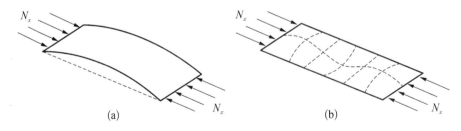

图 8.9　薄板的屈曲状态

(a) 加载边挠度受约束;(b) 非加载边挠度被约束

　　只考虑板的弯曲挠度,并且假定弯曲挠度和薄板的厚度相比很小。考虑相对简单情况下的薄板,如图 8.10 所示,矩形板受到 x 向的压载荷 N_x, N_x 是分布载荷,单位为 N/m。两个加载边 z 向的位移被限制住,可以绕与 y 轴平行的轴转动,处于简支状态;而两个非加载边也是简支约束,但不约束 x 向的位移。

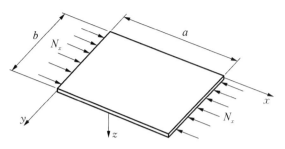

图 8.10　受单向压载荷的简支薄平板

这种板的挠度可以用双三角级数表示,即式(7.49)可写为

$$w = \sum_{m=1}^{\infty} \sum_{n=1}^{\infty} A_{mn} \sin \frac{m\pi x}{a} \sin \frac{m\pi y}{b} \tag{7.49b}$$

在第 7 章学习了面内载荷下的挠度解,由于临界载荷状态是随遇平衡状态,可通过求总势能的极值得出屈曲临界载荷 $N_{x,\mathrm{CR}}$。而这里我们直接引用板受面内载荷下的挠度解来得出临界载荷,当板受到面内载荷 N_x 作用,又受到面外分布载荷 q_0 作用时,挠度解由例题 7−2 给出,即式(7.79)

$$w = \frac{16q_0}{\pi^6 D} \sum_{m=1,\,3,\,5\cdots}^{\infty} \sum_{n=1,\,3,\,5\cdots}^{\infty} \frac{1}{mn\left[\left(\dfrac{m^2}{a^2}+\dfrac{n^2}{b^2}\right)^2+\dfrac{N_x m^2}{\pi^2 D a^2}\right]} \sin \frac{m\pi x}{a} \sin \frac{n\pi y}{b}$$

q_0 相当于给板一个横向的扰动,否则理想情况下板不会屈曲。发生屈曲意味着板的挠度会不断增大,当多项式中分母为零时才会出现这种情况,令分母为 0 的 N_x 就是临界载荷 $N_{x,\mathrm{CR}}$,所以有

$$\left(\frac{m^2}{a^2}+\frac{n^2}{b^2}\right)^2+\frac{N_{x,\mathrm{CR}}m^2}{\pi^2 D a^2}=0 \tag{8.42}$$

即

$$N_{x,\mathrm{CR}} = \pi^2 a^2 D\,\frac{1}{m^2}\left(\frac{m^2}{a^2}+\frac{n^2}{b^2}\right)^2 \tag{8.43}$$

$N_{x,\mathrm{CR}}$ 与板的弯曲刚度、尺寸和 m、n 有关。根据板挠度表达式的含义,m 是 x 向半正弦波的个数,n 是 y 向的半正弦波个数。这个公式也意味着有无

穷多个临界载荷值,而我们只关心最小的值,所以令 $n=1$,此时产生图 8.9(b) 所示的屈曲形态,这也意味着无论 m、a、b 为何值,板都会在 y 向产生一个半波。

这样,$N_{x,\,\mathrm{CR}}$ 变为

$$N_{x,\,\mathrm{CR}} = \pi^2 a^2 D \frac{1}{m^2} \left(\frac{m^2}{a^2} + \frac{1}{b^2} \right)^2 \tag{8.44}$$

引入屈曲系数(buckling coefficient)k

$$k = \left(\frac{mb}{a} + \frac{a}{mb} \right)^2 \tag{8.45}$$

得

$$N_{x,\,\mathrm{CR}} = \frac{k\pi^2 D}{b^2} \tag{8.46}$$

对于给定的 a/b,板的屈曲系数 k 由式(8.45)的最小值给出,k 为不同的 m 值下 a/b 的函数,各曲线如图 8.11 所示。在计算一个板的屈曲临界载荷时,只能取其较小的值,因此 k 应该在下包络线上取值。为此,求各个曲线的交点,也就是 m 和 $m+1$ 时曲线的交点

$$\frac{mb}{a} + \frac{a}{mb} = \frac{(m+1)b}{a} + \frac{a}{(m+1)b}$$

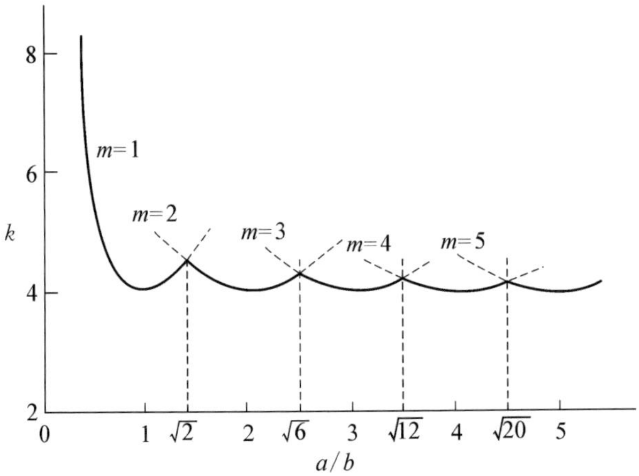

图 8.11 简支板的屈曲系数 k

解得

$$\frac{a}{b} = \sqrt{m(m+1)}$$

观察曲线可知,随着 a/b 的增大,x 向半波的个数逐渐增加,k 趋近于 4。这是常用的四边简支板屈曲系数。

这个临界载荷 $N_{x,\text{CR}}$ 是单位长度上的力,工程中更习惯用应力表示,将 $N_{x,\text{CR}}$ 除以板的厚度 t,得到屈曲临界应力 σ_{CR},并将弯曲刚度 D 的表达式代入,得到

$$\sigma_{\text{CR}} = \frac{k\pi^2 E}{12(1-\nu^2)}\left(\frac{t}{b}\right)^2 \tag{8.47}$$

对于承受均匀或线性变化的压载荷,或均匀剪切载荷的均匀矩形板,都可用这个式子计算临界应力,不过边界条件对 k 是有影响的,图 8.12(a)给出了压载荷下,各种边界条件下的 k,实线表示加载边为简支的情况,而虚线为加载边固支的情况,比对应的实线值高一些。观察各种边界条件,最低位置处是两个非加载边一个自由,一个受简支的情况,当 a/b 很大时,这个值接近 0.43。如果其中一个边固支,k 将升高;再向上则是两个边简支的情况;如果边界约束再增强,一个边固支,一个边简支,k 接近 5.4;如果两个边都固支,k 接近 7。不过这个图中的数据仅供参考,不同飞机公司在设计时的取值会有所不同。比如两个非加载边简支的情况,有些公司取 3.62,而不是 4,显然按小的屈曲系数来设计结构,结构是偏安全的。

以上是板受压的情况,板在受面内弯曲和剪切时,也会屈曲,相应的屈曲系数和 a/b 的关系如图 8.12(b)(c)所示。

仔细观察一下这些 k 曲线,可以发现,随着 a/b 的增大,k 都趋近于定值,所以根据临界应力公式,板的宽度越大,临界应力越小,而长度 a 增大时则不会降低临界应力,这一点不像柱结构,长度越大,临界应力越小。这一特性在飞机设计时十分有用。如图 8.13 所示的多墙机翼结构,蒙皮受到的压载荷是沿纵向的,纵向可以定为 x 轴方向,纵向的墙将蒙皮分成很窄的板,墙之间的距离就是 b,b 越小则临界应力越大,而纵向并没有布置翼肋来将分隔蒙皮,也就是说,不要求每块蒙皮的长度 a 很小。由屈曲系数 k 的曲线可知,当 a 小于 b 时才会明显提高临界应力,要达到这点,翼肋就要布置得很密。所以设计时可以让 a 很大,但又不会严重降低临界应力,这就减小了结构零件数量,降低了重量,对飞行

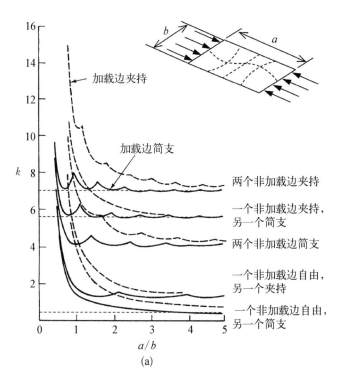

(a)

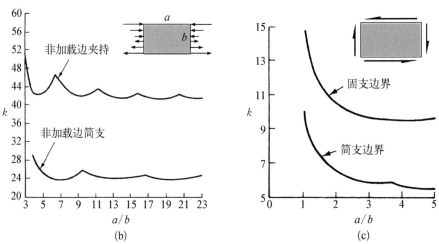

(b)   (c)

图 8.12 各种载荷下的屈曲系数

(a) 压缩载荷；(b) 弯曲载荷；(c) 剪切载荷

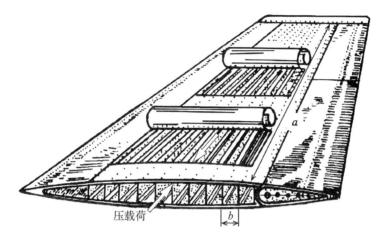

压载荷

图 8.13   机翼墙之间蒙皮宽度和长度的关系

器性能十分有意义。

8.4   加筋壁板的失稳

根据薄板屈曲应力的公式,宽度 b 越大,临界应力越小,提高临界应力的方法是,在纵向布置加强筋,把板分隔成许多较窄板,或者横向布置加强筋,将板分隔成一系列宽而短的柱(见图 8.14),这就形成了加筋壁板(stiffened panel)结构。在前一种结构中,纵向的加强筋分担了部分压缩载荷,而在后者中,板承担所有压载荷。如果同时使用两种加强方式,就形成了栅格加强筋壁板。本书只讨论纵向加强筋壁板。

如果加强筋较强,蒙皮较弱,蒙皮会很早发生屈曲,可将蒙皮看做简支在加强筋上的板进行分析。通过调整加强筋的截面参数,可以使其与蒙皮在相近的应力下发生屈曲,这将获得较高的结构效率。但是,这种情况下,在接近屈曲的时候,两者之间存在明显的耦合作用,会使结构的实际临界载荷降低。而且含大量加强筋壁板的临界应力预测也是较难的问题。本书只介绍比较简单情况下的加筋板屈曲载荷计算方法。

图 8.15 所示为一个有纵向加强筋壁板的横截面,蒙皮厚度为 t_{sk},加强筋的间距,也就是其间蒙皮的宽度为 b_{sk},加强筋一边的宽度为 b_{st},厚度为 t_{st}。下面按加强筋、蒙皮和整体结构三个方面讨论壁板稳定性问题。

对于加强筋的局部屈曲,蒙皮给加强筋的约束很弱,因此加强筋可以看作一边简支,一边自由的薄板,因此其屈曲系数为 0.43,屈曲临界应力为

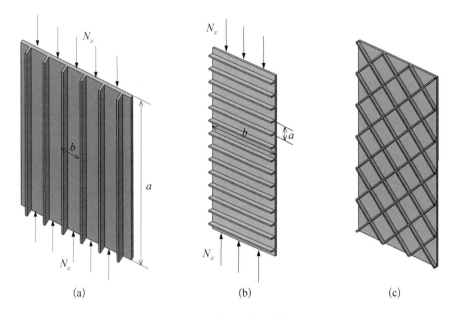

图 8.14　加筋壁板结构

（a）纵向加筋；（b）横向加筋；（c）栅格加筋

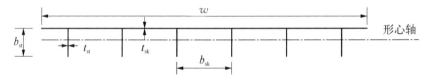

图 8.15　加筋壁板横截面

$$\sigma_{\mathrm{CR}} = \frac{0.43\pi^2 E}{12(1-\nu^2)}\left(\frac{t_{\mathrm{st}}}{b_{\mathrm{st}}}\right)^2 \tag{8.48}$$

这种情况下加强筋屈曲形式一般是向一侧弯曲。如果加强筋具有封闭的截面，则其各边的临界应力应该按两边简支板的公式计算。

　　对于蒙皮的屈曲，加强筋之间的蒙皮可以看作是两边简支的薄板，这是因为桁条也很难限制转动，所以屈曲系数可取为 4，屈曲临界应力为

$$\sigma_{\mathrm{CR}} = \frac{4\pi^2 E}{12(1-\nu^2)}\left(\frac{t_{\mathrm{sk}}}{b_{\mathrm{sk}}}\right)^2 \tag{8.49}$$

　　如果整个壁板产生柱的欧拉屈曲，也就是宽柱屈曲，其临界应力计算公式就是柱的屈曲临界应力公式（8.10）或式（8.11），即

$$\sigma_{\mathrm{CR}} = \frac{\pi^2 EI}{Al^2} \quad \sigma_{\mathrm{CR}} = \frac{\pi^2 E}{(l_{\mathrm{e}}/r)^2} \tag{8.50}$$

其中包含了截面积和关于横向形心轴的惯性矩。计算惯性矩时,要考虑加强筋自身截面和蒙皮截面的支撑作用。但有一点需要注意,不是所有情况下蒙皮都对惯性矩有贡献,加强筋的间距较大时,蒙皮会先失稳,这样加强筋之间的一部分蒙皮对惯性矩是没有贡献的。如图 8.16 所示,加强筋之间的蒙皮失稳后,其最低应力为其屈曲临界应力,而越靠近加强筋的蒙皮应力越高,能够为加强筋分担更多的载荷。

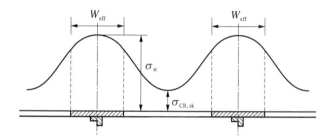

图 8.16　蒙皮有效宽度示意图

为了便于计算,对连续变化的应力分布形式进行简化,认为只在一定宽度范围内的蒙皮有应力,而其他部分的应力为 0,这个宽度就是有效宽度(effective width),记为 W_{eff}。 为了求有效宽度,将 W_{eff} 范围内的蒙皮视作两边简支的板,其应力与加强筋的应力相同,记为 σ_{st},根据式(8.47),取 $k=4$,可得

$$\sigma_{\mathrm{st}} = \frac{4\pi^2 E}{12(1-\nu^2)} \left(\frac{t_{\mathrm{sk}}}{W_{\mathrm{eff}}} \right)^2 \tag{8.51}$$

若 $\nu = 0.3$,可得

$$W_{\mathrm{eff}} = 1.9 t_{\mathrm{sk}} \sqrt{\frac{E}{\sigma_{\mathrm{st}}}} \tag{8.52}$$

对于很多铝合金加筋壁板,W_{eff} 可粗略地取为 $40 t_{\mathrm{sk}}$,当加强筋间距小于这个值时,所有蒙皮对加强筋都有贡献。在计算壁板承担的总载荷时,也只考虑 W_{eff} 范围内的蒙皮,认为其应力与加强筋相同,根据蒙皮和加强筋的横截面积之和以及加强筋的应力,求出所承担的总载荷。

当壁板中包含多个等距布置的加强筋,壁板横截面是种周期构型,我们可以取一个周期内的截面来计算惯性矩以及临界应力,这个截面包括了一个加强筋和附近的蒙皮,蒙皮的宽度为加强筋间距 b_{sk} 和 $40t_{sk}$ 中的较小者。

例题 8 - 3

如图 8.17 所示,具有多个加强桁条的壁板受到纵向的均布压缩载荷,桁条间距为 200 mm,壁板两个加载边为简支条件,各部分材料的弹性模量 $E = 70\,000\ \text{N/mm}^2$,泊松比 $\nu = 0.3$。求壁板长度 l 为何值时,桁条的局部失稳和壁板的整体宽柱屈曲同时发生,并求此时每个桁条及附近蒙皮承担的载荷。

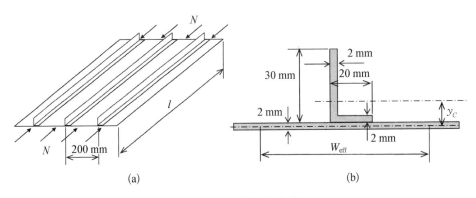

图 8.17　加筋壁板参数

(a) 整体尺寸;(b) 桁条截面尺寸

解: 首先计算蒙皮的临界应力,屈曲系数近似取 4,所以有

$$\sigma_{CR,sk} = \frac{4\pi^2 E}{12(1-v^2)}\left(\frac{t_{sk}}{b_{sk}}\right)^2 = \frac{4\pi^2 \times 70\,000}{12(1-0.3^2)}\left(\frac{2}{200}\right)^2 = 23.7\ \text{N/mm}^2$$

桁条长为 30 mm 的边将先失稳,可将其看成一边简支一边自由的板,其临界应力为

$$\sigma_{CR,st} = \frac{0.43\pi^2 E}{12(1-v^2)}\left(\frac{t_{st}}{b_{st}}\right)^2 = \frac{0.43\pi^2 \times 70\,000}{12(1-0.3^2)}\left(\frac{2}{30}\right)^2 = 113.1\ \text{N/mm}^2$$

所以蒙皮将首先失稳,故计算蒙皮有效宽度。

$$W_{eff} = 1.9t_{sk}\sqrt{\frac{E}{\sigma_{st}}} = 1.9 \times 2 \times \sqrt{\frac{70\,000}{113.1}} = 94.5\ \text{mm}$$

桁条失稳时,桁条处有效的截面积为

$$A = 30 \times 2 + 18 \times 2 + 94.5 \times 2 = 285\ \text{mm}^2$$

求每个桁条及有效宽度范围内蒙皮所组成截面的形心所在位置,以蒙皮的

中线为参考位置

$$y_C = \frac{30 \times 2 \times (15+1) + 18 \times 2 \times (1+1)}{285} = 3.6 \text{ mm}$$

计算对形心轴的惯性矩

$$I = 2 \times \frac{30^3}{12} + 30 \times 2 \times (15+1-3.6)^2 + 18 \times \frac{2^3}{12} + 18 \times 2 \times (1+1-3.6)^2$$
$$+ 94.5 \times \frac{2^3}{12} + 94.5 \times 2 \times 3.6^2 = 1.634 \times 10^4 \text{ mm}^2$$

在 I 的计算中,等式右端第 3 项、第 5 项分别为桁条底边和蒙皮对自身中性轴的惯性矩,这两项对结果影响很小,如果不考虑这两项,$I = 1.628 \times 10^4 \text{ mm}^2$。

使用欧拉屈曲公式(8.10)计算应力为 $\sigma_{\text{CR, st}}$ 时使桁条发生整体屈曲的长度

$$\sigma_{\text{CR, st}} = \frac{\pi^2 EI}{Al^2}$$

代入数值

$$113.1 = \frac{\pi^2 \times 70\,000 \times 1.634 \times 10^4}{285 l^2}$$

得

$$l = 592 \text{ mm}$$

计算单个桁条与附近蒙皮承担的载荷,考虑桁条与有效宽度内的蒙皮

$$F_{\text{st}} = A \sigma_{\text{CR, st}} = 285 \times 113.1 = 32\,234 \text{ N}$$

若已知整个壁板的桁条数量,可得壁板整体失稳时所承担的总载荷。为了方便表述,可以用单位宽度上的载荷表示壁板的承载能力,在本例中,这个载荷为

$$\bar{N}_{\text{CR}} = \frac{F_{\text{st}}}{200} = \frac{32\,234}{200} = 161.2 \text{ N/mm}$$

除了加筋壁板,多墙翼盒结构中的墙也起到加筋壁板的作用,支撑并分隔蒙皮,提高后者的失稳临界应力,如图 8.18 所示。

除了这几种稳定性问题,铆钉或者焊点之间的蒙皮可能发生屈曲,其波长等

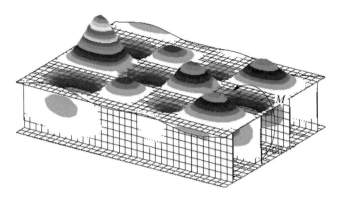

图 8.18　受弯曲多墙翼盒壁板屈曲形态的计算机模拟

于铆钉（焊点）的间距；有时加强筋刚度不足，只能起到弹性支撑的作用，会与蒙皮一起屈曲，发生大面积"起皱"的现象。

在结构试验中，可通过观察应变随载荷的变化来确定屈曲发生的时刻。如图 8.19 所示，在板可能屈曲位置的上、下表面粘贴应变片，测量其压缩应变。受压的情况下应变是负的，随着载荷的增加，应变幅值也逐渐增大。当载荷达到临界载荷，板开始弯曲，凸起一面的应变将叠加弯曲引起的拉应变，应变值开始减小，而凹进的一面则叠加压应变，应变值进一步增大，上下表面应变产生明显的"分叉"，这种现象就可以帮助判断结构何时产生屈曲。

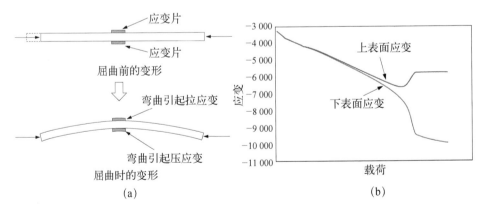

图 8.19　使用应变监测屈曲发生的示意图

（a）屈曲前后应变测量示意图；（b）屈曲时应变线的"分叉"现象

8.5　型材的整体失稳和局部失稳

在 8.1 节学习柱的稳定性时了解到，细长柱的屈曲都是整体屈曲，其横截面形状不发生变化,而机翼、机身上的桁条多是由薄板组成的型材,如图 8.20 所示,薄板部分会发生板的屈曲。所以对于这种柱,可能出现柱没有发生整体屈曲,而局部板产生屈曲的情况。根据常用的材料和柱的形式,可得出粗略的判断方法,当等效长细比 $l_e/r > 60$ 时(长柱范围),主要产生整体失稳,此时用柱的欧拉屈曲公式计算临界应力,而如果 $l_e/r < 20$(短柱范围),通常出现局部屈曲形式,则要用板的屈曲公式计算临界应力;当 l_e/r 在 20 到 60 之间时,柱属于中长柱范围,则会发生整体失稳和局部失稳同时出现的混合失稳现象。

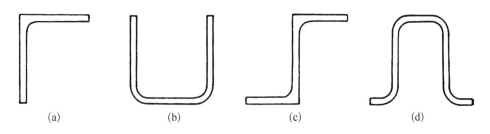

图 8.20　薄壁柱截面
(a) 挤压角材;(b) 成型槽形件;(c) 挤压 Z 形材;(d) 成型帽形件

对于混合失稳,将在 8.7 节讨论,本节只考虑板的局部失稳。对于薄壁柱,其缘条和腹板都是薄板,发生局部屈曲时,屈曲波长约为板的宽度,当板的长度大于等于横截面上最大板宽度的 3 倍时,局部屈曲临界应力与柱的长度几乎无关。可以根据边界条件查屈曲系数 k,进而计算各个板的临界应力值,取其中最弱板的临界应力作为局部失稳的临界应力,最弱板通常是一边固支、一边自由的板。

还有一种情况需要注意,当组成柱的各个板的厚度、宽度都相同,也就是柱截面由多个等边相交组成,例如角形、"T"字形、"十"字形截面的柱,这种情况下各个板的临界应力一样,它们会同时失稳。于是,相邻板之间的固支约束将发生变化,其中转动约束消失,变成了简支约束,因此要按一边简支,一边自由的边界条件选取 k 的值,通常是 0.43。

需要注意的是,很多实际情况下的局部屈曲应力计算是很复杂的,没有普遍适用的方法,而多是基于试验数据的。

8.6　型材的压损

上节提到,当由板元组成的薄壁柱的长细比小于 20 时,其屈曲形式为板元的局部屈曲,而实际上板元在屈曲后仍有很大的承载能力,也就是说局部屈曲和最终破坏的载荷是不同的。最终的破坏就是这里所说的压损（compressive crippling），机翼和机身的长桁大部分是由若干板元组成的型材，所以压损载荷是在设计时需要计算的重要参数，本节主要讲述型材压损应力的计算。加筋壁板的截面也可以分为若干板元，也存在压损问题，计算方法与长桁的类似。

在型材的压损破坏形式中，其中的板元件首先发生局部失稳（见图 8.21），其横截面上会出现局部扭曲变形，由于弯角的支撑，已经发生局部失稳的型材继续承载，当弯角处的应力超过型材材料的屈服应力时，型材破坏，此时其横截面上的平均应力称为"压损应力"。因为由大变形和非弹性应力-应变关系带来的非线性效应，使得压损应力的理论计算非常困难，在设计中通常使用半经验法确定。

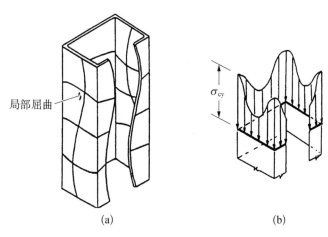

图 8.21　型材截面局部屈曲时的应力分布
（a）截面的变形；（b）压损时截面的应力分布

杰拉德（Gerard）提出 4 边支持平板压损应力的半经验解法。理论和实验表明，发生弹性屈曲之后，板中的平均压应力 $\bar{\sigma}_a$ 和弯角处的应力 $\bar{\sigma}_e$ 关系可表示为

$$\frac{\bar{\sigma}_a}{\sigma_{CR}} = \alpha_1 \left(\frac{\bar{\sigma}_e}{\sigma_{CR}} \right)^n \tag{8.53}$$

其中，α_1 和 n 为经验常数；σ_{CR} 为该板元的压缩屈曲应力。由式（8.47）得出，即

$$\sigma_{CR} = \frac{k \pi^2 E}{12(1-\nu^2)} \left(\frac{t}{b} \right)^2 \tag{8.54}$$

这里的屈曲系数 k 要根据各个板元的支持条件确定。斯托厄尔(Stowell)、迈耶斯(Mayers)和布迪安斯基(Budiansky)的理论研究表明,当弯角处的应力近似等于材料的压缩屈服强度 σ_{cy} 时,发生破坏。因此把式(8.53)中的 $\bar{\sigma}_c$ 替换成 σ_{cy},并把平均压缩应力 $\bar{\sigma}_a$ 替换为压损应力 $\bar{\sigma}_f$,重新整理,得出

$$\frac{\bar{\sigma}_f}{\sigma_{cy}} = \alpha_1 \left(\frac{\sigma_{CR}}{\sigma_{cy}}\right)^{1-n} \tag{8.55}$$

替换式(8.55)中的 σ_{CR},并令

$$\alpha = \frac{\alpha_1 \pi^{2(1-n)}}{\left[12(1-v^2)\right]^{1-n}} \tag{8.56}$$

得到

$$\frac{\bar{\sigma}_f}{\sigma_{cy}} = \alpha k^{1-n} \left[\frac{t}{b}\left(\frac{E}{\sigma_{cy}}\right)^{\frac{1}{2}}\right]^{2(1-n)} \tag{8.57}$$

使用式(8.57)可得到型材每一边的压损应力,整个型材的压损应力为这些边的平均值

$$\bar{\sigma}_{f,a} = \frac{\sum_{i=1}^{N} \bar{\sigma}_{f,i} A_i}{\sum_{i=1}^{N} A_i} \tag{8.58}$$

其中,N 为横截面上边的数量;A_i 为每边的横截面积。从而可得到型材的轴向压缩破坏载荷 P_f

$$P_f = \bar{\sigma}_{f,a} A \tag{8.59}$$

其中,A 为整个型材的截面积。

例题 8 - 4

如图 8.22 所示,一个桁条具有"Z"字截面,由 3 块板组成,材料的弹性模量 $E = 70\,000\ \text{N/mm}^2$,泊松比 $\nu = 0.3$,压缩屈服强度为 $450\ \text{N/mm}^2$,已知式(8.57)中的常数对各个板是相同的:$n = 0.6$,$\alpha_1 = 0.8$。试计算该截面的压损应力和压损载荷。

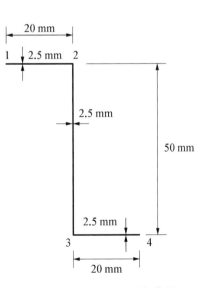

图 8.22　薄壁柱截面几何参数

解：首先计算 α，根据式(8.56)，有

$$\alpha = 0.8 \times \frac{\pi^{2(1-0.6)}}{[12(1-0.3^2)]^{1-0.6}} = 0.768$$

对于板 1-2 和板 3-4，将其看成是一边自由，3 边简支的，所以 $k = 0.43$，于是根据式(8.57)，有

$$\frac{\bar{\sigma}_f}{\sigma_{cy}} = 0.768 \times 0.43^{0.4} \left[\frac{2.5}{20} \left(\frac{70\,000}{450} \right)^{0.5} \right]^{0.8} = 0.782$$

可得这两个板的压损应力 $\bar{\sigma}_f = 0.782 \times 450 = 351.9 \text{ MPa}$。

对于板 2-3，将其看作是 4 边简支的，所以 $k = 4$，于是有

$$\frac{\bar{\sigma}_f}{\sigma_{cy}} = 0.768 \times 4^{0.4} \left[\frac{2.5}{50} \left(\frac{70\,000}{450} \right)^{0.5} \right]^{0.8} = 0.917$$

可得该板的压损应力 $\bar{\sigma}_f = 0.917 \times 450 = 412.7 \text{ MPa}$。

压损载荷为

$$P_f = 2 \times 351.9 \times 2.5 \times 20 + 412.7 \times 2.5 \times 50 = 86.8 \text{ kN}$$

再计算平均的压损应力

$$\bar{\sigma}_{f,a} = \frac{86.8 \times 10^3}{2 \times 2.5 \times 20 + 2.5 \times 50} = 385.8 \text{ MPa}$$

上述方法对截面的每个边分别计算，可称作板元法，而工程上为了便于使用，将式(8.57)进一步写作

$$\frac{\bar{\sigma}_f}{\sigma_{cy}} = \beta \left[\frac{t}{b} \left(\frac{E}{\sigma_{cy}} \right)^{\frac{1}{2}} \right]^m \tag{8.60}$$

式中，$\beta = \alpha k^{m/2}$，β 和 m 由试验数据拟合得出，显然 β 包含了板边界条件的影响。试验表明，对于简支平板、各种铝方管、镁合金方管和钢方管(方管每个面都可视作简支的板)，使用 $\beta = 1.42$ 和 $m = 0.85$ 所预测的压损应力误差在 10% 以内。对于长且四边固支的平板，对应的值是 $\beta = 1.80$ 和 $m = 0.85$，与简支板相比，β 的差别来自两者屈曲系数的差别。

杰拉德把这个方法推广到一般薄壁柱上板元的局部破坏应力的计算，这种

方法考虑了非承载自由边变形对截面破坏强度的影响,分别给出了具有变形的非承载边、直的非承载边和二拐角的截面的压损应力计算式。

对于具有变形的非承载自由边的截面,基本截面为角型,而管形、多拐角形截面都可"切割"为若干角形截面,它们的压缩应力计算式为

$$\frac{\bar{\sigma}_f}{\sigma_{cy}} = 0.56\left[\frac{gt^2}{A}\left(\frac{E}{\sigma_{cy}}\right)^{\frac{1}{2}}\right]^{0.85} \tag{8.61}$$

其中,A 是截面面积;g 包含两部分,一个是需要把横截面切割成基本截面的切割点数目,另一个是切割后出现的凸缘数。典型截面 g 值的确定如图 8.23 所示。

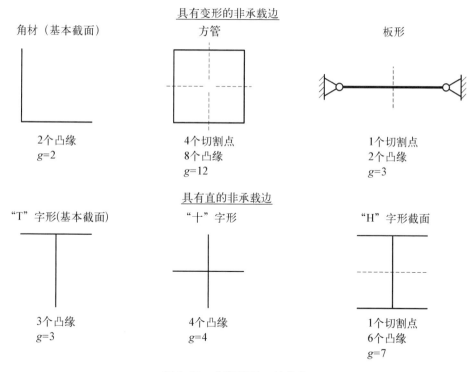

图 8.23 典型截面 g 的确定

对于具有直的非承载边的截面,基本截面为"T"字形,而"十"字形和"H"字形截面都包含了"T"字形截面,它们压损应力的计算式为

$$\frac{\bar{\sigma}_f}{\sigma_{cy}} = 0.67\left[\frac{gt^2}{A}\left(\frac{E}{\sigma_{cy}}\right)^{\frac{1}{2}}\right]^{0.40} \tag{8.62}$$

对于二拐角截面,如"Z"字形、"J"字形和槽形截面,计算式为

$$\frac{\bar{\sigma}_{\mathrm{f}}}{\sigma_{\mathrm{cy}}} = 3.2\left[\frac{t^2}{A}\left(\frac{E}{\sigma_{\mathrm{cy}}}\right)^{\frac{1}{3}}\right]^{0.75} \tag{8.63}$$

使用式(8.63)计算例题 8 – 4 中"Z"字形截面的压损应力为 346.0 MPa,与例题所给结果相差为 10.3%。

对于加筋壁板的压损应力,也可通过切割截面的方式,在得到基本截面后进行计算,其中要同时考虑加强型材和蒙皮的厚度,具体方法本书不做介绍,感兴趣的读者可查阅飞机结构强度手册。

8.7　型材弯曲失稳和局部失稳的混合失稳形式

当型材长细比在 20 和 60 之间(中长柱范围)时,发生混合失稳形式,该阶段的破坏应力 σ_{CR} 与压损应力(短柱范围)和欧拉屈曲(长柱范围)应力有关,可通过约翰逊-欧拉(Johnson – Euler)公式计算

$$\sigma_{\mathrm{CR}} = \bar{\sigma}_{\mathrm{f}} - \frac{\bar{\sigma}_{\mathrm{f}}^2}{4\pi^2 E}\left(\frac{l_{\mathrm{e}}}{r}\right)^2 \tag{8.64}$$

其中,$\bar{\sigma}_{\mathrm{f}}$ 是压损应力,l_{e} 是 8.1 节中所述的柱的等效长度,与两端的支撑条件有关。

例题 8 – 5

一个桁条的截面为对称的"T"字形,其几何参数如图 8.24 所示,试确定这个截面的桁条为中长柱的等效长度范围,并确定其为中长柱时受压失稳应力的表达式。假定材料的弹性模量为 70 000 N/mm²,泊松比 $\nu = 0.3$,压缩屈服强度为 450 N/mm²。

解: 对于"T"字形截面,$g = 3$,该截面的面积 $A = 2 \times 30 \times 2.5 = 150\ \mathrm{mm}^2$。根据式(8.62)计算压损应力 $\bar{\sigma}_{\mathrm{f}}$

$$\bar{\sigma}_{\mathrm{f}} = 450 \times 0.67\left[\frac{3 \times 2.5^2}{150}\left(\frac{70\ 000}{450}\right)^{\frac{1}{2}}\right]^{0.40}$$

$$= 360.1\ \mathrm{MPa}$$

为了计算惯性半径 r,需要计算该截面的惯性矩,先计算形心位置,即

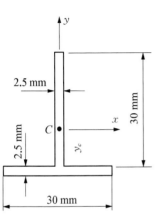

图 8.24　"T"字形截面几何参数

$$y_C = \frac{30 \times 2.5 \times 1.25 + 30 \times 2.5 \times (15 + 2.5)}{A} = 9.375 \text{ mm}$$

对 x 轴的惯性矩

$$I_{xx} = 30 \times \frac{2.5^3}{12} + 30 \times 2.5 \times \left(9.375 - \frac{2.5}{2}\right)^2 + 2.5 \times \frac{30^3}{12}$$
$$+ 30 \times 2.5(15 + 2.5 - 9.375)^2$$
$$= 1.557 \times 10^4 \text{ mm}^4$$

对 y 轴的惯性矩

$$I_{yy} = 2.5 \times \frac{30^3}{12} + 30 \times \frac{2.5^3}{12} = 5.664 \times 10^3 \text{ mm}^4$$

可见，$I_{yy} < I_{xx}$，所以用 I_{yy} 计算较小的惯性半径 r

$$r = \sqrt{5.664 \times 10^3 / A} = 6.14 \text{ mm}$$

因此当 $20r < l_e < 60r$，即 $122.8 \text{ mm} < l_e < 368.4 \text{ mm}$ 时，该截面的桁条为中长柱，受压失稳的表达式为

$$\sigma_{cr} = 360.1 - \frac{360.1^2}{280\ 000\pi^2}\left(\frac{l_e}{6.14}\right)^2 \text{ MPa}$$

为了形象地说明不同长细比的柱受压破坏应力的计算，分别用欧拉失稳公式和约翰逊-欧拉公式计算各个长细比下型材的失稳曲线，如图 8.25 所示。可

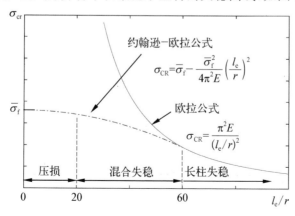

图 8.25　型材临界应力和长细比的关系

见,在长细比为 60 以下时,用约翰逊-欧拉公式计算出的应力低于欧拉公式结果,在长细比小于 20 的区间,失稳应力逐渐接近于压缩应力。在设计时应根据长细比选择合适的公式,但如果得到的应力大与材料的屈服强度,则以后者为失效应力。对于加筋壁板的失稳,也有类似的长细比区间,在飞机结构强度手册类的书籍中有详细介绍,本书不再给出。

8.8 张力场梁

在板受压稳定性的学习中了解到,薄壁结构在其薄板失稳的情况下仍然可以承担载荷,本节学习一种常见的在失稳状态下使用的飞机结构形式,叫作张力场梁。

要了解什么是张力场,先了解一下剪力场。在杆板薄壁结构中,各个杆组成的骨架承担主要载荷,杆只承担轴向力,板元件被杆包围,杆板之间通过剪流互相传递载荷,板则只承受剪切载荷,处于剪力场状态。如图 8.26 所示,剪力场状态下板内部各处剪应力相等,而其最大、最小主应力分别在两个对角方向上,分别为拉、压应力,当压应力足够大时,会产生板的屈曲,从而产生皱纹。此后,板在受压方向的承载能力大幅度降低,相应地该方向受到的压应力很小,而另一方向拉应力很大,腹板不再处于剪力场状态,而是近似于薄膜对角拉伸的张力状态,所以叫张力场状态,采用这种腹板承载的杆板梁就叫张力场梁。

理想状态下皱纹应沿对角线方向,而实际中,板周围的立柱、缘条也会参与到变形中,皱纹的方向不总沿对角线方向。

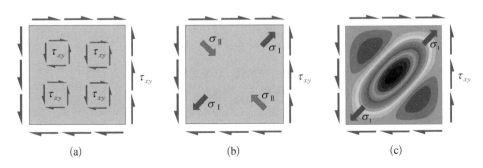

图 8.26 腹板的剪力场和张力场状态

(a) 剪力场状态;(b) 剪力场状态下的主应力方向;(c) 张力场状态主要应力的方向及"皱纹"的计算机模拟

如果腹板失稳后,完全不能承担剪切载荷,所有的外载荷都由其对角拉伸效应来承担,则这种梁叫完全张力场梁(complete tension field beam),反之为不完全张力场梁(incomplete diagonal tension field beam)。完全张力场梁中,腹板处在对角拉伸状态,所以称其为"对角拉伸腹板"。下面从完全张力场梁开始阐述这类结构内部元件载荷的计算。

8.8.1　完全张力场梁

如图 8.27 所示,一端固支的平面等截面薄壁梁具有集中的缘条面积,两个缘条形心之间的距离为 h,沿着梁的长度方向等间距布置有垂直加强立柱。假设缘条只承担截面弯矩产生的正应力,腹板厚度为 t,承担全部剪力。于是,在任何截面处,梁腹板承受均匀的剪应力。梁的轴向为 z 向,梁端部受到与此垂直的载荷 P。

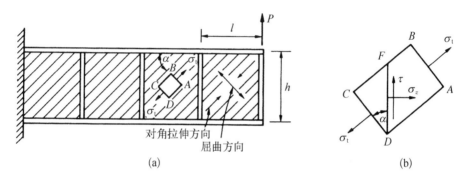

图 8.27　完全张力场梁及其腹板受载

(a) 梁的受载;(b) 腹板单元的受力分析

在腹板中,取出一个矩形单元 $ABCD$,其四个边分别垂直或者平行于皱纹的方向,皱纹与 z 向的夹角为 α。考虑腹板处于完全张力场状态的情况,所以沿着皱纹方向只受张力,与皱纹垂直的边 AB 和 CD 上的正应力为 σ_t,而板在垂直于皱纹的方向上,不承担任何载荷,所以 AD、BC 边上没有正应力。在这种情况下,分析腹板内力,及其对梁缘条和加强立柱的影响。

首先是腹板在 z 向产生的载荷,用一个竖直方向上的平面 FD 分割单元,FD 上有正应力 σ_z 和剪应力 τ,τ 相当于剪流产生的应力,为

$$\tau = \frac{P}{th} \tag{8.65}$$

根据 FCD 的平衡,在竖直方向上有

$$\sigma_t l_{CD} t \sin \alpha = \tau l_{FD} t$$

考虑到 CD 和 FD 的几何关系,整理得到

$$
\begin{aligned}
\sigma_t &= \frac{\tau l_{FD}}{\sin \alpha l_{CD}} \\
&= \frac{\tau}{\sin \alpha \cos \alpha} \\
&= \frac{2\tau}{\sin 2\alpha} \\
&= \frac{2P}{th \sin 2\alpha}
\end{aligned}
\tag{8.66}
$$

由于剪流在板的各个位置是常数,所以 σ_t 也是常数。

再利用单元 FCD 的 z 向平衡来计算 σ_z

$$\sigma_z l_{FD} t = \sigma_t l_{CD} t \cos \alpha$$

得到

$$
\begin{aligned}
\sigma_z &= \frac{\sigma_t \cos \alpha l_{CD}}{l_{FD}} \\
&= \sigma_t \cos^2 \alpha \\
&= \frac{\tau}{\tan \alpha} \\
&= \frac{P}{th \tan \alpha}
\end{aligned}
\tag{8.67}
$$

可见,σ_z 也是常数。

腹板进入张力场状态后,除了自身应力分布发生了变化,梁缘条和立柱的内力也受到影响。下面来分析这种变化。在图 8.27 所示的结构中取出分离体,分析在平面 m-m 处的梁缘条应力,如图 8.28 所示。平面上的载荷包括腹板上的正应力 σ_z 和剪应力 τ,上、下缘条的轴力 F_T 和 F_B。

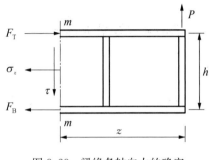

图 8.28 梁缘条轴向力的确定

F_T、F_B 是由截面弯矩 Pz 和对角拉伸产生的 σ_z 联合作用而产生的。建立关于下缘条的力矩平衡方程

$$Pz = F_T h - \frac{\sigma_z th^2}{2} \tag{8.68}$$

用式(8.67)代换 σ_z，整理得

$$F_T = \frac{Pz}{h} + \frac{P}{2\tan\alpha} \tag{8.69}$$

该式右侧的第二项是由腹板应力产生的附加载荷,等于 σ_z 产生的总载荷的一半[见式(8.67)]。在腹板为剪力场状态下,不会有该项。

再考虑 z 向的平衡

$$F_B - F_T + \sigma_z th = 0 \tag{8.70}$$

将由式(8.67)和式(8.69)中得到的 σ_z 和 F_T 代入,得到

$$F_B = \frac{Pz}{D} - \frac{P}{2\tan\alpha} \tag{8.71}$$

与上缘条对比,下缘条载荷相比剪力场状态下是减少的,减少值等于 σ_z 所产生总载荷的一半。这是对角拉伸腹板对梁缘条轴向力的影响。

再看对立柱的影响,对角应力 σ_t 引起的腹板中任意点处水平面上的正应力为 σ_y。则在单元 $ABCD$ 的水平面 HC 上,有正应力 σ_y 和剪应力 τ,如图 8.29 所示。

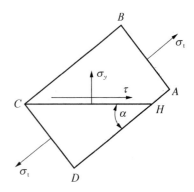

图 8.29　梁腹板水平面上的应力系统

根据竖直方向的平衡,得

$$\sigma_y l_{HC} t = \sigma_t l_{CD} t \sin\alpha \tag{8.72}$$

所以得到

$$\sigma_y = \sigma_t \sin^2\alpha \tag{8.73}$$

将式(8.66)代入式(8.73),有

$$\sigma_y = \tau \tan\alpha \tag{8.74}$$

根据式(8.65),得

$$\sigma_y = \frac{P}{th}\tan\alpha \qquad (8.75)$$

在一个杆板组成的薄壁梁中,每个腹板中都存在这样的应力,这个应力产生的载荷最终作用于立柱或加强筋的两端,使其受压,如图8.30所示,令这个载荷为 P_c,认为每个立柱承受相邻壁板的一半载荷,即得

$$P_c = \sigma_y tl = \frac{Pl}{h}\tan\alpha \qquad (8.76)$$

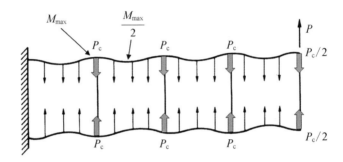

图 8.30　梁腹板中立柱和缘条受到的竖直载荷

不考虑张力场状态时,处于腹板之间的立柱受两边腹板的剪切载荷,这两个载荷大小相等,方向相反,所以立柱总的轴向力为0。而张力场状态下,由于立柱受压缩载荷,因此要额外考虑立柱的稳定性,可基于柱的屈曲理论计算,除了材料和截面参数,还要确定立柱的等效长度,可按式(8.77)确定等效长度

$$\begin{cases} l_e = h / \sqrt{4 - 2l/h} & (\text{适用于 } l \leqslant 1.5h) \\ l_e = h & (\text{适用于 } l > 1.5h) \end{cases} \qquad (8.77)$$

对于边缘的立柱,由于受单侧腹板的斜向拉伸,因此还会受到弯矩作用。

除了引起立柱的压缩外,正应力 σ_y 还产生立柱间梁缘条的弯曲,如图8.30所示。每个缘条可以看作承受均布载荷 $\sigma_y t$ 的连续梁,在一个两端固定、约束转动的连续梁中,最大弯矩发生在立柱处,其值为

$$M_{max} = \frac{\sigma_y tl^2}{12} = \frac{Pl^2\tan\alpha}{12h} \qquad (8.78)$$

而立柱之间中点处的弯矩为最大弯矩的一半。

只考虑剪力场时,立柱、上、下缘条只承受轴向力,没有弯矩,而在分析张力场梁中这些元件的强度时,需要叠加上弯曲应力。

张力场梁中各个元件的内力与外载荷、板的厚度和皱纹角 α 有关。角 α 的大小是根据梁结构刚度变化的,以使得梁的总应变能是最小值。如果缘条和立柱是刚性的,则应变能只包括腹板的剪应变能,会得到 $\alpha = 45°$。 在实际中,缘条和立柱会发生变形,所以 α 稍小于 $45°$,通常大约为 $40°$,对于普通飞机结构的梁,α 很少小于 $38°$。 对于全部元件都是相同材料制造的梁,由最小应变能条件可以导出几种求 α 的公式,其中一个是

$$\tan^2\alpha = \frac{\sigma_t + \sigma_F}{\sigma_t + \sigma_S} \tag{8.79}$$

式中,σ_F 和 σ_S 分别是缘条和立柱上由对角张力引起的轴向应力。所以根据式(8.69)或式(8.71)的右边的二项,得 σ_F

$$\sigma_F = \frac{P}{2A_F\tan\alpha} \tag{8.80}$$

式中,A_F 是每个缘条的截面面积。根据式(8.76),σ_S 表示为

$$\sigma_S = \frac{Pl}{A_S h}\tan\alpha \tag{8.81}$$

式中,A_S 是立柱的截面面积。把式(8.66)中的 σ_t,以及式(8.80)、式(8.81)代入式(8.79)中,可以求解 α。

此外,通过考虑梁总应变能还可得到另一个求 α 的表达式

$$\tan\alpha = \sqrt[4]{\frac{1+\dfrac{th}{2A_F}}{1+\dfrac{tl}{A_S}}} \tag{8.82}$$

这个公式在工程上比较常用。

8.8.2　不完全张力场梁

在完全张力场假设条件下计算梁内力时,腹板的名义剪切应力等于 $\tau = \dfrac{P}{tb}$,在剪切失稳后,这部分应力都由腹板的对角拉伸来承担。而非完全张力场下,认

为失稳后腹板还能够承担部分剪切载荷,所以 τ 分成两部分:一部分由腹板的纯剪切来承担,用 τ_S 表示;另一部分由腹板的对角拉伸来承担,用 τ_{DT} 表示。引入对角拉伸系数(diagonal tension factor) k 来描述腹板张力场承担剪切载荷的比例,当 $k=0$ 时表示剪力场状态,没有张力产生;当 $k=1$ 时,表示完全张力场状态;当 $0 < k < 1$ 时,则为不完全张力场,所以

$$\tau_{DT} = k\tau \tag{8.83}$$

$$\tau_S = (1-k)\tau \tag{8.84}$$

系数 k 通过经验公式计算得出。然后,根据以上方法,可用 τ_{DT} 来计算梁中各元件的内力。

以上就是张力场梁的基本原理。张力场梁形式的结构在飞机中应用十分普遍,图 8.31 是美国的 B52 轰炸机,它处于正常的飞行状态,可看到它的机身蒙皮上有很多皱纹,这些皱纹的方向约为 45°。这种现象就可以用张力场梁的原理来解释,如果将机身中部看作基础,将前机身看作一个悬臂梁,受向下的重力载荷,则这部分蒙皮受到的剪切载荷形式和图 8.27 所示的例子一样,进入张力场状态后就会产生 45°方向附近的皱纹。

图 8.31　B52 轰炸机蒙皮发生褶皱

在有些情况下不宜使用张力场梁来承载,如油箱等有密封要求的结构,这是由于皱纹会影响腹板与缘条连接的紧密程度;而韧性不好的材料也不适合来制造张力场梁的腹板,所以复合材料的张力场梁就较少使用。

习题

P8-1　如图 8.32 所示,完全相同的两个柱 AB 和 BC 通过铰链连接在一

起,连接点存在扭转刚度 K,且 A 点和 C 点为简支状态,B 点可沿竖直方向自由移动,柱的抗弯刚度为 EI。 推导系统的第一阶屈曲临界载荷表达式,并分别讨论当 $K \to \infty$ 和 $EI \to \infty$ 时,屈曲临界载荷的值。

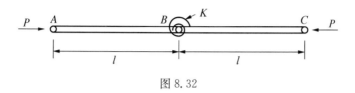

图 8.32

P8-2　如图 8.33 所示,简支梁具有初始挠度 $v_0 = \dfrac{4az}{l^2}(l-z)$

证明:在压缩载荷 P 作用下,梁最大弯矩为 $M_{\max} = -\dfrac{8aP}{(\lambda l)^2}\left(\sec\dfrac{\lambda l}{2} - 1\right)$,其中 $\lambda^2 = P/EI$。

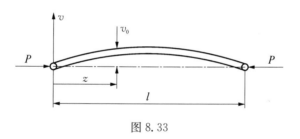

图 8.33

P8-3　如图 8.34 所示,AB 为刚性杆,BC 为均匀弹性杆,其抗弯刚度为 EI。两杆刚性连接,并按如图中方式固定在基础上,AB 的端部受到压载荷 P 的作用,试确定该载荷的失稳临界值。

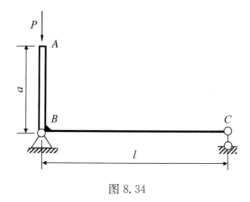

图 8.34

P8-4 如图 8.35 所示，一个圆形截面的简支直梁受到偏心载荷作用，已知梁的直径 $D=20$ mm，长度 $l=500$ mm，偏心距 $e=30$ mm，材料的弹性模量 $E=70\,000$ N/mm²，载荷 $P=1\,000$ N，求梁中最大的应力。

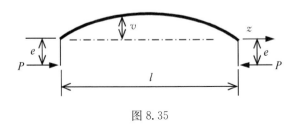

图 8.35

P8-5 如图 8.36 所示，各个矩形板四边简支，在对边上受分布的压缩载荷，求各板的第一阶屈曲临界载荷 N_{CR}。已知：板厚度 $t=2.5$ mm，$a=500$ mm，材料的弹性模量 $E=70\,000$ N/mm²，泊松比 $\nu=0.3$。

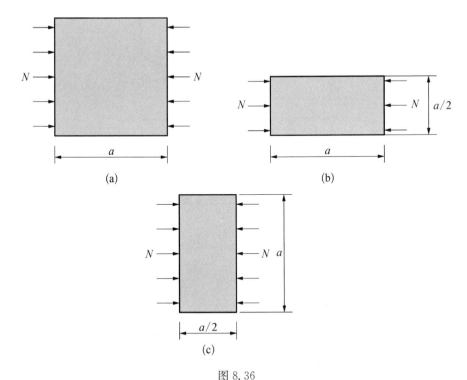

图 8.36

(a) 正方形板；(b) 短边受压的矩形板；(c) 长边受压的矩形板

P8-6 如图 8.37 所示，桁条加强壁板受到纵向的压缩载荷，已知材料的弹

性模量 $E=70\,000\,\text{N/mm}^2$，泊松比 $\nu=0.3$，试确定桁条间距 b 和壁板长度 l，使桁条的局部屈曲、蒙皮屈曲和壁板总体屈曲同时发生，然后求屈曲时壁板单位宽度上承担的载荷。

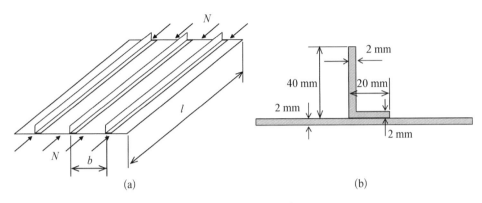

图 8.37　加筋壁板示意图

(a) 整体尺寸；(b) 截面尺寸

P8-7　一个桁条的截面为对称的"H"字形，其几何参数如图 8.38 所示，试确定这个桁条压损应力；若其等效长细比为 30，请确定其受压失稳应力。假定材料的弹性模量 $E=70\,000\,\text{N/mm}^2$，泊松比 $\nu=0.3$，压缩屈服强度为 $450\,\text{N/mm}^2$。

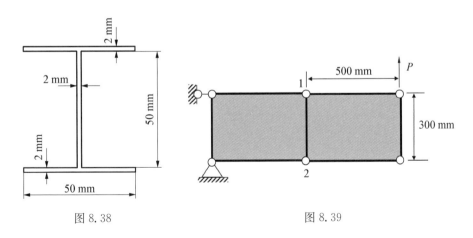

图 8.38　　　　　　　　　　　　　图 8.39

P8-8　如图 8.39 所示，平面薄壁梁受剪切载荷 P 作用，腹板厚 $t=1.5\,\text{mm}$，上、下缘条的横截面积都为 $100\,\text{mm}^2$，材料的弹性模量 $E=70\,000\,\text{N/mm}^2$，泊松比 $\nu=0.3$，认为上、下缘条和立柱对腹板起到简支作用。

（1）求使腹板剪切失稳的临界载荷。

（2）认为腹板失稳后处于完全张力场状态，求皱纹角度。

（3）如果 $P = 10\,000\,\text{N}$，且腹板处于完全张力场状态，求1、2点处的缘条轴向力。

附录　配套视频课程目录

　　扫描下方二维码可以查看本书配套课程视频。图书与视频内容对应关系如附表1。

附表 1　图书与视频章节对照表

图 书 章 节	视 频 章 节
1.1　结构力学主要任务	1.1　结构力学主要任务与飞机结构设计
2.1　飞机结构设计简介	
2.2　飞机结构设计总要求	1.2　总则和静强度设计准则
2.3　静强度设计准则	
2.4　气动弹性设计准则	1.3　气动弹性、刚度准则
2.5　刚度设计准则	
2.6　安全寿命设计准则	1.4　安全寿命、损伤容限与耐久性设计
2.7　损伤容限设计准则	
2.8　耐久性设计准则	
3.1　飞机的外载荷	2.1　飞机的外载荷
1.2　飞机构件与功能	2.2　飞机的构件与功能
3.2　载荷系数与飞行载荷包线	3.1　载荷系数与飞行载荷包线
3.3　对称机动飞行载荷的计算	3.2　对称机动飞行载荷的计算
3.4　阵风载荷的计算	3.3　阵风载荷的计算
无	4.1　弹性力学基本公式

（续表）

图 书 章 节	视 频 章 节
4.2.1 弯曲引起的正应力分布	4.2 薄壁梁的对称弯曲
4.2.4 鞍形弯曲	
4.1 薄壁梁的外载荷	4.3 梁的非对称弯曲
4.2.2 中性轴位置	
4.2.5 梁的弯曲变形	
4.3 梁结构中横向分布载荷、剪力和弯矩的关系	4.4 梁结构中横向分布载荷、剪力和弯矩的关系
4.2.5 梁的弯曲变形	4.5 梁的弯曲变形
4.2.3 薄壁截面属性的近似计算	4.6 梁截面属性的计算
4.4 受剪薄壁梁中应力、应变和位移关系	5.1 开剖面和单闭剖面薄壁梁中的一般应力、应变和位移关系
4.5 开口截面梁剪流的计算	5.2 开剖面梁剪流的计算
4.6 闭口截面薄壁梁剪流的计算	5.3 闭合剖面梁剪流的计算
4.7 受剪闭口截面梁的扭转和翘曲位移计算	5.4 受剪切闭合剖面梁的扭转和翘曲位移计算
4.8 薄壁梁剪心的确定	5.5 薄壁梁剪心的确定
4.9 闭口截面梁扭转剪流的计算	6.1 闭合剖面梁扭转剪流的计算
4.10 闭口截面梁扭转和翘曲位移的计算	6.2 闭合剖面梁扭转和翘曲位移的计算
4.11 开口截面梁的扭转	6.3 开剖面薄壁梁的扭转
5.1 杆板薄壁结构的简化	7.1 杆板薄壁结构的简化
5.2 受剪板的平衡	7.2 受剪板的平衡分析
6.6 简化薄壁工程梁模型的弯曲	7.3 简化薄壁工程梁模型的弯曲和扭转
6.7 简化薄壁工程梁模型的扭转	
6.8 简化后开口截面薄壁工程梁的剪切	7.4 简化后开剖面薄壁工程梁的剪切
6.9 简化后闭口截面薄壁工程梁的剪切	7.5 简化后闭合剖面薄壁梁的剪切
5.3 结构几何组成分析	8.1 几何不变性基本原理
5.4 几何组成分析的基本规则	8.2 几何组成分析的基本规则
5.5 平面杆板薄壁结构几何组成规则	8.3 杆板薄壁结构几何组成规则
5.6 空间杆板薄壁结构几何组成规则	
6.1 平面杆板薄壁结构内力计算	9.1 平面杆板薄壁结构内力
6.2 广义力和广义位移	9.2 广义力和广义位移
6.3 静定杆板薄壁结构的位移计算	9.3 静定杆板薄壁结构的位移计算

（续表）

图　书　章　节	视　频　章　节
6.4　静不定杆板薄壁结构的内力计算	9.4　静不定杆板薄壁结构的内力计算
6.5　对称系统的简化计算	9.5　对称系统的简化计算
6.10　机身在弯曲、剪切和扭转载荷下的分析	10.1　机身结构分析
6.11　机身上的开口分析	
6.12　锥形梁的分析	10.2　锥形梁的分析
6.13　多闭室截面的分析	10.3　多闭室机翼的分析
6.14　开口翼盒的受扭分析	10.4　开口翼盒的分析
7.1　薄板的纯弯曲	11.1　薄板的纯弯曲
7.2　同时承受弯矩和扭矩的板	11.2　同时承受弯曲与扭转的薄板
7.3　承受横向分布载荷的薄板	11.3　承受横向分布载荷的薄板
7.4　四边简支矩形板的纳维解	11.4　四边简支矩形板的 Navier 解
7.5　面内载荷作用下薄板的微分方程	11.5　面内载荷作用下薄板的微分方程
8.1　柱的欧拉屈曲	12.1　柱的欧拉屈曲
8.2　初始缺陷对受压柱的影响	12.2　初始缺陷对受压柱的影响
8.3　薄板的屈曲	12.3　薄板的屈曲
8.4　加筋壁板的失稳	12.4　加筋壁板的失稳
8.8　张力场梁	12.5　张力场梁

参 考 文 献

［1］MEGSON T. H. G. Aircraft structures for engineering students［M］. 6th ed. Oxford：Butterworth-Heinemann，2016.

［2］麦格森.飞机结构分析概论［M］.郭圣洪,姚雄华,尹建军,等,译.北京：航空工业出版社,2016.

［3］GREEN W.，SWANBOROUGH G. An illustrated anatomy of the world's fighters：The inside story of 100 classics in the evolution of fighter aircraft［M］. London：Salamander Books Limited，1981.

［4］黄季墀,汪海.飞机结构设计与强度计算［M］.上海：上海交通大学出版社,2012.

［5］郦正能.飞行器结构学［M］.2 版.北京：北京航空航天大学出版社,2010.

［6］陶梅贞.现代飞机结构综合设计［M］.西安：西北工业大学出版社,2014.

［7］李连,刘清,苏涛,等.军用飞机寿命指标使用及控制分析［J］.兵工自动化,2016,35(7)：11-15.

［8］王跃.基于市场航线数据的民用宽体飞机寿命研究［J］.民用飞机设计与研究,2017(3)：101-104.

［9］吴德彦,强宝平,何正忠,等.飞机结构静强度试验通用要求：HB 7713—2002［S］.北京：国防科学技术工业委员会,2002.

［10］杨智春,赵令诚.飞行器气动弹性力学(讲义)［M］.西安：西北工业大学,2007.

［11］陈桂彬,邹丛青,杨超.气动弹性设计基础［M］.北京：北京航空航天大学出版社,2004.

［12］林建鸿,王彬文.飞机疲劳失效适航规章演变历程回顾［J］.航空科学技术,2022,33(3)：39-51.

［13］GERARD G. Introduction to structural stability theory［M］. New York：McGraw-Hill,1962.

［14］STOWELL E Z. Compressive strength of flanges［R］. NACA TN 1323,1947.

［15］MAYERS J, BUDIANSKY B. Analysis of behaviour of simply supported flat plates compressed beyond the buckling load in the plastic range［R］. NACA TN 3368,1955.

［16］GERARD G, BECKER H. Handbook of structural stability：Part IV // Failure of plates and composite elements［R］. NACA TN 3784,1957.

［17］解思适.飞机设计手册 第 9 册：载荷、强度和刚度［M］.北京：航空工业出版社,2001.

［18］王彬文.民用飞机典型结构静强度分析手册［M］.西安：西北工业大学出版社,2021.

[19] 史治宇,丁锡洪.飞行器结构力学[M].北京:科学出版社,2018.

[20] 王生楠.飞行器结构力学[M].西安:西北工业大学出版社,1998.

[21] 王志瑾,姚卫星.飞机结构设计[M].北京:国防工业出版社,2007.

[22] 薛明德,向志海.飞行器结构力学基础[M].北京:清华大学出版社,2009.

[23] 梁立孚,宋海燕,李海波.飞行器结构力学[M].北京:中国宇航出版社,2012.

[24] 单辉祖.材料力学(修订版)下册[M].北京:国防工业出版社,1986.

[25] 秦福光.民机结构分析和设计 第2册:民机结构分析手册[M].北京:北京航空航天大学出版社,2017.